普通高等教育材料成型及控制工程
系列规划教材

焊接生产与工程管理

刘翠荣　王成文　主　编

阴　旭　刘雅娣　田文珍　卢素琴

刘速志　朱觉新　郑春刚　王　剑

参　编

U0285817

化学工业出版社

·北京·

本教材的主要内容有焊接生产备料、焊接生产装配与焊接、焊接生产工艺、焊接工程质量管理、焊接生产组织管理、焊接生产质量检测、焊接生产设施与装备、典型产品的焊接生产。

本书可作为普通高等院校焊接技术与工程专业以及材料成型与控制工程专业、材料科学与工程专业、机械制造工程专业焊接方向的本科生和研究生教材，也可作为企业焊接工程师的岗前自学与岗位培训参考书，还可供从事焊接技术工作的工程技术人员参考。

图书在版编目（CIP）数据

焊接生产与工程管理/刘翠荣，王成文主编 . —北京：
化学工业出版社，2010.8（2025.3重印）
（普通高等教育材料成型及控制工程系列规划教材）
ISBN 978-7-122-09061-4

Ⅰ . 焊…　Ⅱ . ①刘…②王…　Ⅲ . 焊接-生产管理-高等
学校-教材　Ⅳ . TG4

中国版本图书馆 CIP 数据核字（2010）第 129355 号

责任编辑：彭喜英　　　　　　　　　　　装帧设计：周　遥
责任校对：陈　静

出版发行：化学工业出版社（北京市东城区青年湖南街 13 号　邮政编码 100011）
印　　装：北京科印技术咨询服务有限公司数码印刷分部
787mm×1092mm　1/16　印张 15¾　字数 404 千字　　2025 年 3 月北京第 1 版第 3 次印刷

购书咨询：010-64518888　　　　　　　　售后服务：010-64518899
网　　址：http://www.cip.com.cn
凡购买本书，如有缺损质量问题，本社销售中心负责调换。

定　　价：59.00 元

普通高等教育材料成型及控制工程系列规划教材
编审委员会

序

    材料成型及控制工程专业是 1998 年国家教育部进行专业调整时，在原铸造专业、焊接专业、锻压专业及热处理专业基础上新设立的一个专业，其目的是为了改变原来老专业口径过窄、适应性不强的状况。新专业强调"厚基础、宽专业"，以拓宽专业面，加强学科基础，培养出适合经济快速发展需要的人才。

    但是由于各院校原有的专业基础、专业定位、培养目标不同，也导致在人才培养模式上存在较大差异。例如，一些研究型大学担负着精英教育的责任，以培养科学研究型和科学研究与工程技术复合型人才为主，学生毕业以后大部分攻读研究生，继续深造，因此大多是以通识教育为主。而大多数教学研究型和教学型大学担负着大众化教育的责任，以培养工程技术型、应用复合型人才为主，学生毕业以后大部分走向工作岗位，因此大多数是进行通识与专业并重的教育。而且目前我国社会和工厂企业的专业人才培训体系没有完全建立起来；从人才市场来看，许多工厂企业仍按照行业特征来招聘人才。如果学生在校期间的专业课学得过少，而毕业后又不能接受继续教育，就很难承担用人单位的工作。因此许多学校在拓宽了专业面的同时也设置了专业方向。

    针对上述情况，教育部高等学校材料成型及控制工程专业教学指导分委员会于 2008 年制定了《材料成型及控制工程专业分类指导性培养计划》，共分四个大类。其中第三类为按照材料成型及控制工程专业分专业方向的培养计划，按这种人才培养模式培养学生的学校占被调查学校的大多数。其目标是培养掌握材料成形及控制工程领域的基础理论和专业基础知识，具备解决材料成形及控制工程问题的实践能力和一定的科学研究能力，具有创新精神，能在铸造、焊接、模具或塑性成形领域从事设计、制造、技术开发、科学研究和管理等工作，综合素质高的应用型高级工程技术人才。其突出特色是设置专业方向，强化专业基础，具有较鲜明的行业特色。

    由化学工业出版社组织编写和出版的这套"材料成型及控制工程系列规划教材"，针对第三类培养方案，按照焊接、铸造、塑性成形、模具四个方向来组织教材内容和编写方向。教材内容与时俱进，在传统知识的基础上，注重新知识、新理论、新技术、新工艺、新成果的补充。根据教学内容、学时、教学大纲的要求，突出重点、难点，力争在教材中体现工程实践思想。体现建设"立体化"精品教材的宗旨，提倡为主干课程配套电子教案、学习指导、习题解答的指导。

    希望本套教材的出版能够为培养理论基础和专业知识扎实、工程实践能力和创新能力强、综合素质高的材料成形及加工的专业性人才提供重要的教学支持。

教育部高等学校材料成型及控制工程专业教学指导分委员会主任

李春峰

2010 年 4 月

前　　言

　　本教材是根据教育部材料成型及控制工程专业教学指导分委员会制定的《材料成型及控制工程（分专业方向）本科培养方案》编写的。

　　教育部在 1998 年按照厚基础、宽口径的人才培养模式，将我国高等院校的学科专业由原有的 504 个合并调整为 249 个。考虑原焊接专业的特殊性，教育部在国家新专业目录外增设了焊接技术与工程专业。自 1999 年以来，全国高校按焊接技术与工程专业招生的院校有近 20 所，并呈现逐年增加的趋势。

　　近半个世纪以来，焊接技术在工艺、材料、设备等领域取得了很大成就，已经由过去单纯的手工作业逐步发展为机械化、自动化、机器人化甚至智能化，成为制造业必需的基本制造技术之一。目前，各国焊接结构每年消耗钢材产量近半，在我国达到 3 亿多吨，使焊接技术的应用十分广泛，带动很多产业的快速发展，促进了焊接专业毕业生的就业。

　　本教材意在将学生焊接专业知识的培养与焊接企业生产的技术需求接轨，更快更好地让学生进入焊接工程师角色，满足焊接工程实际的需要。主要内容有焊接生产备料、焊接生产装配与焊接、焊接生产工艺、焊接工程质量管理、焊接生产组织管理、焊接生产质量检测、焊接生产设施与装备、典型产品的焊接生产。该教材的编写力求理论与实际相结合，突出应用。将多年来的教学实践和来源于生产一线的应用经验很好地凝练在该教材内容中。

　　该书可作为普通高等院校毕业后从事焊接工程技术工作的本科生或研究生的教材，也适用作为焊接技术与工程专业、材料成型及控制工程专业、材料加工与工程专业、机械制造工程专业的本科生和研究生参考书，适用于企业焊接工程师的岗前自学与岗位培训参考书及供从事焊接技术工作的工程技术人员参考。

　　焊接生产与工程管理课程是焊接学科中的重要课程之一。根据焊接专业和焊接学科的现状及发展形势，本着既加强理论基础、又注重工程应用，培养适合现代焊接工程需要的工程技术人员的精神，在教育部材料成型及控制工程教学指导分委员会和化学工业出版社的组织下，在太原科技大学、太原重型机械集团公司、太原锅炉集团有限公司等院校和企业多年从事焊接生产教学与实践的教师、工程师协作努力下，融合各位专家学者多年的教学与生产经验，编写了该教材。

　　该教材由刘翠荣教授、王成文高工主编。绪论由太原科技大学刘翠荣教授编写，并负责全书统稿；第 1 章由太原科技大学阴旭、太原重型机械集团公司高工朱觉新编写；第 2 章由太原重型机械集团公司高工刘雅娣编写；第 3 章由太原重型机械集团公司高工王成文编写，并负责全书统稿；第 4 章由太原重型机械集团公司高工卢素琴编写；第 5 章由太原重型机械集团公司高工王成文、太原锅炉集团有限公司高工田文珍编写；第 6 章太原科技大学刘翠荣教授、太原科技大学阴旭编写；第 7 章太原锅炉集团有限公司高工刘速志、太原科技大学阴旭编写；第 8 章由太原重型机械集团公司高工刘雅娣、王剑、郑春刚编写。

　　在编写过程中，得到了许多专家学者和同行的帮助和支持，在此表示衷心的感谢，并向本书中所引用文献的作者深表谢意！

　　由于作者水平有限，书中难免有疏漏和欠妥之处，敬请广大读者批评指正！

编　者

2010.5

目　录

绪　　论

0.1　焊接生产的发展现状

焊接是一种将材料永久连接，成为具有特定功能的结构制造技术。从几十万吨载重的巨轮到不足 1 克的微电子元件生产中都不同程度地依赖焊接技术。焊接技术渗透到制造业的各个领域，直接影响着产品质量、可靠性、使用寿命、生产成本和生产效率。我国 2008 年的钢产量已达到 5.0 亿多吨，再加上进口钢材，国内流通的钢材总量接近 5.2 亿吨，2008 年我国用焊接方法加工的钢材总量已经突破 3 亿吨，成为世界领先的焊接大国。

我国制造企业的焊接生产已经采用电子束焊接、激光焊接、激光钎焊、激光切割、激光与电弧复合热源焊接、水射流切割、双丝或单丝窄间隙埋弧焊、4 丝高速埋弧焊、双丝脉冲气体保护焊、等离子焊接、精细等离子切割、数控切割系统、机器人焊接系统、焊接柔性生产线、STT 焊接电源、变极性焊接电源和全数字化焊接电源等技术及装备。

在焊接生产中，尽管焊条电弧焊的应用仍占有一定比例，在大、中型企业中，交、直流手工电弧焊机、CO_2 和混合气体保护焊的熔化极机械化焊接设备、熔剂层下保护自动焊接设备总数的比例仍然是 1∶1∶1。但在这些企业中，采用高效的机械化电气焊生产的规模不断增加。目前 CO_2 气体保护焊机械化和自动化焊接设备的生产总量约占焊接设备生产总量的 30％以上，必将进一步提高焊接生产率，并降低生产成本。

在大型企业中，为了提高焊接作业机械化和自动化水平，逐步应用点焊和电气焊的工业机器人。在中国的焊接与切割设备生产中，火焰气割设备和等离子切割设备也批量生产。据不完全统计，2000 年中国约生产了大型龙门式的数控切割设备 380 台，可移动的机械化火焰切割设备 14650 台，等离子切割设备 10500 台。此外，我国还生产了可移动的万能切割设备，以及供中、大厚度金属等离子切割用的固定式机械化成套设备，等离子水下切割设备等。

随着焊接生产自动化技术迅速发展，自动化生产方式在很多工业领域代替了手工操作生产方式。在各种焊接技术及制造系统中，以电子技术、信息技术及计算机技术的综合应用为标志的焊接机械化、自动化系统乃至焊接柔性制造系统，成为信息时代焊接生产的重要特征。实现焊接生产制造的自动化、柔性化与智能化已成为必然趋势。采用机器人焊接技术已成为现代焊接自动化生产的主要标志。焊接机器人由于具有通用性强、工作质量可靠的优点，越来越受到人们的重视。在焊接生产中采用机器人技术，可以提高生产率、改善劳动条件、保证焊接质量，满足小批量产品生产模式的焊接自动化要求。

据不完全统计，全球工业用机器人已达到 100 万台以上，其中焊接机器人占 30％～50％。日本在汽车工业、船舶制造、重型机械、建筑钢结构等行业已大量装备焊接机器人。在一些大型企业焊接生产中已经形成了以焊接机器人为核心的自动化集成系统。例如，日本 NKK 公司在 20 世纪 90 年代初就在桥梁箱梁腹板、翼缘、隔板的焊接生产线上配置了 26 台机器人，在造船生产线上配置了 10 台机器人。近年来，随着三维 CAD 设计系统的实施，离线编程软件的应用，智能控制方法，如模糊逻辑、人工神经元网络等技术的引入，可以预期远程控制的智能化焊接机器人集成系统也会逐步得到应用。

0.2　焊接工程管理模式的发展

回顾多年的焊接工程管理模式，可以发现在焊接工程管理中涉及技术管理、过程控制、质量管理、竣工资料移交等方面的管理存在许多薄弱环节。焊接工程管理与焊接人员培训、焊接质量检测密切相关。焊接工艺评定是焊接工程管理的一项重要内容，根据焊接工艺评定报告编制焊接工艺规程等工艺文件，有效指导焊接生产，避免了编制焊接工艺规程存在的不规范问题。企业管理人员能够随时掌握各种从事焊接人员的工作质量，及时发现质量保证体系运行中的问题，并采取相应措施加以解决。

随着焊接生产方式的增多，焊接生产规模越来越庞大，企业组织内的专业分工越来越精细，这就产生了分工与合作问题，因此需要科学的管理技术。生产管理目标就是根据质量保证体系，建立适合企业生产的程序文件，约束及控制焊接生产的各种活动。合理利用企业的人力、物力、财力资源，进一步规范企业的生产管理，是企业经营目标实现的重要途径。通过焊接生产原材料管理、焊接生产过程管理、焊接质量管理、焊接生产安全管理等，使企业焊接生产持久有序，不断提高企业的竞争力。

0.3　课程性质、任务及内容

本课程将焊接理论与生产实践相结合，现代管理思想、先进焊接技术与焊接生产相结合，使焊接工程技术人员了解焊接生产与管理的特点和方法，提高焊接生产的组织与管理水平，提高从事焊接工程技术人员的业务水平。

该课程是焊接技术与工程专业或材料成型及控制工程、材料科学与工程、机械工程及自动化等专业焊接方向的重要专业课程之一，是一门实践性较强的专业课程。该课程的教学目的是使学生掌握有关现代焊接生产及其工程管理概况。通过学习该课程，学生能够系统了解焊接产品的生产过程及生产过程的管理，为从事焊接工程技术工作奠定基础。

该课程的主要内容有焊接生产准备、焊接生产装配与焊接、焊接生产工艺、焊接工程质量管理、焊接生产质量管理、焊接生产质量检测和典型焊接产品生产过程等内容。

第1章 焊接生产备料

在现代机械制造业中，焊接生产备料作业是焊接生产过程的重要组成部分，属于焊接生产过程的前期阶段，焊接生产备料的制造质量直接影响装配、焊接等工序，对产品质量和生产效率也有很大影响。有时焊接结构的生产备料工作量在整个焊接生产过程中占有较大的比例，特别在重型机械的焊接结构生产中约占全部焊接生产工时的 25％～60％，因此提高备料工艺的技术水平和加工手段，对提高焊接结构生产质量、技术水平、生产效率有着重要意义。

焊接生产备料过程有很多生产工序，焊接生产备料指从原材料入厂至零件加工制作的工艺（工序）过程。其中以焊接生产材料入厂检验、材料预处理、放样与展开、热切割技术、弯曲与成形、剪切与冲压等工艺知识最为重要，是焊接生产备料工艺的核心内容。

1.1 焊接生产材料入厂检验

焊接生产材料入厂检验是保证焊接质量的重要措施，属于焊前检验。原材料及焊接材料在化学成分、力学性能等方面的入厂检验，具体检验方法一般分为检查原材料生产厂家所提供的材质证明书、按照技术标准对实物进行复检。

1.1.1 原材料的检验

焊接结构使用的金属种类很多，相同种类的金属材料亦有不同的型号、牌号。使用时应根据金属材料的出厂质量检验证明书（或合格证）加以鉴定，同时，还须进行外部质量检查和抽样复核，以检查在运输过程中产生的外部缺陷，防止材料型号错乱。对于存在严重外部缺陷的原材料应标记、取出，严禁转入后续生产工序，对于没有出厂证明或新使用的材料必须进行化学成分分析、力学性能试验及焊接性试验后才能投产使用。

根据焊接结构生产实际要求，焊接生产常用的原材料一般包括板材、型材、管材等规格形式，材料品种按照化学成分分主要有碳素结构钢、优质碳素结构钢、合金钢、低合金高强度钢；按用途分主要有结构钢、工具钢、特殊钢；按照冶炼方法分有平炉钢、转炉钢和电炉钢。

焊接金属结构使用的主要原材料为不同规格的钢板，钢板不得有机械分层和严重的金相组织分层，钢板表面不得有裂纹、气泡、结疤、折叠、夹杂、压入的氧化皮等缺陷，以上表面缺陷允许用修磨的方法清除，清除深度不应使钢板小于标准规定的最小厚度，而且要达到表面平滑过渡。

钢板入厂检验时，还需要根据同一牌号、同一质量等级、同一炉罐号、同一规格、同一热处理状态等供货条件对化学成分、力学性能（一般为一个拉伸试样、一个弯曲试样、三个 V 形缺口冲击试样）进行复检，当钢材的 V 形缺口夏比冲击试验结果不符合标准规定时，应从同一批钢材上再取一组（三个 V 形缺口冲击试样）进行试验，累计六个 V 形缺口冲击试样的平均值不得低于标准规定值，允许其中两个 V 形缺口冲击试样低于标准规定值，但低于标准规定值 70％的试样只允许有一个，如果钢材有探伤要求的，还要对钢板按照进行超声波探伤检查，钢材的其他检验项目的复检验收、包装、标志和质量证明书应符合国家标准或技术协议的相关规定。

对同一批次的原材料进行编号，并做好标记移植（主要采用打钢印的方式），保证每种钢板与其材质单实现对应，便于查找、追踪、核对等工作。

1.1.2 焊接材料检验

1.1.2.1 焊条检验技术

焊条检验主要分为外观质量检验、工艺性能检验、理化性能的检验或其他特殊性能检验。检验的主要依据是相应的国家标准。没有国家标准的品种，可按企业标准或制造企业与用户所签署的协议进行检验。焊条检验依据 GB/T 5117《碳钢焊条》、GB/T 5118《低合金钢焊条》、GB/T 983《不锈钢焊条》、GB 984《堆焊焊条》等标准进行。

（1）焊条外观质量的检验　焊条外观质量不仅直接反映焊条制造的综合技术水平，还直接影响焊条的使用性能和焊接质量。焊条的外观质量检验主要包括以下内容：焊条偏心度、焊条直径、焊条长度、药皮强度、耐潮性、裂纹、起泡、竹节、损伤、破头、包头、磨尾长度和印字等。

① 焊条偏心度的检验　焊条偏心度是指焊条截面药皮中心与焊芯中心的偏移，焊条偏心度的检测主要采用铁磁性偏心测定仪（对具有铁磁性的焊条）或无磁性偏心测定仪（对无磁性焊条）等器材。焊条偏心度的技术要求见表1-1。

表 1-1　焊条偏心度的技术要求

焊条直径/mm	偏心度/%		焊条直径/mm	偏心度/%	
	国家标准	企业标准（压涂时）		国家标准	企业标准（压涂时）
≤2.5	≤7	≤5	≥5	≤4	≤3
3.2～4.0	≤5	≤4			

② 焊条尺寸的检验　焊条尺寸一般包括焊条长度、焊条直径、夹持端长度。碳钢焊条的尺寸要求见表1-2。当焊条直径≤4.0mm 时，焊条夹持端长度为 10～30mm；当焊条直径≥5.0mm 时，焊条夹持端长度为 15～35mm。

表 1-2　碳钢焊条的尺寸要求　　　　　　　　　　　　　　　　单位：mm

焊条直径		焊条长度	
基本尺寸	极限偏差	基本尺寸	极限偏差
1.6		200～250	
2.0,2.5		250～350	
3.2,4.0,5.0	±0.06	350～450	±2.0
5.6,6.0,6.4,8.0		450～700	

③ 焊条药皮裂纹　凡属下列情况之一者，可判为该项不合格：纵向裂纹或龟裂纹，总长度大于 20mm；横向裂纹长度超过焊条半圆周。

（2）焊条的焊接工艺性能的检验　焊条的工艺性能是指焊条在整个焊接过程中所表现的各种特性，如电弧稳定性、再引弧性、熔渣的流动性、覆盖性、脱渣性、飞溅大小、焊缝成形、全位置焊接的适用性、焊接烟尘大小等。

（3）焊条熔敷金属化学成分试验　焊条熔敷金属化学成分分析必须准确可靠，其影响因素有焊接工艺参数、取样及分析方法等。各种焊条所采用的化学成分试验方法并不完全相同，但均应符合相应标准的有关规定。通常在平焊位置进行堆焊试样，取样采用切削加工方法。

（4）焊条熔敷金属力学性能试验

① 焊条熔敷金属拉伸试验试件从熔敷金属力学性能试板的焊缝区域内制取，试件数量为一件。熔敷金属拉伸试验执行 GB 228《金属拉伸试验方法》，应测定抗拉强度、屈服点、断后伸长率、断面收缩率等数值。

② 焊条熔敷金属 V 形缺口冲击试验执行 GB 2650《焊接接头冲击试验方法》。一般碳钢焊条、低合金钢焊条和部分不锈钢焊条需要进行熔敷金属 V 形缺口冲击试验，试件从熔敷金属力学性能试板上制取，试件数量为五件。数据处理时以五个冲击试样的冲击吸收功为基本数值，舍去其中的最大值和最小值，并计算该焊接材料其余三个试验数值的平均值，在工程实际中对焊接材料的 V 形缺口冲击试验数据的平均值和最小值都有要求。

③ 焊条熔敷金属硬度试验执行 GB 2654《焊接接头及堆焊金属硬度试验方法》，可选用布氏、洛氏或维氏硬度计进行测定，试样的测试面与支承面应相互平行。堆焊焊条熔敷金属硬度试验需要制取一个试样，测定洛氏硬度时取 5 至 10 点，测定布氏硬度时取 5 点。

1.1.2.2　焊丝检验技术

（1）气体保护电弧焊用焊丝的检验

① 气体保护电弧焊用焊丝的化学成分试样一般从焊丝上截取≤1mm 的焊丝段，并根据需要检测的焊丝化学元素种类和试验方法，测量焊丝的化学成分。

② 焊丝的尺寸检查包括焊丝直径、挺度、松弛直径和翘距，一般焊丝直径在 $\phi 0.8\sim$ 1.6mm 时，其允许偏差为 +0.01～-0.04mm。焊丝直径在 $\phi 0.8\sim 1.2$mm 时，焊丝的抗拉强度应≥930MPa。当焊丝盘外径≥200mm 时，松弛直径应≥250mm。

③ 焊丝的表面质量必须光滑平整，不应有毛刺、划痕、锈蚀和氧化皮等，焊丝的镀铜层要均匀牢固。

④ 气体保护电弧焊用焊丝熔敷金属力学性能试验的试板焊缝射线探伤应符合 GB/T 3323《钢熔化焊对接接头射线照相和质量分级》中的 Ⅱ 级规定，试板射线探伤前应去除垫板。

⑤ 气体保护电弧焊用焊丝熔敷金属拉伸试验方法、试样形式与焊条熔敷金属拉伸试验相同，试样数量为一件。气体保护电弧焊用焊丝熔敷金属 V 形缺口冲击试验方法、试样形式与焊条熔敷金属 V 形缺口冲击试验相同，但不同型号焊丝的熔敷金属 V 形缺口冲击试验温度及试验数值要求却不一定相同，具体要求应符合 GB/T 8110《气体保护电弧焊用碳钢、低合金钢焊丝》中的相关规定。

（2）药芯焊丝的检验　碳钢药芯焊丝、低合金钢药芯焊丝、不锈钢药芯焊丝的检验一般需要进行熔敷金属化学成分试验、拉伸试验、V 形缺口冲击试验、力学性能试板的射线探伤检测、角焊缝试验。

（3）埋弧焊用焊丝的检验　根据 GB/T 14957《熔化焊用钢丝》和 GB/T 17854《埋弧焊用不锈钢焊丝和焊剂》标准规定，主要检测焊丝外观尺寸、化学成分、表面质量等内容。

1.1.2.3　埋弧焊焊剂检验技术

埋弧焊焊剂的检验根据 GB/T 5293《埋弧焊用碳钢焊丝和焊剂》、GB 12470《低合金钢埋弧焊用焊剂》和 GB/T 17854《埋弧焊用不锈钢焊丝和焊剂》。主要检测熔敷金属的拉伸性能、熔敷金属 V 形缺口冲击吸收功、渣系主要成分、焊接试件射线探伤、焊剂颗粒度、焊剂抗潮性、焊剂机械夹杂物、焊剂的焊接工艺性能、焊剂的硫磷含量等内容。

碳钢和低合金钢埋弧焊用焊剂渣系中的硫含量应≤0.060%，磷含量应≤0.080%。埋弧焊用焊剂颗粒度分为两种，一种是普通颗粒度，粒度为 0.45mm（40 目）～2.50mm（8 目），另一种是细颗粒度，粒度为 0.28mm（60 目）～2.00mm（10 目）。检查普通颗粒度的焊剂，把 0.45mm 筛下和 2.50mm 筛下的焊剂分别称量，并分别计算出百分比，普通颗粒度的焊剂中颗粒度小于 0.45mm 的质量百分含量不得大于 5％，颗粒度大于 2.50mm 的不得大于 2％。对于细颗粒度的焊剂，颗粒度小于 0.28mm 的重量百分含量不得大于 5％，颗粒度大于 2.00mm 的不得大于 2％。

1.2　材料预处理

材料预处理是指钢材等原材料在放样、划线、下料前对其表面进行清理准备的工序，使材料表面洁净并处于易于加工的状态。因为大多数原材料长时间处于自然环境，在仓储、运输过程中被空气及各种杂质所污染、覆盖，往往使材料表面有一定厚度的氧化膜、附着水分、油污、腐蚀生成物等物质，从而改变了原有表面特性，给焊接作业带来严重影响。焊接生产前必须去除污染层，使金属表面恢复洁净状态。

钢材预处理是通过机械或化学的方法对钢材表面附着的尘土、泥沙、油污和铁锈等进行清除，为后续工序创造生产条件。钢材进入焊接车间加工之前进行预处理是金属结构制造中的准备工序。

钢材预处理有机械除锈法、化学除锈法和电解法等预处理方法。小型焊接车间通常采用手工操作、风动钢丝刷或角向磨光机等措施清理钢材表面。大型焊接生产企业，一般采用机械方法或化学方法进行钢材预处理。

1.2.1　机械除锈法

机械除锈法主要使用喷丸机、喷砂机、滚筒机、刷辊机等设备，通过中间介质的冲击或研磨，将铁锈和油污剥落或磨掉，也可采用角向磨光机、风动钢丝刷、砂纸、砂布等器材进行小面积手工除锈操作，从而获得清洁的金属表面，提高金属表面后续防护膜的结合牢度。大型焊接生产企业钢材预处理线一般选择机械喷丸设备、手工喷砂设备，生产效率较高，除锈效果好。

1.2.1.1　喷丸处理

（1）喷丸处理的原理　喷丸处理（也称为抛丸处理）是利用净化的压缩空气气流，带动金属钢丸以较高的速度从喷嘴中喷出，在短距离内强力撞击金属材料表面，去除金属表面的锈蚀、油污等杂物，得到洁净的金属表面状态。

喷丸处理不仅可以清洁金属表面，而且由于钢丸的强烈撞击，会使金属表面产生压缩塑性变形和压应力状态，降低零件表面的粗糙度，达到较好的金属光泽。

喷丸处理还应用于去除铸件、锻件或机械零件热处理后，零件表面的型砂及氧化皮；去除焊件表面的锈蚀、焊渣、积碳、旧油漆层和其他干燥了的油污；去除切削加工零件表面的毛刺或方向性磨痕；降低零件表面的粗糙度，以提高零件表面油漆和其他涂层的附着力；使零件表面呈漫反射的消光状态，提高零件表面外观效果；利用零件表层产生的压应力，提高零件的疲劳强度和抗应力腐蚀性能等。如铸件清铲后进行的喷丸处理、热喷涂前进行的喷丸处理、火车轮切削加工后的喷丸处理等都已成为不可缺少的生产工序。

（2）喷丸处理的设备　焊接生产常用的钢材预处理生产线一般包括输送辊道、抛丸清理机、中间辊道、喷漆室、烘干室、输出辊道等装置，以抛丸清理机为核心设备，形成连续作业模式，具有较高的生产效率。抛丸清理机根据钢板抛丸时的姿态分为立式抛丸清理机、卧式抛丸清理机，一般具有多个喷头，安装钢丸回收装置，抛丸清理机外壳采用钢板焊接结构，内部铺设高锰钢衬板，延长使用寿命。抛丸清理机规格应根据焊接生产原材料规格尺寸选取，设备多由铸机厂生产。

（3）钢丸的种类　钢丸的种类包括铸铁丸、铸钢丸、玻璃丸、陶瓷丸等，应根据焊件表面处理技术要求进行选择。

① 铸铁丸的材料脆性大，易破碎，其硬度为 HRC58～65。使用寿命较短，主要用于高强度材料的喷丸处理。

② 铸钢丸具有较好强度和冲击韧性，其硬度一般为 HRC40～50，当金属硬度较高时，可采用铸钢丸硬度为 HRC57～62。铸钢丸的使用比较广泛，使用寿命为铸铁丸的数倍。

③ 玻璃丸和陶瓷丸的硬度较低，主要用于不锈钢、钛、铝、镁及其他不允许铁元素污染的金属材料。也用于铸钢丸喷丸处理后的二次喷丸处理，降低铁元素污染和零件的表面粗糙度。

（4）喷丸处理工艺参数的选择　焊接生产实际要求喷丸处理必须对零件表面有足够的覆盖率，即要使未被喷丸处理的表面尽量少。但检查表面覆盖率比较困难，所以采用喷丸强度的概念，代表所要求的压应力值。喷丸强度常用弧高计进行测量。弧高计测量法是将厚 0.8mm、1.3mm 或 2.4mm 的冷轧钢标准试样固定在专用夹具上，对其一面进行喷丸处理，然后用弧高计测量弯曲了的钢条试样的弧高，所得值即为喷丸强度。喷丸强度决定着喷丸质量，而喷丸强度又受其他喷丸处理工艺参数影响。

① 钢丸直径尺寸越大，冲击能量越大，则喷丸强度也越大，但大直径钢丸的覆盖率降低，所以，在保证所需喷丸强度的前提下，应尽量减小钢丸的尺寸。钢丸尺寸的选择也受零件的形状制约，一般钢丸的直径不应超过零件沟槽或内圆半径的一半。钢丸粒度一般选用 60～50 目之间。

② 当钢丸的硬度大于零件的硬度时，钢丸硬度的变化不会影响喷丸强度；当钢丸的硬度小于零件的硬度时，钢丸硬度值的降低，将使喷丸强度降低。

③ 钢丸的喷射速率越高，其撞击强度越大，但速度过高时，钢丸的破碎量会增多，一般要求钢丸的完整率不低于 85%。所以常采用控制压缩空气压力的办法控制钢丸的喷射速率。

④ 钢丸喷射角度一般选用垂直射入状态，喷丸处理效果好，但如果受零件形状限制，必须以小角度喷丸处理时，应适当加大钢丸的尺寸与喷射速度。

1.2.1.2　机械喷砂清理

机械喷砂清理是用净化的压缩空气，将砂流剧烈地喷向金属材料表面，利用磨料的强力撞击作用，去除金属材料表面的污垢物，其清理效果不如喷丸处理，但生产成本较低。机械喷砂清理不仅用于材料预处理，也常用于焊接结构的后处理工艺。

机械喷砂清理分为干喷砂法和湿喷砂法。干喷砂法清理的金属表面比较粗糙，砂料破碎后易形成粉尘，施工作业环境较差。湿喷砂法的优点是环境污染较小。

（1）干喷砂法　干喷砂法分为机械喷砂与空气压力喷砂两种类型，分别采用手工、半自动或连续自动等作业方式。喷砂机有自流式、离心式、吸入式和压力式等类型，实际生产中常用吸入式喷砂机和压力式喷砂机。吸入式喷砂机设备简单，但效率低，适用于小型零件。压力式喷砂机主要用于大、中型零件的批量生产，适用性广，效率较高。

干喷砂法采用的砂料是氧化铝砂（含天然和人造两种）、石英砂（二氧化硅）、碳化硅（人造金刚砂）等。氧化铝砂不易粉化，劳动条件好，砂料还可以循环使用。而碳化硅砂虽然也具有上述优点，但因价格昂贵，很少使用。石英砂虽然容易粉化，但不污染零件的表面质量，在实际生产中应用较多，石英砂粒尺寸与压缩空气压力的关系见表1-3。

表1-3　石英砂粒尺寸与压缩空气压力的关系

零件类型	石英砂粒尺寸/mm	压缩空气压力/kPa	零件类型	石英砂粒尺寸/mm	压缩空气压力/kPa
厚度>3mm 的大型焊件	2.5～3.5	250～400	小型薄壁焊件	0.5～1.0	100～150
厚度≤3mm 的中型焊件	1.0～2.0	150～250	厚 1mm 以下的焊件	0.5 以下	50～100

（2）湿喷砂法　湿喷砂法是在砂料中加入一定量的水，使之成为砂水混合物，以减少砂料对金属表面的冲击作用，从而减少金属材料的磨损量，使金属表面更光洁。湿喷砂法通常有雾化喷砂、水-气喷砂和水喷砂三种类型，喷砂方式和喷砂机的结构各不相同，生产上常用水-气喷砂方式。湿喷砂法工作原理及特点见表1-4。

表1-4　湿喷砂法工作原理及特点

喷砂方式	工作原理	特　点
雾化喷砂	也称为低压喷砂，砂料由通过管道的压缩空气送到喷嘴，以雾化水-砂流冲击金属表面	只有改变砂料粒度，才能改变被喷砂金属表面的粗糙度
水-气喷砂	由泥浆泵形成高压，将水-砂料输送到喷头，并在喷嘴上通入压缩空气，喷出高速水砂流冲击金属表面	改变压缩空气压力，就能改变喷砂表面粗糙度
水喷砂	不使用压缩空气的水砂流喷砂，水、砂分装，在流向喷嘴前混合后喷向金属表面	只有改变水压，才能改变喷砂表面粗糙度

湿喷砂法所用的砂料与干喷砂法相同。湿喷砂法的水砂比值，一般控制在 7：3 为宜。320～400 目的水砂粒中，应加入 10％的膨润土作为悬浮剂，防止砂粒沉入储存箱底。钢材采用湿喷砂法时，水中可加入 0.5％碳酸钠和 0.5％的重铬酸钠作缓蚀剂。

双层焊件因腐蚀问题，不宜采用湿喷砂法。薄截面焊件因湿喷砂法工作压力比干喷砂法大，水的冲击易使其产生变形，所以也不宜采用湿喷砂法。

（3）喷砂后金属材料的表面处理　经过喷砂的金属材料应尽量减少触摸，并及时进行表面处理，如处理不完，金属材料可浸入 50g/L 的碳酸钠溶液中储存防锈。采用湿喷砂法的钢材，应浸入含苯甲酸钠 8.66g/L、亚硝酸钠 4.33g/L，温度高于 70℃的热防锈溶液中处理。奥氏体不锈钢和耐热钢材料喷砂后，应在含有 250～300g/L 的 HNO_3 溶液中钝化 2h，然后用冷水清洗，热压缩空气吹干。

1.2.1.3　机械修磨法

机械修磨法是利用风动砂轮机或电动角向磨光机磨削金属表面。采用风动砂轮机时，应将压缩空气工作压力控制在 0.45～0.55MPa 范围内，以免压力过高，影响砂轮使用寿命。使用电动角向磨光机，应平稳移动磨削，不宜用于铜材和铝材等金属材料。

1.2.2　化学除锈法

化学除锈法是利用酸性或碱性除锈液在室温条件下对钢材上的锈蚀层、油污和氧化皮产生溶解、渗透、剥离作用，使钢材表面的杂质很快溶解和脱落，钢材表面净化后，再浸敷钝化液，它能在室温条件下自动调整 pH 值，使钢材表面处于钝化状态形成钝化膜。这种方法效率高，质量均匀稳定，可以保持钢材一个月不再生锈，并产生新的化学活性中心，增强与涂层的附着力。

实际生产中多用 10％～15％的盐酸或 2％～4％的硫酸等酸洗液去除氧化皮，将钢材放入酸洗槽中，铁元素与酸发生化学反应时还会产生氢离子，在氢离子形成氢分子的过程中，产生的自由电子对氧化皮起到机械剥离作用，但酸洗时间不宜过长。钢材酸洗后，立即放入

1％～2％的石灰液体中，中和钢材表面残留的酸液。钢材从石灰液槽中取出后进行烘干，表面会被覆盖一层石灰粉，可防止钢材再次发生氧化反应。

化学除锈法对焊件表面质量影响较少，常用于批量生产的薄板冲压件、不锈钢和有色金属等材料，但废液处理不当，会产生严重的环境污染，生产成本较高。

1.2.3 电解除锈法

电解除锈法是借助直流电源产生的电流通过电解池溶液，将电能转变为化学能，在特定条件下的金属材料表面发生氧化还原反应，而将金属材料表面的铁锈、油污溶解的过程。

电解抛光过程中，抛光工具不断向金属材料缓慢送进，使两个电极之间保持 0.1～1mm 的间隙，当具有一定压力的电解液以 5～50m/s 的高速从间隙流过时，电流从金属材料阳极经电解液流向阴极，阳极金属材料的表面锈蚀逐渐被清除，并被电解液冲走。

电解抛光液中通常含有磷酸、硫酸、铬酐、高氯酸及水等组分，可由一种或几种成分配置而成。不锈钢和铝合金电解抛光时，两种金属材料表面的抛光质量主要取决于电解抛光工艺规范和电解液成分，不锈钢和铝合金电解抛光工艺规范和电解液成分见表 1-5。

表 1-5 不锈钢和铝合金电解抛光工艺规范和电解液成分

材料种类	电解液组成		反应条件			
	成分	含量	电流密度 /(A/dm²)	工作电压 /V	电解液温度 /℃	反应时间
不锈钢	磷酸水溶液 无水铬酸	250～300mL/L 在磷酸水溶液中达饱和	30～500	5～25	20～30	数分钟
铝合金	氢氧化钠 牛奶铬素	40～80g/L 0.2g/L	30～200	40～70	80	数秒到数分

1.3 放样展开

1.3.1 放样

1.3.1.1 放样的基础知识

放样是根据设计图样在放样平台上，按照 1∶1 的比例画出结构部件或零件的图形和平面展开尺寸。通过放样可以显示零件、部件之间的关系，确定零件的真实形状和实际尺寸，制作放样样板。放样方法包括实尺放样、展开放样、计算机光学放样等方法。在焊接生产中，形状复杂或具有空间形状的零件经常要进行放样处理。

1.3.1.2 放样的意义

放样可以显示设计图样的真实形状和实际尺寸，零部件之间的相互配合要求，修正设计时的尺寸偏差和结构不合理问题。放样是立体零件的展开的基础工序，应结合焊接工艺特点，及时调整焊接加工余量、焊缝收缩量，确定零件毛坯的实际几何尺寸。通过放样可以直接制备划线样板和下料检查样板，便于批量零件的备料生产组织和质量检验，有利于零件备料的一致性。

1.3.2 展开的基础知识

展开是将立体零件的各个表面一次摊开在一个平面上的几何作图过程。展开放样的方法有图解法、计算法、计算机辅助计算放样等，图解法常用平行线法、放射线法和三角形法等作图方法。从事展开放样应具备较好的数学基础知识，掌握画法几何和机械制图中各种典型线段的实际画法，展开放样应注意工艺余量、壁厚较大板料的板厚处理等问题。几种基本几何体表面的展开示意见图 1-1。

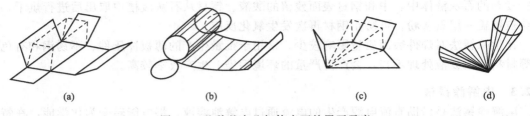

图 1-1　几种基本几何体表面的展开示意

1.3.3　可展与不可展表面的基本知识

1.3.3.1　可展表面

可展表面是指焊件表面相邻的两条素线处于平行或相交的状态（即能构成一个平面）。可展表面能够全部平整地摊开在一个平面上而不发生撕裂或皱折。几何图形中典型的可展表面有平面、柱面和锥面等。

1.3.3.2　不可展表面

不可展表面是指焊件表面母线为曲线或相邻两条素线处于交叉的状态。不可展表面只能进行近似的展开处理。不可展表面有球面、圆环面及螺旋面等，几何图形中典型的不可展表面示意见图 1-2。

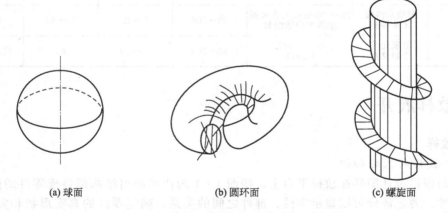

(a) 球面　　　　　　　　(b) 圆环面　　　　　　　　(c) 螺旋面

图 1-2　几何图形中典型的不可展表面示意

1.3.4　不可展表面的近似展开方法

在实际焊接生产中，有些焊件的几何图形属于不可展表面，但由于焊接下料作业要求，必须进行展开处理时，只能采用近似展开方法。

1.3.4.1　球面的分瓣展开

球面的分瓣展开可以使用"平行线法"，球面的分瓣展开示意见图 1-3。展开操作步骤如下。

① 将俯视图作 12 等分（即分为 12 瓣），并与圆顶的 O 相连，即为 12 瓣的结合线。

② 在主视图中从圆顶边 $1'$ 起 6 等分，得点 $1'$、$2'$、$3'$、$4'$、$3'$、$2'$、$1'$，作水平线交于圆周，然后投影到俯视图中即为 4 个圆。

③ 在俯视图上取分段中点 M，连接 OM 并延长，取 1-1

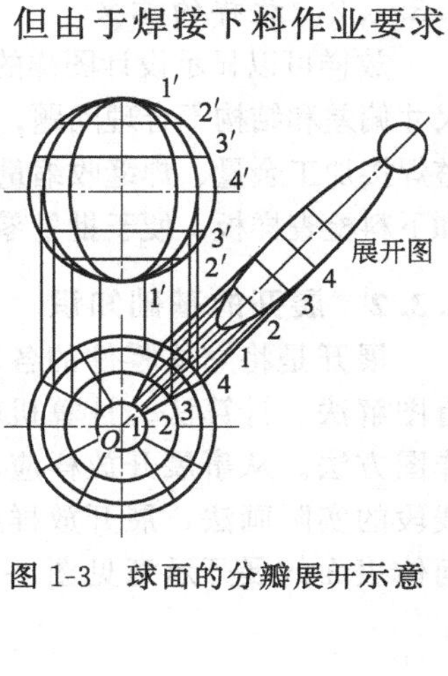

图 1-3　球面的分瓣展开示意

长等于主视图 $1'-1'$ 的弧长。过各点作垂线，且量取俯视图各个瓣交点 1-1（弧长）、2-2（弧长）……1-1（弧长）对应的弧长，然后光滑连接成曲线，即得展开图。

1.3.4.2 球的分带展开

球的分带展开可以使用放射法将球面分带展开，球的分带展开见图1-4。展开操作步骤如下。

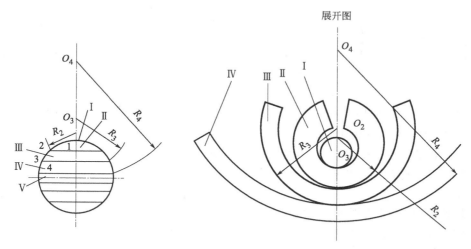

图 1-4　球的分带展开示意

① 将主视图分割成7个带和2个圆顶，把中间带V当作是圆柱形，展开为矩形。

② 分别将Ⅱ、Ⅲ、Ⅳ带的点 1-2、2-3、3-4 连接并延长与中心线交于 O_2、O_3、O_4 点。

③ 分别以 O_2、O_3、O_4 点为圆心，再分别以 R_2 和 $R_2 1$、R_3 和 $R_3 2$、R_4 和 $R_4 3$ 为半径画弧，同时去主视图各带大圆周长为相应的长度，即得展开图。

1.3.4.3 正圆柱螺旋面的展开

（1）正圆柱螺旋面的三角形展开法　采用三角形法展开正圆柱螺旋面示意见图1-5，展开操作步骤如下：

① 将俯视图12等分，得到12个四边形，再将四边形分为2个三角形，则俯视图由24个三角形组成。

② 求出 a、b、c 的实长，然后用三角形法作出展开图。

（2）正圆柱螺旋面展开的图解法　采用图解法展开正圆柱螺旋面示意见图1-6，展开操作步骤如下。

① 根据已知的 D、d 和 $t/2$ 螺距，可求出外螺旋线和内螺旋线的实长 $L/2$、$l/2$。

② 在展开图中用 $L/2$、$l/2$ 和 $(D-d)/2$ 分别定出 bc、aN 和 ab，连接 cN 并延长交 ba 的延长线于 O 点。

③ 以 O 圆心，分别以 Oa、Ob 为半径画弧，并截取 bf（弧长）等于 L 的长度，连接 Of，即得到所求之展开图。

1.3.5 可展表面的展开方法

1.3.5.1 计算法展开

在工程技术领域中，只要能够展开的焊件表面，一般都可以采用计算法进行展开，而且在大多数情况下，采用计算法进行展开既快捷又精确，但也有些焊件的展开计算非常烦琐、运算十分复杂，甚至超过了采用图解法。

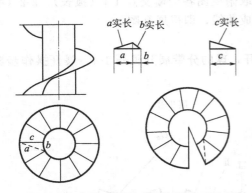

图 1-5 三角形法展开正圆柱螺旋面示意

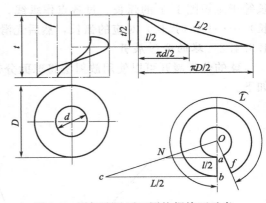

图 1-6 图解法展开正圆柱螺旋面示意

（1）计算法展开的基本步骤

① 绘制出焊件的必要视图，有时候可以徒手画出。

② 将焊件的截面分为若干等分，等分数越多，则展开图越准确。

③ 由等分点向相关视图引素线至结合线，如为相贯体需大致求出结合线。

④ 绘制放样草图，并标注用于计算的各线代号。

⑤ 把等分点折算成角度，可按计算公式依次作出计算，但要校验。

⑥ 把计算出的结果按照放样图直接展开在钢板上。

（2）计算法展开实例　采用计算法进行两节等径 90°弯头的展开，两节等径 90°弯头及展开示意见图 1-7。计算公式：

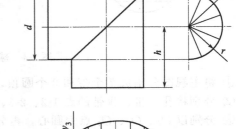

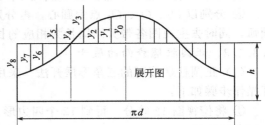

图 1-7 两节等径 90°弯头及展开示意

$$y_n = r\cos\alpha_n \qquad (1\text{-}1)$$

式中　y_n——展开图圆周长度等分点至曲线坐标值，mm；

r——辅助圆半径，mm；

α_n——辅助圆角度，（°）。

设等分数 $n=12$ 时，各等分数计算公式：

$$y_0 = r\cos 0° = r$$
$$y_1 = r\cos 30° = 0.866r$$
$$y_2 = r\cos 60° = 0.5r$$
$$y_3 = r\cos 90° = 0$$
$$y_4 = r\cos 120° = -0.5r$$
$$y_5 = r\cos 150° = -0.866r$$
$$y_6 = r\cos 180° = -r$$

1.3.5.2　图解法展开

图解法展开又可称作实际展开、实样展开或大样展开。

（1）图解法展开的基本方法　图解法展开须按照投影原理进行，先画出相关视图，在视图中增加一些辅助性的线条，然后求出实长、实形或相贯线等，再作出展开图。

由于受作图手段、工具、积累误差等因素的影响，相对精度较低，但对于一般焊件的精度要求，还可以满足。同时受场地、位置的制约，大型焊件的展开作业比较困难，往往需要先分块展开，然后再拼接合成。

（2）图解法展开实例　采用计算法进行圆管偏心平交正圆锥的展开，圆管偏心平交正圆锥及展开示意见图 1-8。

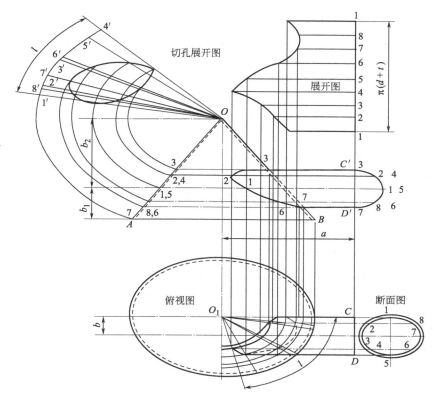

图 1-8　圆管偏心平交正圆锥及展开示意

① 用已知尺寸画出主视图、俯视图及截面图。

② 结合线的求法。采用四等分主视图圆管右端的 1/2 截面圆周，得到等分点 3、2（4）、1（5）、8（6）、7。由各等分点向左引水平线与 AO、OB 的交点为 3、2（4）、1（5）、8（6）、7。由 OB 各交点向下引与 OO_1 的平行线与 O_1C 的交点为 3′、2′、1′、8′、7′。以 O_1 为中心，各交点到 O_1 作半径画同心 1/4 的圆周；与 8 等分的 T 圆圆周等分点向左引的水平线对应交点连成曲线，再由曲线各点向上引垂线，与主视图对应各交点连成平滑曲线，即得到所求的结合线。

③ 圆管展开图解法。在 $C'D'$ 向上的延长线上截取 1-1 等于圆管中心径的展开长度并 8 等分。由各点向左引水平线，与由结合线各点向上引与 $C'D'$ 的平行线对应交点连成平滑曲线，即得到所求的展开图。

④ 切孔展开图解法。先连接俯视图上曲线各点，O_1 延长并与圆周相交。以 O 为中心，AO 作半径画圆弧 1′-4′ 等于俯视图弧长 1-4，并照录各点后与 O 连接，与以 O 为中心，AO 各点到 O 的距离作半径画同心圆弧的对应交点连成曲线，得出所求的切孔展开图。

1.4 热切割技术

热切割技术是利用集中热能使材料熔化、分离并放出热量实现连续切割的方法。常用的钢材热切割方法有气体火焰切割、等离子弧切割、激光切割等，其中以气体火焰切割应用最为普遍。

1.4.1 气体火焰切割

1.4.1.1 火焰切割原理

火焰切割的实质是金属在氧气中的燃烧过程，它利用可燃烧气体和氧气混合燃烧的火焰产生的热量预热被切割金属表面，并使其呈活化状态，然后送进高纯度、高速度的切割氧流，使金属在氧气中剧烈燃烧，生成金属氧化物熔渣，并放出大量的热量，借助这些燃烧热和高温熔渣的热传导，不断加热切口金属，直至工件底部，同时借助高速氧流把燃烧生成的氧化物熔渣吹除，随着割炬的连续移动形成割缝，实现金属的分离过程。

火焰切割具有设备简单、使用灵活方便、切割速度快、生产效率高、成本低、适用范围广等特点。火焰切割适用于各种规格的金属零件，厚度达 1000mm，常用于切割碳钢、低合金钢等材料，多用于焊接零件毛坯的下料，亦用于焊接零件的坡口制备。实现火焰切割的基本条件如下。

① 钢材的火焰切割过程主要是燃烧反应过程，因此要求采用火焰切割的金属在氧气中的燃点应低于熔点，这是保证火焰切割进行的基本条件之一。低碳钢的燃点约为 1000～1350℃，熔点约为 1500℃，所以低碳钢具有良好的火焰切割性能。随着钢中含碳量的增加，其燃点相应提高，熔点下降，则火焰切割性能变差。当含碳量大于 0.7％时。钢的燃点高于熔点，便难以进行火焰切割。铜、铝、铸铁等材料的燃点高于熔点，就不能采用火焰切割方法进行切割下料，而应选择用等离子弧切割方法。

② 金属燃烧后形成的金属氧化物的熔点应低于金属的熔点，且具有较好的流动性，黏度较小，便于高压氧气流从割缝中将其吹掉。低碳钢、中碳钢和普通低合金钢氧化物的熔点都低于金属熔点，所以可以进行火焰切割下料。而灰铸铁、铝、不锈钢等氧化物所产生的氧化物的熔点都高于金属的熔点，所以难以采用火焰切割下料。常见金属及其氧化物的熔点见表 1-6。

表 1-6 常见金属及其氧化物的熔点

金属	熔点/℃		金属	熔点/℃	
	金属	金属氧化物		金属	金属氧化物
纯铁	1535		黄铜、锡青铜	850～900	1236
低碳钢	1500	1300～1500	铝	657	2050
高碳钢	1300～1400		锌	419	1800
铸铁	约 1200		铬	1550	
纯铜	1083	1236	镍	1452	1900

③ 金属燃烧反应应属于放热反应，在切割过程中能够放出大量的热能，能够继续预热后续金属实现连续切割。低碳钢切割时放出的热量占预热金属所需热量的 70％，因此具有良好的火焰切割性能。

④ 金属应有较低的热导率，否则热量散失较快，切口处温度低于金属的熔点，则切割过程无法继续进行。因此，热导率较大的铜、铝等金属材料不宜采用火焰切割。

1.4.1.2　火焰切割设备及其应用

火焰切割设备按其自动化程度分为手工切割、机械切割和自动切割三种类型。

（1）手工切割设备　手工切割设备的组成十分简单，主要由割炬、燃气瓶、氧气瓶、减压阀和回火防止器等组成。割炬是实现手工切割的主要设备，主要作用是将可燃气体与氧气按一定比例和方式混合后，形成具有一定热量和形状的预热火焰，并在预热火焰中心喷射切割氧气进行火焰切割。按其结构形式分为射吸式割炬和等压式割炬。手工切割割炬示意见图 1-9。

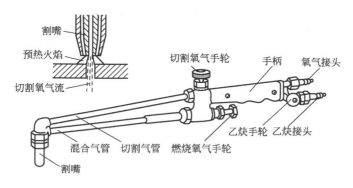

气　割　割　炬

图 1-9　手工切割割炬示意

利用手工切割方式可完成多种几何形状零件的下料，人工控制的切割速度和割嘴高度，尺寸精度较差，但使用方式比较灵活，特别适合现场施工、高空作业等生产条件。

（2）机械切割设备　机械切割设备由机用割炬、行走小车、电控系统和供气系统等组成。按其结构形式和功能可分为小车式直线切割机、摇臂式仿形切割机、直角坐标型仿形切割机。

① 小车式直线切割机，又称半自动切割机，是通用的机械式切割设备，小车式直线切割机示意见图 1-10，主要用于直线切割及坡口制备。它由直流电动机驱动，无级调速，切割小车沿直线导轨行走进行自动切割。若配用大号割炬，切割厚度可达300mm；配上圆心定位器和半径杆，可切割直径较大的圆形工件；也可配用等离子弧切割电源，进一步扩大其应用范围。由于小车式直线切割机生产成本低，使用范围广，切割精度较高，成为应用广泛的机械切割设备，已在国内实现标准化、大批量生产。

② 仿形气割机是利用磁头靠模移动进行仿形切割的火焰切割设备。仿形机构是采用磁轮在自转过程中跟踪靠模板的边缘复制切割轨道，割炬仿形机构运动完成仿形切割过程。磁轮由直流电动机驱动，

图 1-10　小车式直线切割机示意

可在较大范围内调节，可适用于多种板状零件的直线、圆周以及各种弧度、曲线等形状的精密切割。能满足厚度为 4～150mm 钢板的火焰切割，具有切割厚度范围大、切割尺寸精度高和切割表面质量好等特点。安装电动式割圆机构可直接切割 ϕ100～750mm，不需要制造样板；当需要进行仿形切割时，卸下电动式割圆机构，装上磁滚轴即可，该机亦兼容机械式割圆机构，在一般情况下，切割后不再进行表面切削加工。

摇臂式仿形切割机体积较小、操作简单、经济性好，广泛用于大批量焊接零件的生产。采用等压式割炬，既可以使用普通割嘴，也可使用扩散型割嘴进行快速切割。这种仿形气割机结构紧凑，操作方便，具有较高的生产效率，可获得良好的尺寸一致性。表 1-7 列举了三种摇臂式仿形切割机的技术参数。

表 1-7　三种摇臂式仿形切割机的技术参数

技术参数	摇臂式仿形切割机型号		
	CG-150	G2-3000A	G2-5000
切割厚度范围/mm	5～100	10～100	10～100
切割速度调节范围/(mm/min)	50～750	100～1000	100～1000
切割圆周最大直径/mm	ϕ600	ϕ1400	ϕ2300
切割直线最大长度/mm	1200	3200	5300
切割正方形最大尺寸/mm×mm	500×500	1000×1000	2000×2000
切割长方形最大尺寸/mm×mm	400×900,450×750	3200×350	5000×600
机身外形尺寸(长×宽×高)/mm×mm×mm	119×350×800	—	—

③ 自动切割设备是采用计算机程序实现自动控制的切割设备，具有切割效率高、切割精度高、劳动强度低等特点，已在焊接生产中得到普遍使用。自动切割设备分为光电跟踪切割机和数控火焰切割机两大类，以数控切割机应用最为广泛。

光电跟踪切割机是利用光电原理，按图样的线条或样板的轮廓进行自动跟踪，同时带动割炬进行仿形切割的一种自动化切割设备。光电跟踪切割机不需要编程和输入大量的数据，同时能切割出多个零件。其缺点是除了切割平台外，还需配备跟踪平台，切割机的占地面积较大。因此，光电跟踪切割跟踪长度和跟踪宽度大多数在 2m 以下。

数控火焰切割机是数字程序控制的自动化火焰切割设备，将所需切割的零件形状和尺寸以及切割机的各种动作，用数字的形式表示，并按一定的程序编排，然后通过磁盘、纸带输入到数控火焰切割机的计算机中，经过计算机计算和变换后发出相应的信息和指令来控制切割装置的机械运动和切割动作，从而切割出一定形状的零件，是切割精度高、生产效率高和自动化程序高的切割设备。数控火焰切割机的应用改进了备料工艺过程，减少了划线、放样、标记移植等备料工序，改变了焊接生产工艺流程和设备布置，从根本上改善了焊件的质量，使焊接结构生产的现代化和自动化程度达到了较高的水平。

数控火焰切割机一般由机架、箱形横梁、纵向轨道及支柱、齿轮齿条传动机构和钢带传动机构等组成。根据数控火焰切割机的结构形式分为门架式数控火焰切割机和悬臂式数控火焰切割机，下料宽度小于 2m，可以采用悬臂式机构，下料宽度大于 2m，多采用门架式结构。轨距小于 4m，一般采用单侧电动机驱动，轨距大于 4.5m，一般采用双侧电动机驱动形式。切割机门架的纵向移动和割炬滑架的横向移动采用交流或直流电动机驱动，经减速齿轮箱减速，通过齿轮齿条啮合实现无级调速。在伺服电动机主轴上装有测速发电机或光电编码器，可在切割过程中进行速度和位置的取样和反馈，由双闭环脉冲宽调制驱动放大器实现切割恒速控制和精度的定位。切割割炬高度通过电信号反馈控制割嘴与钢板之间的距离。

数控系统决定了数控火焰切割机的技术特性和功能。按照控制的精度和功能的完善程度，数控系统可分为高、中、低三个等级，以满足不同切割工艺的精度和质量的要求。数控火焰切割机的套料软件可通过重复、移动、旋转、组合及连接等方式，把多个相同厚度零件集中进行套料组合，形成统一的套料程序，并且在指定切割顺序后，所有辅助功能，如启动、停止、切口补偿等程序自动生成。任何部件的图像，可以在使用套料和编辑模式时加以放大。为加快编程速度，缩短待机时间，目前已广泛采用 FastCAM 自动编程和自动套料软件，专门于板材的切割下料。该软件的功能包括工程制图、工程图输入、DXF 文件的优化编辑、切割路径的自动设计、批量零件的优化套排、切割过程中材料、工时和损耗等成本的核算和剩余材料的计算机管理等。

根据生产焊件类型，数控火焰切割机还分为通用型数控火焰切割机和直条数控火焰切割机，通用型数控火焰切割机多用于机械产品焊接生产，一般配有 1~4 个切割割炬，直条数控火焰切割机多用于厂房钢结构焊接生产，主要为直线运动轨迹，一般配有 6~8 个切割割炬。多割炬的使用大大提高了焊接下料生产效率，显著地降低生产成本。

数控火焰切割机的主要技术参数包括轨距、最大切割宽度、最大切割长度、切割厚度、切割速度、行走速度、割炬数量、驱动方式等。典型数控火焰切割机的技术参数见表 1-8。一般数控火焰切割机的行走速度 0~10m/min。切割厚度与割嘴型号有关，厚板切割时，多选用超音速割嘴。

表 1-8　典型数控火焰切割机的技术参数

技术参数	型　号			技术参数	型　号		
	HGM3000	HGM4000	HGM5000		HGM3000	HGM4000	HGM5000
驱动方式	单侧驱动	单侧驱动	双侧驱动	切割最大宽度/mm	2.5	3.5	4.5
轨距/m	3	4	5	切割最大长度/mm	7.5	9.5	11.5
轨长/m	10	12	14				

1.4.1.3　火焰切割用气体

火焰切割用气体分为可燃气体和助燃气体，可燃气体品种较多，而助燃气体主要为氧气。

（1）火焰切割用可燃气体　火焰切割用常用可燃气体有乙炔、丙烷、液化石油气（以丙烷为主）、天然气（以甲烷为主）、氢气等品种。可燃气体的选择主要依据气体燃烧热效率、安全性、经济性等因素。常用可燃气体的技术参数见表 1-9。

① 气体燃烧热效率主要取决于发热量和火焰温度，发热量是指单位体积可燃气体完全燃烧时放出的热量。火焰温度指火焰内焰的温度，对于乙炔中性焰而言，在距焰心 2~4mm 处温度最高，可达 3100~3150℃，主要用于火焰切割时的预热过程，乙炔碳化焰的温度为 2700~3000℃，易使零件边缘增碳，极少使用，乙炔氧化焰的温度达 3100~3300℃，火焰切割时使用较多，主要适用于切割低碳钢、低合金钢等材料。在焊接实际生产中，采用丙烷气体的场所越来越多。

② 可燃气体的安全性是基于可燃气体极易引起爆炸，当可燃气体与一定浓度的空气或氧气相遇时，即可发生爆炸。可燃气体与空气或氧气发生爆炸的浓度范围见表 1-10。

③ 可燃气体的经济性应从可燃气体的生产成本及其消耗量综合考虑，而且应同时考虑在火焰切割时，可燃气体与氧气各自的消耗量。

表 1-9　常用可燃气体的技术参数

名　称		乙　炔	丙　烷	天然气	氢
分子式		C_2H_2	C_3H_8	CH_4	H_2
分子量		26.01	44.06	16.03	2.016
标况下密度/(kg/m³)		1.109	1.862	0.677	0.09
总热值	kJ/m³	55246	104458	37238	12050
	kJ/kg	50208	51212	56233	—
一次火焰热值/(kJ/m³)		19083	10041	410	
二次火焰热值/(kJ/m³)		36162	94416	26828	—
中性火焰耗氧量	理论值	2.5	5.0	2.0	0.5
	实际值	1.1	3.5	1.5	0.25
中型火焰温度/℃	氧气中燃烧	3100	2520	2540	2600
	空气燃烧	2630	2116	2066	2210
火焰燃烧速度/(m/s)	氧气中燃烧	8	4	5.5	11.2
	空气燃烧	5.8	3.9	5.5	11.0
0.1MPa 压力下燃点温度/℃	氧气中燃烧	416～440	490～570	556～700	580～590
	空气燃烧	406～440	515～543	650～750	580～590
爆炸范围(15.6℃,0.1MPa)(体积分数)/%	氧气中燃烧	2.8～93.0	2.4～9.5	5.4～59.2	4.7～93.9
	空气燃烧	2.5～80.0	2.3～9.5	5.3～14	4.0～74.2

表 1-10　可燃气体与空气或氧气发生爆炸的浓度范围

单位：(体积分数) /%

可燃气体的名称	可燃气体在混合气中的含量		可燃气体的名称	可燃气体在混合气中的含量	
	空气	氧气		空气	氧气
乙炔	2.2～81.0	2.8～93.0	甲烷	4.8～16.7	5.0～59.2
氢气	3.3～81.5	4.6～93.9	天然气	4.8～14.0	—
一氧化碳	11.4～77.5	15.5～93.9	石油气	3.5～16.3	—

　　(2) 助燃气体　　氧气是火焰切割唯一的助燃气体,氧气与可燃气体混合燃烧可以形成高温火焰,所以氧气广泛应用于气焊、火焰切割、火焰热喷涂等生产作业。氧气几乎能与所有可燃气体和液体的蒸气混合而形成爆炸性混合气体,且这种混合气体具有很宽的爆炸极限范围。可燃气体只有在纯氧中燃烧,才能达到最高温度。因此,用于切割的氧气的纯度要在99.5％以上。如果氧气纯度不够,会影响燃烧效率和切割效果。采用手工切割下料时,多使用瓶装气态氧气,当零件切割质量要求较高时,如果采用数控火焰切割机进行切割,一般多采用罐装液态氧气。

1.4.1.4　影响火焰切割质量的主要因素

　　影响火焰切割质量的主要因素有预热火焰能率、切割氧的纯度、切割氧的流量、切割氧的压力、氧流形状、割嘴到零件表面的距离、切割速度及零件原始条件等。

　　(1) 预热火焰能率的影响　　火焰能率是指可燃气体的消耗能量,主要取决于割炬和割嘴的大小。火焰能率过大,易造成零件表面粘渣。但火焰能率过低,燃烧热量不足,造成切割速度减慢,使切割过程难以进行。预热火焰多采用中性焰或轻微的氧化焰。一般不采用碳化焰，主要因为碳化焰易使切割边缘渗碳。

（2）切割氧的影响　火焰切割过程是利用铁和氧气的燃烧反应。影响燃烧反应的因素包括氧气的纯度、氧气流量和氧气流形状。

① 氧气的纯度越高，切割速度越快，氧气消耗量越小。

② 氧气流量越大，燃烧热量增大，切割速度加快，切口质量提高。但氧气流量过大，切口被冷却，切割速度反而会下降。

③ 氧气压力越大，切割速度增大，切口质量越好。

④ 气流形状直而长，切割厚度增大，切口质量提高。

（3）切割速度　切割速度与板厚、预热火焰、氧气纯度和流量、钢板的初始温度、割炬形状等因素有关。一般说来，板厚越大，切割速度越慢；速度过快会使后拖量增加，切割质量下降。

（4）割嘴的倾斜角　一般火焰切割过程中，割嘴应垂直于零件表面，在切割不同版厚的材料时，为减小后拖量，应注意割嘴的切割角度。进行直线切割时，板厚为 4～20mm，割嘴后倾 20°～30°，以减少后拖量，提高切割速度；板厚为 20～30mm，割嘴应与零件表面垂直；板厚＞30mm，割嘴应前倾 20°～30°。

（5）割嘴至零件表面的距离　割嘴至零件表面的距离越小，空气对氧气流的污染越小，切割速度较快；但间距过小，切口会发生渗碳，割嘴易被飞溅物堵塞，降低使用寿命。一般直筒形割嘴至零件表面的距离应保持在 3～5mm。使用扩散形割嘴，进行氧-乙炔火焰切割时，割嘴至零件表面的距离应保持在 8～11mm，进行氧-液化石油气切割时，割嘴至零件表面的距离应保持在 6～10mm。

（6）零件原始条件　钢材初始温度越高，加热到燃点的时间缩短，切割速度越高。切割质量还与零件的形状、切割位置、零件的表面状态等因素有关。

1.4.2　等离子弧切割

1.4.2.1　等离子切割原理与特点

（1）等离子切割原理　等离子切割是利用高速、高温、高能量的等离子弧热能实现金属材料熔化的切割方法。等离子切割采用空气或其他气体作为工作气体，等离子弧加热和熔化金属材料，借助于等离子弧的冲击力排除熔化金属，从而达到切割金属的目的。在高温等离子弧形成的同时，喷嘴孔道内弧柱周围的冷却气体被弧柱加热，在孔道内形成高温高压的气流，从喷嘴内向外高速喷出，使等离子弧的焰流在孔道口处具有很高的速度（可达超声速），形成较强的切割能力。

（2）等离子切割的特点　等离子弧属于高能量密度的压缩电弧，温度可达 10000～50000℃，因而具有以下特点。

① 等离子切割可以切割不锈钢、铜、铝、铸铁以及其他难熔金属材料。

② 等离子切割的质量好，由于等离子弧承受多种压缩作用，弧柱直径较小，所以切割缝隙窄小，边缘整齐平滑，零件变形较小，切割厚度可达 150mm。

③ 等离子切割的切割速度快，生产效率高。切割厚度≤25mm 的低碳钢时，切割速度为火焰切割的 5～6 倍，但切割厚板的能力不及火焰切割。

④ 等离子切割的电源空载电压高，等离子流速高，热辐射强，噪声、烟气和烟尘污染严重，工作环境卫生条件差，应注意加强安全防护。

1.4.2.2　等离子切割的分类

等离子切割的分类主要依据切割使用的工作气体不同分为许多种类，等离子切割的种类及其主要用途见表 1-11，可按其用途进行选择。

表 1-11　等离子切割的种类及其主要用途

切割方法	工作气体	主要用途	切割厚度/mm
氩等离子弧	$Ar, Ar+H_2, Ar+N_2, Ar+N_2+H_2$	切割不锈钢、有色金属及其合金	4～150
氮等离子弧	N_2, N_2+H_2		0.5～100
空气等离子弧	压缩空气	切割碳钢和低合金钢,也适用于切割不锈钢和铝	0.1～100(低碳钢和低合金钢)
氧等离子弧	O_2 或非纯氧		0.5～40
双重气体等离子弧	N_2(工作气体)CO_2(保护气)	切割不锈钢、铝和碳钢	≤25
水再压缩等离子弧	N_2(工作气体) H_2O(压缩电弧用)	切割碳钢、低合金钢、不锈钢及铝合金等有色金属	0.5～100

1.4.2.3　等离子弧切割设备

根据机械化和自动化程度不同，等离子切割设备可分为手工等离子弧切割、机械等离子弧切割和数控等离子弧切割设备。

由于空气的获取和压缩十分方便，成本低廉，除了某些要求特殊的场合外，目前在工业生产中普遍使用的是空气等离子切割设备。

机械等离子切割设备主要由电源、高频发生器、供气系统、水路系统、控制箱、割炬、切割小车等部分组成，等离子切割机主要组成部分及其功能见表 1-12。

表 1-12　等离子切割机主要组成部分及其功能

组成部分	功　　能
电源	供给切割所需的工作电压和电流,并具有相应的外特性(通常采用陡降外特性),等离子切割电源具有较高的空载电压(150～400V)。常用的直流切割电源有专用切割电源和普通直流弧焊机串联使用作为切割电源两种类型
高频发生器	引燃等离子弧。通常设计为 3～6kV 高压,2～3MHz 高频电流。当主弧建立后,高频发生器电路自行断开。某些国产小电流空气等离子切割机采用接触引弧方法,而不需要高频发生器
供气系统	连续、稳定地供给等离子弧工作气体。通常由气瓶(包括压力调节阀、流量计)、供气管路和电磁阀等组成。使用两种以上工作气体时,需采用气体混合器和储气罐
水路系统	向割炬和电源提供冷却水、冷却电极、喷嘴和电源等,使之不至过热。通常可以使用自来水,当需水量大或采用内循环冷却水时,需配备水泵。水再压缩等离子切割机,还需要提供给喷射水,需配高压泵。同时对冷却和喷射水的水质要求较高,有时配备冷却水软化装置。对小电流等离子割炬可采用空冷,由供气系统供给
割炬	产生等离子弧并实行切割的部件,对切割效率和质量有直接影响。主要有上、下枪体和喷嘴三部分组成,喷嘴是割炬的核心部分,也是产生等离子弧的关键零件
控制箱	完成引弧提前送气、滞后停气、通水及切断电源等动作。在切割过程中,实现切割参数的调节。主要有程序控制器、高频振荡器、电磁气阀及各种控制元件组组成
切割小车	实施机械化或自动化切割,提高切割精度、质量和效率。常用的有半自动、光电跟踪和数控切割机械

机械式火焰切割切割机，在配备等离子切割电源和等离子割炬后，都可改装为等离子切割机使用。但在改装时，必须注意将切割机的电气控制安装可靠的高频防护装置。

数控等离子切割机的基本结构与数控火焰切割机相同。由于等离子切割工艺的逐步普及，许多等离子切割机生产厂商，都在设计制造火焰切割和等离子切割两用的数控切割机。数控等离子切割与数控火焰切割机相比，除需要配备功能强大的数控系统和灵敏度较高的割炬调高器外，还应特别注意切割烟尘的排放和净化问题，尤其是空气等离子弧切割碳钢和不锈钢时，烟尘更为严重。因此，中、大型多割炬数控等离子切割机必须加装烟尘排放和除尘装置。

解决等离子切割空气污染的另一种方法是水下等离子切割，即将待切割的板材平放在水池内，采用特殊结构的等离子割炬进行水下切割。切割时等离子弧割炬浸入水下约 100mm，净化了切割过程中产生的有害烟尘。水下等离子切割的另一优点是可以消除薄板的切割变形，提高切口质量，但需要添加密封水槽和大容量循环水泵。

1.4.2.4　等离子切割的工艺参数选择

影响等离子切割质量和生产效率的工艺参数主要有工作气体的种类、气体流量、电源的空载电压、切割电压、切割电流、切割速度、割嘴到零件的距离、钨极到喷嘴的距离、喷嘴孔径等。

（1）工件气体种类　等离子切割用气体有氮气、氩气、氢气及其混合气体、压缩空气、水蒸气等。

氮气携热性好，动能大，热压缩效果好，价格便宜，应用较广，但引弧效果和稳弧性较差，要求较高的空载电压（165V）。要求纯度在 99.5％以上，否则会增加钨极烧损而引起双弧现象烧坏喷嘴。采用纯氮气，空载电压 250～350V，工作电压 150～200V，可切割厚度小于 120mm 的零件，且切口质量较高。

氩气热容大，引弧较容易，空载电压 70～90V 时，弧焰温度较高。可切割厚度小于 30mm 的零件，生产成本高，一般不采用纯氩作为切割气体。

氢气的携热性和导热性好，压缩作用大，空载电压高于 350V，电弧稳定性较差，一般使用氢气作为辅助气体。

在等离子切割时，两种气体混合使用效果要优于单一气体。选择混合气体时，主要根据切割金属材料的性质、厚度及其他工艺条件确定。等离子切割不锈钢和铝常用的工艺参数见表 1-13。

表 1-13　等离子切割不锈钢和铝常用的工艺参数

气体种类	空载电压/V	工作电压/V	用　　途
Ar	250～350	150～200	用于切割薄、中、厚板，铝合金切割面不光洁
（60％～80％）N_2＋Ar	200～350	120～300	用于切割薄、中、厚板，切割效果好
（50％～85％）N_2＋H_2	300～500	180～300	用于大厚板切割
65％Ar＋35％H_2	250～500	150～300	用于切割薄、中、厚板，切割效果良好

（2）气体流量　气体流量应与喷嘴直径相适应。气体流量对切割质量的影响见表 1-14。

表 1-14　气体流量对切割质量的影响

氮气流量/（L/h）	切割电流/A	工作电压/V	切口宽度/mm	切口表面质量	氮气流量/（L/h）	切割电流/A	工作电压/V	切口宽度/mm	切口表面质量
2050	240	84	12.5	渣多	2700	230	90	6.0	无渣
2200	225	88	8.5	有渣	3300	235	82	10	有渣
2600	225	88	8.0	少渣	3500	230	84	—	未割透

（3）空载电压与切割电压　空载电压取决于切割电源，与切割厚度及选用的气体有关。采用氩气作为工作气体时，空载电压可低些；采用氮气、氢气等双原子气体作为工作气体时，空载电压应高些。

切割电压和切割电流决定了等离子弧的功率，功率增大，可以提高切割速度和切割厚度。在切割大厚度零件时，以提高切割电压为好。当切割电压达到空载电压的 2/3 时，就会出现电弧不稳定的现象，因此，应选用较高的空载电压，一般空载电压大于 150V。

(4) 切割电流　切割电流计算采用以下公式：

$$I = (70 \sim 100)d \tag{1-2}$$

式中　I——切割电流，A；

　　　d——喷嘴直径，mm。

(5) 切割速度　切割速度快，切口小，热影响区小，但切割速度过快，不易割透零件。提高切割速度能够提高焊接下料生产效率，在保证切割质量的前提下，应尽量提高切割速度。

(6) 喷嘴到零件的距离　喷嘴到零件的距离一般为 8～10mm。喷嘴到零件的距离越大，弧柱在空气中暴露长度增加，热量散失增加，对熔化金属的吹力减小，切口处熔渣增多，切口质量降低。喷嘴到零件的距离太小，喷嘴和零件易短路，烧坏或堵塞喷嘴。

(7) 钨极到喷嘴的距离　钨极到喷嘴的距离一般为 6～11mm，此时电弧燃烧稳定，压缩效果好。钨极到喷嘴的距离过大，引弧困难，电弧不稳定。钨极到喷嘴的距离过小，切割能力下降。

(8) 喷嘴孔径　喷嘴孔径（d）与孔道长度（L）比值是决定机械压缩效应的主要因素。一般取 $d : L = (1 : 1.5) \sim (1 : 1.8)$ 比较合理，喷嘴孔径为 2～4mm，孔道长度为 4～7mm。

1.4.3　激光切割

1.4.3.1　激光切割的原理

激光切割是利用经聚焦的高功率密度激光束的热能量将零件熔化、汽化、烧蚀或达到燃点，同时借助与光束同轴的辅助高速气流吹除熔化物而形成切口。

1.4.3.2　激光切割的类型

根据零件的热物理特性和辅助气体的性状，激光切割过程分为以下几种。

(1) 激光汽化切割　材料在高能量密度激光束的作用下，表面温度迅速升高，短时间内就可达到材料的沸点，使材料开始汽化，形成蒸气。这些蒸气的喷出速度很快，在蒸气喷出的同时，在材料上形成切口。由于材料的汽化热一般很大，激光汽化切割需要很大的功率和功率密度。激光汽化切割多用于极薄的金属材料。

(2) 激光熔化切割　激光熔化切割是利用激光将金属材料加热熔化，然后通过与光束同轴的喷嘴吹出惰性气体，依靠气体压力将液态金属排出，形成切口。与激光汽化切割相比，这种方法不需要使金属完全汽化，所需能量只需激光汽化切割的 1/10。激光熔化切割主要用于不锈钢、铝、钛合金等金属材料。

(3) 激光氧气切割　激光氧气切割是利用激光作为预热热源，用氧气等活性气体作为切割气体。喷吹出的活性气体与切割金属发生氧化反应并放出大量的热量，同时把熔融的氧化物和熔化物从反应区吹出，在金属中形成切口。由于金属氧化反应产生了大量的热量，激光氧气切割所需要的激光功率只有激光熔化切割的 1/2，而切割速度却远远大于激光熔化切割和激光汽化切割。激光氧气切割主要用于铁基合金、钛及铝合金等金属材料。

1.4.3.3　激光切割的特点

(1) 切割质量好　由于激光光斑直径非常小，激光切割切口窄，切割低碳钢时，切口宽度为 0.1～0.2mm，从而大大节省金属材料。切割后零件表面光洁，激光切割可作为最终加工工序，不需要进行切削加工。材料经过激光切割后，热影响区宽度非常小，切口附近材料的性能几乎不受影响，并且变形小，切割精度高，切缝的几何形状好，切缝横截面形状呈较规则的长方形，切割零件的精度可达到 0.05mm。几种切割方法的比较见表 1-15。

表 1-15　几种切割方法的比较

切割方法	切缝宽度/mm	热影响区宽度/mm	切缝形态	切割速度	设备费用
激光切割	0.2～0.3	0.04～0.06	平行	快	高
等离子切割	0.3～0.4	0.5～1.0	楔形且倾斜	快	中
氧-乙炔切割	0.9～1.2	0.6～1.2	比较平行	慢	低

（2）切割效率高　一台激光切割机上可以同时配有数个数控工作台，整个切割过程可全部实现数控操作，根据零件加工要求既可进行二维切割，也可进行三维切割。激光切割速度快，用功率为 1200W 的激光切割机切割 2mm 厚的低碳钢，切割速度可达 6m/min；切割 5mm 厚的丙烯树脂，切割速度可达 12m/min。

（3）切割材料种类多　利用激光切割的材料种类广泛，包括金属、非金属、金属基和非金属基复合材料、木材、塑料、纤维等。由于材料本身的热物理性能以及对激光吸收率的不同，不同材料表现出不同的激光切割适应性。

1.4.3.4　激光切割设备

焊接生产主要使用数控激光切割机，数控激光切割机由门式机架、激光器、导光系统、激光切割头、数控系统及驱动系统、供气系统和排烟除尘系统等组成，常用激光的类型与用途见表 1-16。

表 1-16　常用激光的类型与用途

类　　型		波长/nm	工作方式	重复频率/Hz	输出能量	主要用途
固体激光器	红宝石	0.6943	脉冲	0～1	1～100J	点焊、打孔
	钕玻璃	1.06	脉冲	0～10	1～100J	点焊、打孔
	YAG 激光器	1.06	连续脉冲	0～400	1～100J	点焊、打孔
					0～2kW	焊接、切割、表面处理
气体激光器	封闭式 CO_2 激光器	10.6	连续	—	0～1kW	焊接、切割、表面处理
	横流式 CO_2 激光器	10.6	连续	—	0～25kW	焊接、表面处理
	快速轴流式 CO_2 激光器	10.6	连续脉冲	0～5000	0～6kW	焊接、切割

大功率激光切割机大多数配有快速轴流式 CO_2 激光器，其特点是气体流动方向、放电方向和激光器输出方向均为同一方向，配合放电管、谐振腔（包括后腔镜和输出镜）、调速风机和热交换机器等组成。工业用数控激光切割设备的发展十分迅速，切割精度已达到 0.03mm，低碳钢的最大切割厚度达 25mm，不锈钢的最大切割厚度为 20mm，最高切割速度为 25m/min。

1.4.3.5　激光切割的工艺参数选择

（1）光束模式　激光切割的光束可聚焦成较小的光斑，获得高功率密度，切割金属应采用基模光束的圆偏振光。

（2）激光功率与切割速度　激光功率取决于切割金属的材质、厚度和切割速度。功率越高，切割速度越大。当功率一定时，切割速度随厚度增加而降低，CO_2 激光切割金属材料的最大厚度见表 1-17。

（3）透镜焦距和离焦量　透镜焦距小，光束聚焦后功率密度高，但焦深也较小，适于薄件高速切割。透镜焦距大，则功率密度低，但焦深增大，可用于切割较厚零件。焦点与零件

表 1-17 CO₂ 激光切割金属材料的最大厚度

CO₂激光功率/W	实用最大切割厚度/mm					CO₂激光功率/W	实用最大切割厚度/mm				
	碳素钢	不锈钢	铝合金(A5052)	铜	黄铜		碳素钢	不锈钢	铝合金(A5052)	铜	黄铜
1000	12	9	3	1	2	3000	25	14	10	5	8
1500	14	—	6	3	4	15000	80	55	—	—	—
2000	22	12	—	5	5						

表面的距离为离焦量。它对切口宽度也有影响，其最佳值为零件的 1/3 板厚处，离焦量不当会增加切口宽度。

（4）辅助气体种类及流量 用氧气作为辅助气体会因激烈汽化反应产生大量热量，有利于提高切割速度和切割厚度。用氢气作为辅助气体时无汽化反应，切口边缘干净，氢气流量增大，切口宽度将减小。

（5）喷嘴 喷嘴的形状和大小也是影响切割质量、切割速度的重要参数，不同类型激光切割机的喷嘴形状也不同，具体形状和参数要通过测试才能确定。

（6）偏振方向 利用恰当的反射或折射镜调制激光偏振方向，可获得相应的偏振激光，不同偏振方向的激光切割切口宽度有明显的差别。但激光切割非金属及高吸收比材料时，就不存在这种影响。

（7）喷嘴到工件表面的距离 喷嘴口距离零件表面太近，影响对溅散切割熔渣的驱散能力，喷嘴口距离零件表面太远，也造成不必要的能量损失。一般控制该距离为 1～2mm。对异型零件的切割，主要靠高度自动调节装置来稳定喷嘴口到零件表面的距离。

1.5 剪切冲裁

1.5.1 剪切

1.5.1.1 剪切原理

剪切指利用机械装置的上、下刀片相对运动完成对被切物体的分离过程。剪切是常温机械下料方法，将要分离的金属材料置于两剪刃之间，当剪切力量足够大的时候，材料纤维首先产生弯曲和伸长的弹性变形，随后出现细微裂纹，随着裂纹不断扩大，直至裁断。

1.5.1.2 剪切的应用

机械剪切是焊接生产常用的下料方法，多用于板料及各种型材下料，具有很高的生产效率。板料剪切使用平口刀刃，而型材剪切要使用相应形态的刀具。剪切具有较好的经济性。

受剪切机功率的制约，钢板的剪切厚度一般小于 20mm。经过剪切的零件会发生弯曲、扭曲等变形，剪切后需要进行校正（平）。同时，因为外力的作用，在切口附近的材料内部会出现硬化情况，硬化区域的宽度与被剪切材料的厚度成正比，一般在 1～2.5mm 范围内。在制作重要的焊件时，需要将硬化区域采用铣削或刨削的方法去除。

1.5.1.3 剪切方法

（1）手工剪切 利用手动剪切工具进行剪切操作称为手工剪切。手工剪切工具有剪刀、电动剪刀、克刀、锤子等。

（2）机械剪切 机械剪切包括克剪和剪板机剪切。克剪是在专用克剪机上完成对零件曲线的剪切，剪板机剪切是在剪板机上完成零件直线的剪切。

1.5.2 冲裁

冲裁是利用模具对材料施加外力使之分离的工艺过程。零件分离工艺分为剪切、落料、冲孔、切边、切口、剖切等工序类型。归纳后可分为落料和冲孔两大类，分离零件的外轮廓为落料，分离零件的内轮廓为冲孔，这两者的设计、工艺选择基础有差异。

1.5.2.1　冲裁原理

冲裁的分离过程分为弹性变形阶段、塑性变形阶段、剪切阶段，冲裁的分离过程示意见图 1-11。

（1）弹性变形阶段　坯料表明承受压力，产生弹性的压缩和拉伸，并略为挤入凹模洞口，形成塌角，坯料的内应力达到弹性极限。坯料上翘，间隙越大，上翘越严重。

（2）塑性变形阶段　坯料的内应力超过屈服强度，产生塑性变形；部分材料被挤入洞口，应力集中在凸、凹模刃口处，因为有间隙，材料纤维发生弯曲和拉伸，直到出现微细裂纹；材料的流动出现光亮带。

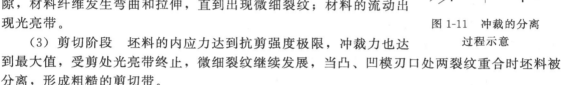

图 1-11　冲裁的分离过程示意

（3）剪切阶段　坯料的内应力达到抗剪强度极限，冲裁力也达到最大值，受剪处光亮带终止，微细裂纹继续发展，当凸、凹模刃口处两裂纹重合时坯料被分离，形成粗糙的剪切带。

冲裁坯料断面示意见图 1-12，冲孔时坯料断面自上而下分布为圆角带、光亮带、剪裂带、毛刺，落料时坯料断面自上而下分布为毛刺、剪裂带、光亮带、圆角带。

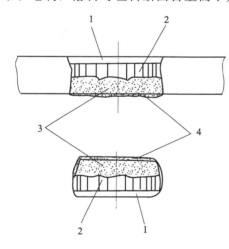

图 1-12　冲裁坯料断面示意

1—圆角带（塌角）；2—光亮带（塑性剪切带）；3—剪裂带；4—毛刺

1.5.2.2　冲裁的应用

冲裁作业的应用范围很广，适用于低碳钢、低合金钢、有色金属及非金属材料，制作尺寸变化范围很大的机械零件，还能制造精密和形状复杂的零件。冲裁作业具有很高的生产效率，高速冲裁的生产每分钟可达千次。冲裁作业一般都在常温下进行，易实现机械化和自动化，材料的综合利用率较高。

1.5.2.3　冲裁间隙

冲裁间隙是指凸模和凹模之间的尺寸差。落料时，凹模尺寸等于零件的外形尺寸，间隙取在凸模上，称为"以凸模配凹模"；冲孔则反之。冲裁间隙是冲裁作业的一个重要的工艺参数，对断面质量、零件尺寸精度、冲裁力、模具的寿命等都有一定影响。

（1）对断面质量的影响　材料在产生断裂时，通常与纤维的夹角并不是 45°，而显现为 49°～51°。当进入剪裂阶段，裂缝会以自身的规律向前发展，即与垂直的夹角出现 4°～6° 的偏移，材料断裂规律示意见图 1-13。

冲裁间隙合理，零件断面圆角正常、断面光滑、无毛刺。间隙过大，对于薄料会使材料拉入间隙中，形成拉长的毛刺；而对于厚料会形成很大的塌角，撕裂角也大，冲裁后的零件可能出现平面扭曲、不平整等现象。间隙太小，上、下两裂纹不重合，断面上会带有二次裂缝，其间形成毛刺和层片，零件质量不合格。

（2）对工件尺寸精度的影响　冲裁零件变形属于弹性变形，其方向与受力方向相反。落料时，如间隙太小，则等于在圆周方向受到挤压力，冲裁完毕，弹性变形恢复向外延伸，零

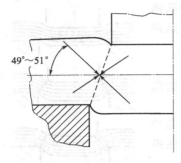

图 1-13　材料断裂规律示意

件的尺寸会略大于凹模的尺寸；间隙过大，就会使零件的尺寸小于凹模尺寸。冲孔时则相反。

（3）对冲裁力的影响　冲裁间隙小，冲裁力大；冲裁间隙大，冲裁力小，冲裁间隙过大，零件更多承受拉伸力，断裂缝也加长，则冲裁力也相应增大。

（4）对模具寿命的影响　冲裁间隙太小，板料对凸、凹模刃口产生的侧压力增大，摩擦力也随之增大，模具的磨损加剧，寿命下降。冲裁间隙偏大，两刃口在断面上的压应力分布不均匀，易崩刃或产生塑性变形。一般来说，冲裁间隙偏大造成的不良后果还能通过增加压边装置来减轻，但冲裁间隙偏小带来的效果较难排除。

1.5.2.4　冲裁工艺

（1）冲裁工艺优化　冲裁工艺要综合企业现有的设备能力、技术水平、模型加工能力及零件生产批量等生产条件进行制订。

大批量生产时，工时费用、材料利用率等可变成本，以及模具的使用寿命是决定冲裁作业生产成本的关键因素。因此，可采用具有较高生产效率的多工位级进模、复合模、高寿命的硬质合金模具。

小批量生产时，模具的制造费用是决定其成本的关键因素，可采用造价低廉、制作周期短、模具材料可回收的一些简单模、低熔点合金模、组合模具等。

提高材料利用率，降低材料费用。在保证零件满足使用要求的前提下，采取改变零件的形状和尺寸，优化排料，合理选择搭边值，利用边角余料等措施。

（2）冲裁搭边值的选择　搭边值是零件与零件、零件与板料边缘的距离。留有一定的搭边值可以补偿冲裁时的送料误差，利于送料。冲裁时的合理搭边值见表 1-18。

表 1-18　冲裁时的合理搭边值　　　　　　　　　　　　单位：mm

料　厚			≤1	>1~2	>2~3	>3~4	>4~5	>5~6	>6~8	>8
手工送料	圆形	x	1.5	2	2.5	3	4	5	6	7
		y	1.5	1.5	2	2.5	3	4	5	6
	非圆形	x	2	2.5	3	3.5	5	6	7	8
		y	1.5	2	2.5	3	4	5	6	7
自动送料		x	3	3	3	4	5	6	7	8
		y	2	2	3	4	5	5	6	7

注：可参考《简明钣金实用手册》，p274，表图 5-12。

（3）提高冲裁质量的工艺措施

① 精整：是指在常规冲裁中第一次冲裁不要直接达到零件的极限尺寸，而是留有一定的修整余量，通过再一次的精整冲裁加工取得良好的零件效果。

外缘切削整修是指当零件的厚度≥1mm 时，精整的凸、凹模间隙在 0.006~0.01mm 之间，凹模刃口处多余的材料被逐步裂变成碎屑，凸模伸入凹模后完成整修。零件的整修不一定是一次完成，当零件有一定厚度且形状复杂时，可通过多次整修达到要求。

外缘挤光整修也称为塑性变形整修法，在强力的作用下，材料被均匀地挤进凹模的型腔内，形成光亮的剪切面，但零件厚度会增加。

内孔的切削整修与外缘的切削整修原理相同。

② 半精冲：不需要预先进行常规冲裁，可以直接在板料上进行。其冲裁间隙采用微间隙甚至负间隙，采用大于常规冲裁的力施加到板料上，使材料沿着模具型腔分离而完成冲裁。

1.6　弯曲成形

1.6.1　弯曲成形及其分类

弯曲成形是利用金属材料的塑性变形能力，借助外力作用将金属坯料弯曲成一定曲率、一定角度，制成所需形状的工序。机械制造业的弯曲成形分为手工制作、机械类的板材和型材的卷圆和压弯、拉力机械的拉弯成形、压力机械的弯曲成形、旋压成形、高能成形等多种方式。手工制作是指所谓的"钣金"技术，即薄板或需要力量相对较小或者数量很少的零件成形方式，包括自由弯曲、卷边、放边、收边、拔缘、拱曲、型材弯曲等操作。高能成形包括爆炸成形、液电成形、电磁成形等方式。

弯曲成形的分类见表 1-19。

表 1-19　弯曲成形的分类

工序			简图	特点
弯曲	弯曲	板材		把板料弯曲成一定的形状
		型材		把型材弯曲成一定的形状
	卷圆			把板料端部卷圆，如合页
	扭曲			把制件扭成一定的角度
拉延	常规拉延			把平板料制成空心件，壁厚基本不变
	变薄拉延			把空心制件拉延成侧壁比底部薄的制件
成形	翻孔			将孔的边缘翻出竖直边缘

工序		简图	特点
成形	翻边		将制件的边缘翻起曲线状竖直边缘
	扩口		把空心制件的口部扩大
	缩口		把空心制件的口部缩小
	胀形		使制件的一部分凸起,如压筋条
	卷边		把空心制件的口部边缘卷起一定形状
	旋压		把平板坯料用滚轮和力旋压出一定的形状
	整形		把形状不准的制件校正好,如小 r

1.6.2 弯曲成形的原理

1.6.2.1 弯曲成形的形成过程

弯曲与冲裁在变形原理上是相同的。不同之处在于弯曲是对原材料施加弯矩,使其达到所要求的零件形状,而冲裁则是利用剪切破坏获得零件。

弯曲成形的形成过程示意见图 1-14,在外力的作用下,材料首先产生了弹性变形,此时零件在靠近受力面的内层金属受压缩而缩短,外层金属受拉伸而延长;随着施加力的不断增大,当超过受力材料的屈服极限后,达到了塑性变形,金属坯料成形为所需要的零件。可以认为弯曲成形的形成过程是从弹性变形到塑性变形的转化过程。

1.6.2.2 弯曲成形的主要特征

(1) 弯曲成形的变形过程 弯曲成形中塑性变形的主要特征有板料外层延长而内层缩短;在板料内、外层的中间必然有一层纤维长度是不发生变化的,称为应变中性层;当板料变形的曲率半径与板料厚度比值小于 4 时,变形区域出现板料厚度减薄现象;弯曲变形只产生在圆角区域,直壁处是基本不变的;当板料宽度与板料厚度比值小于 1 时,板料受力弯曲

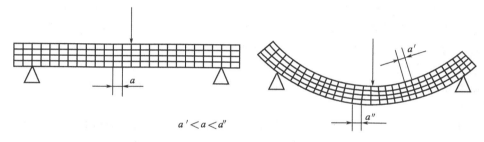

图 1-14 弯曲成形的形成过程示意

的横截面会发生变化，横截面变形趋势示意见图 1-15，而当板料宽度与板料厚度比值大于 3 时，横截面基本不会发生变形；材料变形后期会产生加工硬化现象。

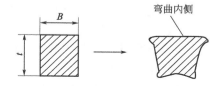

图 1-15 横截面变形趋势示意

（2）加工硬化现象　加工硬化现象是指金属材料达到屈服点后，就会产生塑性变形，在载荷的进一步作用下，其强度、硬度增加的现象，涉及材料变形工序的生产中有时也称为冷作硬化。

加工硬化对材料的后续变形工序不利，必须在设备、模具及工艺方面予以充分考虑，必要时应增加回复、再结晶等热处理工序。

1.6.2.3 弯曲成形中金属的流动

金属材料的塑性变形宏观表现为金属流动性，金属的流动决定于材料本身的特性和应力状态。弯曲成形中影响金属流动最主要的因素是凸模与凹模工作部分的圆角半径、摩擦和间隙。如果模具工作圆角、润滑及上、下模具的间隙控制不好，零件会出现破裂、起皱、划伤等质量问题。

控制金属流动的基本原则是开流或限流。开流就是在需要金属流动的地方采用加大圆角半径、减小摩擦、加大间隙等方式减少阻力，允许顺畅流动；当某处需要金属流入而又不能流入时，就会产生变薄，严重时会因为"断流"而导致破裂。限流是采用与开流相反的方式加大某处的阻力，限制其自由流入；当某处不需要金属流入而又任其流入时，金属会多余，结果是波浪变形甚至起皱。

1.6.3 卷板机卷弯

1.6.3.1 卷板机工作原理

卷板就是板材通过旋转轴辊而弯曲成形的方法。卷板机工作原理示意见图 1-16，焊接生产常见的卷板机有三辊卷板机和四辊卷板机，三辊卷板机分为对称和不对称两种形式。

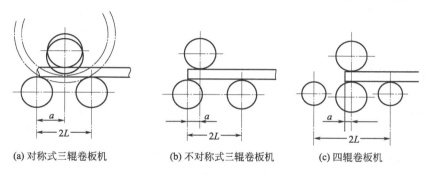

(a) 对称式三辊卷板机　　(b) 不对称式三辊卷板机　　(c) 四辊卷板机

图 1-16 卷板机工作原理示意

　　三辊对称卷板机的两个下辊筒之间有一个可在垂直方向上运动的上辊筒。有些三辊对称卷板机为满足锥形筒体的制作，将上辊筒垂直方向的运动进行分别控制，这样卷板机运转时，置于上、下辊筒间的板料随着轴辊的旋转就得到不同半径的弯曲卷板。通常下辊筒连接驱动系统，由驱动电动机带动着进行卷制；工作时板料随着上辊筒的压下，在支撑点发生弯曲，两个下辊筒的转动由于摩擦力的作用使板料跟随转动，从而发生均匀的弯曲变形。

　　卷板机工作时因为只有与上辊筒接触的板料部分才会被弯曲，则板料两端各有一段长度的金属材料，由于接触不到上辊而不发生变形，这部分金属材料称为剩余直边。剩余直边量的尺寸是工艺必须考虑的问题，但它是根据卷板机的能力和形式而确定的，图 1-16 中的剩余直边量是两个下辊间距离的 1/2。

1.6.3.2　冷卷与热卷的范围

　　钢板卷弯时，随着变形过程板料的内、外侧被压缩或伸长，材料的塑性越好，延伸量或缩短量就相应越大。

　　在室温下，普通碳钢的变形量大于 5％时，板料受拉面就会产生龟裂而致使弯曲件报废。所以，在实际工作中，碳钢的冷卷范围应该控制在 5％以内，计算公式如下：

$$A_{变} = \frac{\pi(D_{内} + 2t) - \pi D_{内}}{\pi D_{内}} \times 100\% \leqslant 5\% \tag{1-3}$$

式中　$D_{内}$——卷制圆筒的内径，mm；

　　　　t——板料厚度，mm。

　　计算公式可以简化为 $D_{内} \geqslant 40t$。

　　对于普通碳钢，当 $D_{内} \geqslant 40t$ 时，可以冷卷；而当 $D_{内} < 40t$ 时，应选择热卷。对于其他的合金钢材料，冷卷时塑性变形量控制在 3％之内，否则应采用热卷的方式。

1.6.3.3　卷板机卷板的工艺流程

　　（1）零件坯料的预弯　由于板料卷制时会留有剩余直边，就造成材料的浪费。为了避免材料的浪费，在卷制前，一般先进行卷筒展开尺寸计算确定钢板坯料的下料尺寸，并在钢板坯料两端进行预弯作业（也称为压头），使钢板坯料两端区域先符合卷筒弯曲半径的要求。通常预弯作业可以采用在压力机上借用模具的"压弯法"或在卷板机进行的"垫压法"。

　　① 压弯法：是采用通用成形模具或专用成形模具压弯进行压弯操作。对于单件小批量弯曲件的生产多使用在通用的 V 形槽上进行多次压制而得到所要求的曲率半径，采用通用成形模具压弯法示意见图 1-17。对于批量较大的弯曲制件可先行设计和制造相应曲率的专用压弯模具，在压力机上进行预弯，采用专用成形模具压弯法示意见图 1-18。

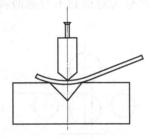

图 1-17　采用通用成形模具压弯法示意

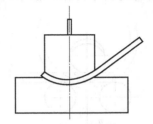

图 1-18　采用专用成形模具压弯法示意

　　② 垫压法：预备一块厚度是待卷制筒体厚度两倍以上的金属坯料，并且用其他方式先期卷制成形，作为模（圆弧）板，放置在卷板机的下轴辊上，再将零件坯料放置在此模板

上，将上轴辊下压，并来回滚动进行弯板操作，就可以实现需要的弯曲半径要求。

在无模板的情况下，可用一块辅助平板代替模板，预弯时在零件坯料边缘下侧使用一块斜垫铁，再压下上轴辊，可使板料边缘弯曲成形。

工件较薄的板料弯板时，可在弯板过程初始阶段，直接在某一下轴辊上加斜垫铁，使零件坯料弯曲成形。

（2）零件坯料的对中　零件坯料的对中就是要求零件坯料卷板前进行正确定位，板料卷制前必须将板料的纵向中心线与辊筒横截面保持平行，即零件坯料的横截面与辊筒轴线保持平行位置，才能有效地防止卷曲件的歪扭。

挡板对中法就是在卷板机上安装一个能够保证零件坯料对中的挡板，作为零件坯料定位基准。

下辊对中法就是在零件坯料进入卷板机时，将零件坯料后端提升呈现倾斜姿态，并将零件坯料前端边缘与下辊的外圆母线接触对正，使零件坯料的前端边缘线与辊筒轴线保持平行位置。

（3）卷制　卷制要经过多次进给（即上辊筒进行多次下压操作）弯曲，卷制过程中应注意检查卷制件的对中情况，并及时进行调整，卷制作业过程中应掌握零件坯料弯曲状况，进行弯曲半径的测量。

1.6.4　拉延（压制）成形

拉延也称压延、拉深、拉伸、压伸等，它是指板料在凸模与力的作用下被挤入凹模型腔，板料凸缘在圆周方向受压，以形成具有凹模模腔形状零件的一种塑性加工方法。成形模具里拉延模具是比较复杂和具有代表性的。

1.6.4.1　拉延成形过程

拉延成形包括不变薄拉延成形和变薄拉延成形两种形式。冷作工艺条件下常使用不变薄拉延。拉延成形零件的形状很多，有圆筒形、锥形、方盒形、球形及其阶梯形。

圆筒形零件的拉延成形过程示意见图 1-19。

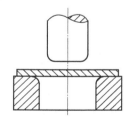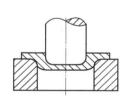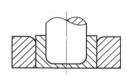

图 1-19　圆筒形零件的拉延成形过程示意

首先将板料置于拉延模的凹模上，当凸模向下运动时，凸模的平底部分就会压住板料的中间部分（这一部分可理解为不流动的），凸模继续下行时，板料的其他部分被逐渐地拉入到凹模型腔内，该部分的金属材料逐步变形成为零件筒体的直壁部分，可见拉延的过程就是零件坯料部分收缩成零件侧壁的过程。

1.6.4.2　拉延零件壁厚的变化

从圆筒零件拉延过程变形分析，可以将拉延过程中的圆筒零件分为 5 个区域，圆筒拉延件变形区域示意见图 1-20，其中 ABCQ 为凸缘区域，CDEF 为凹模圆角区域，EFGH 为筒体侧壁区域，GHIJ 凸模圆角区域，IJO 为筒体底部区域。

（1）凸缘区域　ABCQ 区为主要变形区域，此部分材料在凸模的作用下不断被拉入凹模型腔内形成筒体侧壁，材料处于径向受拉、切向受压的应力状态，板料在径向产生拉伸而

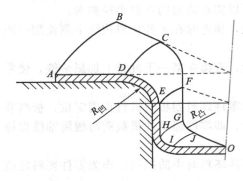

图 1-20　圆筒拉延件变形区域示意

切向产生压缩，板厚有一定的增加。

（2）凹模圆角区域　CDEF 区的板料经历了由直变弯和由弯变直的两次变形，厚度减薄量最大。

（3）筒体侧壁区域　EFGH 区为传力区，此部分材料在凹模模腔内中径基本不变，所受到的只是轴向拉应力，壁厚也有所减薄。

（4）凸模圆角区域　GHIJ 区的变形情况与凹模圆角区相似，但由于在凸模的作用下被拉伸，壁厚减薄最为严重，拉延的成形极限就是由该区域的承载能力所决定的。

（5）筒体底部区域　IJO 区由于凸模的底部与此处材料的摩擦作用大大减弱了拉应力对该区材料的拉伸作用，变形很小，厚度减薄量在 2％～3％左右。

（6）拉延壁厚变化的相关因素　材料强度越低，壁厚减薄量越大；材料变形越大，壁厚减薄量同样也越大；拉延模具间隙越小及凹模圆角半径越小，壁厚减薄量越大；模具润滑越好，壁厚减薄量越少；热压时温度越高，壁厚减薄量越大；加热不均匀，局部的壁厚减薄量越大。

1.6.4.3　拉延模具

（1）压边圈　在拉延过程中，凸缘部分材料会发生失稳而在整个圆周方向出现连续的波浪变形，称为起皱现象。为了防止出现起皱现象，有效的工艺方法是在凹模上增加压边圈（压边圈实际布置在零件坯料的上方），压边圈通常与凹模保持 1.15～1.2 倍零件坯料厚度的距离。

（2）拉延次数　在筒形零件拉延时，将拉延件的外径（d）与坯料的外径（D）之比称为拉延系数，用 m 表示，通常 $m=d/D$。也可以用零件坯料的相对厚度来确定，此时 $m=t/D$，t 为零件坯料厚度。无凸缘筒形零件采用压边圈的拉延系数值见表 1-20，筒形零件不采用压边圈的拉延系数值见表 1-21。

表 1-20　无凸缘筒形零件采用压边圈的拉延系数值

拉延系数	零件坯料相对厚度［$(t/D)\times100$］					
	2.0～1.5	1.5～1.0	1.0～0.6	0.6～0.3	0.3～0.15	0.15～0.08
m_1	0.48～0.50	0.50～0.52	0.53～0.55	0.55～0.58	0.58～0.60	0.60～0.63
m_2	0.73～0.75	0.75～0.76	0.76～0.78	0.78～0.79	0.79～0.80	0.80～0.82
m_3	0.76～0.78	0.78～0.79	0.79～0.80	0.79～0.80	0.81～0.82	0.82～0.84
m_4	0.78～0.80	0.80～0.81	0.81～0.82	0.82～0.83	0.83～0.85	0.85～0.86
m_5	0.80～0.82	0.82～0.84	0.84～0.85	0.85～0.86	0.86～0.87	0.87～0.88

表 1-21　筒形零件不采用压边圈的拉延系数值

拉延系数	坯料相对厚度［$(t/D)\times100$］				
	1.5	2.0	2.5	3.0	＞3
m_1	0.65	0.60	0.55	0.53	0.50
m_2	0.80	0.75	0.75	0.75	0.70
m_3	0.84	0.80	0.80	0.80	0.75
m_4	0.87	0.84	0.84	0.84	0.78
m_5	0.90	0.87	0.87	0.87	0.82
m_6	—	0.90	0.90	0.90	0.85

（3）拉延成形模具的间隙　通常在拉延过程中，为了减少零件坯料与模具之间的摩擦力，会在零件坯料与凹模接触面上添加润滑介质，所以在拉延完成时，零件会抱紧凸模，不易脱落，所以应在拉延模具设计时考虑必要的间隙，凸模尺寸应保证零件成形尺寸进行选择，凹模尺寸则应考虑拉延模具间隙进行选择，拉延成形模具中凸模与凹模单侧间隙见表1-22。

表 1-22　拉延成形模具中凸模与凹模单侧间隙

拉延成形条件	单侧间隙/mm	拉延成形条件	单侧间隙/mm
无压边圈的拉延成形	$(1.00 \sim 1.05)t$	筒壁均匀变薄的拉延成形	$(0.90 \sim 1.00)t$
有压边圈的首次拉延成形	$(1.05 \sim 1.15)t$	筒壁不变薄的拉延成形	$(1.40 \sim 1.80)t$
有压边圈的后续各次拉延成形	$(1.10 \sim 1.20)t$	校正拉延	$(1.05 \sim 1.10)t$

注：t—坯料厚度。

思　考　题

1. 焊接材料检验的种类有哪些，检验的依据是什么？
2. 金属材料预处理的方法有哪些？
3. 焊件的展开方法有哪几种？
4. 简述各种热切割技术的优缺点？
5. 什么是冲裁，并简述它的工作原理？
6. 弯曲成形的种类及特点是什么？

第 2 章　焊接生产装配与焊接

　　随着焊接技术的发展，焊接结构件得到了广泛应用，机器产品中原来采用铸、锻件结构的零部件，许多已被焊接结构件代替，并且由于焊接工艺水平的不断提高，在某些场所焊接结构件也超越了零件毛坯的概念，很多焊接结构件的尺寸与形状精度已经直接达到设计图样的技术要求，不再需要进行切削加工，因此，对焊接结构件生产制造中的装配、焊接技术也提出了更高的要求。

　　在焊接结构件生产流程中，装配与焊接是处于备料生产之后的核心生产工序，装配、焊接质量直接决定了焊接结构件的产品质量。装配、焊接工艺水平反映了企业制造技术实力和工程技术人员的业务素质。

　　装配是根据设计图样的尺寸精度和技术要求，使用夹具等辅助装置，将零、部件连接或固定起来的工序。将零件组装成部件称为部件装配；将零件和部件或部件和部件组装成最终的产品结构称为总装配。装配在焊接接结构件生产制造中占有很大的比例，约占整个焊接结构件制造总工时的 30%～40%，所以，制订正确、合理的装配工艺具有重要意义。

　　焊接是通过加热或加压，或两者并用，并且使用或不使用填充材料，使工件达到结合的加工方法，焊接结构件的生产主要采用熔焊工艺，而压焊和钎焊工艺使用较少。实际焊接生产过程是指根据设计图样和焊接工艺要求，采用适当的焊接装备、焊接材料和焊接技术措施，选择合理焊接规范参数、焊接顺序，通过正确、高效的焊接操作，获得优质的焊接接头，实现零部件的有效连接过程，焊接是制造焊接结构的核心工序，是焊接结构件生产制造的重中之重。

2.1　装配过程简介

　　一般焊接结构件都是由多个零件组成，因此在焊接结构件生产制造中，装配已成为必不可少的生产工序，装配质量会直接影响后续的焊接质量，而且焊接工艺的自动化程度越高，对装配的质量要求也越高。

　　装配过程是一个组装过程，在零件下料完成后，装配就是将这些零件按一定顺序定位、组装、定位焊形成部件，再由零件和部件或部件和部件组装焊接成一个焊接结构件成品。装配过程属于复杂技术操作，要求具有较高的识图能力、使用工装夹具、精确测量等技术素质。

2.1.1　装配方式分类

2.1.1.1　按照零件定位方式分类

　　焊接结构件装配按照零件定位方式分为划线定位装配和夹具定位装配。

　　(1) 划线定位装配　划线定位装配是根据设计图样或装配工艺，在平台或基础零件上，先划出装配位置线，再按划好的装配位置线进行零件摆放，并进行定位焊固定。

　　划线定位装配对装配平台条件、装配基准选择、零件尺寸复验、实物划线技巧、零件移动和固定方法、尺寸测量工具等方面有一定的要求。

适用于大型挖掘机、起重机等小批量单件生产或大型结构的生产方法，如工作繁重，对装配操作技术水平要求高。

（2）夹具定位装配　夹具定位装配是根据设计图样或装配工艺，在平台或基础零件上，采用样板、定位孔、定位器、装配胎具等各种定位装置进行零件的装配、固定。

夹具定位装配对零件尺寸精度、定位装置尺寸精度、定位装置生产效率、定位装置制造成本等方面有一定的要求。

适用于焊管、机床床身、煤矿支架等成批、大量生产的、有互换性要求的焊接结构，具有生产效率高、产品质量好、互换性强等特点。

2.1.1.2　按照零件装配工位分类

焊接结构件装配按照零件装配工位分为工件固定式装配、工件移动式装配。

（1）工件固定式装配　工件固定式装配是指装配作业在固定的工作区域位置进行，通常某一部件的所有零件成套后，一起转运到同一装配工位，该部件中所有零件生产流程的装配工序处于同一时间段。该装配工位的装配工人根据装配工艺和设计图样，逐一将零件按照装配顺序，进行组装操作，在同一工位完成部件的装配。

用于重型机械设备、厚壁压力容器、海洋船舶等大型焊接结构件的生产，也用于单件、小批量焊接结构件的生产。

（2）工件移动式装配　工件移动式装配是指装配作业随同于焊接结构件工作位置移动进行，不同的装配工位按照工艺流程的生产时间顺序要求，当某一部件移动到自己所属装配工位时，才进行一个或几个零件的装配作业，不同装配工位对于同一部件中零件装配工序处于不同的时间段。

用于汽车、自行车等批量生产的流水线作业或专用设备加工生产。

2.1.1.3　按照装配与焊接的顺序组合形式分类

装配与焊接的顺序组合形式分为整装-整焊、随装-随焊、分部件装配焊接-总装焊接等类型。

（1）整装-整焊形式　整装-整焊形式是指在焊接结构件生产流程中，仅经过一次装配工序、焊接工序的施工，就可以完成焊接结构件的所有零件的装配、焊接，完成焊接结构件整体装配、整体焊接的生产过程。

用于减速机箱体、热处理炉门等结构简单、焊接可达性好的小型焊接结构件批量生产，具有焊接变形小、尺寸精度高等特点。

（2）随装-随焊形式　随装-随焊形式是指在焊接结构件生产流程中，进行多次装配工序、焊接工序的施工，装配工序、焊接工序交替进行，才能逐步完成焊接结构的整个生产过程。

用于单件小批的大型复杂结构的生产，常见于焊接结构主体结构上附属许多零件或封闭焊接结构内侧焊缝要求焊接等场所，不宜一次装配完成的焊接结构形式，如有多个插管接口的压力容器、截面积较小的箱型结构。

（3）分部件装配焊接-总装焊接形式　分部件装配焊接-总装焊接形式是指根据焊接结构特点及生产条件，将零件装配成部件并进行部件焊接，然后进行部件之间的装配、焊接完成产品制造。这种形式可实行流水作业，若干个部件可以同步生产，有利于使用先进工艺装备，控制焊接应力与变形，提高劳动生产率，缩短生产周期。

用于重型机械设备、海洋船舶、铁路车辆、电力设备等大型复杂结构的生产。

2.1.2　装配作业的主要内容

装配作业的主要内容包括装配前的准备工作、装配操作过程、装配质量检查等。

2.1.2.1 装配前的准备工作

(1) 熟悉技术文件　根据焊接结构件设计图样、工艺文件掌握其中部件、零件的名称、材质、形状、尺寸、重量等参数，了解部件、零件之间的相互位置关系及技术要求，了解装配工时及生产进度要求，分析装配基准选择和装配顺序是否合理，工位生产条件能否满足装配质量要求和生产能力状况。

(2) 复查零件情况　根据焊接结构件设计图样、零件明细表、零件清单核查零件数量及成套性、互换性，核查零件名称、材质、形状、尺寸是否符合设计图样、工艺文件要求，核查零件标记移植是否正确。

(3) 清理作业环境　根据装配生产要求，选择、修整装配平台，铸钢或铸铁、焊接平台的不平度应达到≤1mm/1000mm、整体≤2mm 的要求。作业场地的物品摆放整齐、保持清洁，并保证具有足够的作业空间，检查起重机械、焊接设备、手工割炬等设备状况，检查电力、气体的供应情况。

(4) 准备装配器材　准备装配时使用的样板、定位孔、定位器、装配胎具；准备装配时常用的大锤、卡盘、千斤顶等工具；准备测量使用的卷尺、直尺、直角尺、线锤、水平经纬仪等量具；准备必要的自制工具、临时拉撑等工艺用料。

2.1.2.2 装配操作过程

(1) 零件的定位过程　根据装配工艺确定的装配基准，在平台或基础零件上进行划线定位操作，或采用样板、定位孔、定位器、装配胎具等各种定位装置进行零件的定位操作。采用临时焊缝或临时拉撑稳定零件位置，应注意防止零件的移动或倾覆，复核尺寸公差情况，并进行必要的修整，直到满足图样尺寸要求，再根据装配工艺进行定位焊，实现最终固定，完成零件的装配形成部件。

(2) 焊接结构件的总装过程　根据装配工艺确定的装配基准，以平台或主体部件为基础，进行部件与部件、部件与零件的吊装、定位，此时多采用划线定位方式，复核焊接结构件尺寸公差情况，进行定位焊或临时工艺拉撑焊接，实现最终固定，完成焊接结构件的装配。

装配顺序应结合部件划分原则，保证结构刚性和强度，控制焊缝收缩量和焊接变形量，保证焊接结构件切削加工余量。

(3) 切削加工余量的处理　通常机械产品的设计方案，采用焊接结构件作为部件主体结构，但在设备与设备、部件与部件之间的相互连接部位，一般都要求进行切削加工，因为切削加工的精度一般都高于焊接加工精度，所以实际生产中许多机械产品的生产流程都采用焊接、消应力处理、切削加工的生产路线，这就要求焊接结构件应在某些部位留有足够的切削加工余量，切削加工余量过大，不仅浪费材料，而且增加切削加工工时，切削加工余量太小，不宜保证加工精度要求。所以对焊接结构件装配、焊接都有一定的尺寸精度要求。因此，在制订装配工艺和装配操作时，应根据焊接结构尺寸、刚性、变形趋势、切削加工方法等因素综合确定焊接结构件的工艺余量。

(4) 定位焊操作　定位焊是正式焊接前为装配和固定构件接缝的位置而焊接的短焊缝。有时也称为点固焊。定位焊缝的作用是保证焊接部件，从装配工位到焊接工位的运输中，焊接部件不产生零件的散落、超出规定的变形，同时定位焊缝增加了结构刚性，有利于减少焊接变形。定位焊缝如果作为正式焊缝的一部分留在焊接结构中，应与正式焊缝采用相同的焊接工艺，定位焊缝如果作为临时焊缝，在正式焊缝焊接前应清除干净，而且不能影响正式焊缝焊接操作和焊接接头使用性能。因此定位焊缝的尺寸不宜过大，定位焊缝长度一般为 8～50mm，焊缝厚度为板厚的 1/3～2/3，采用断续焊缝形式。当结构件的板厚和刚性都比较大时，点固焊前的预热温度不得低于产品焊接的预热温度，并且应适当加大点固焊缝的长度。常用的定位焊缝长度和间隔距离见表 2-1，应特别注意定位焊缝的起弧区和收弧区应圆弧过渡，定位焊缝不宜布置于焊缝交叉部位和应力集中较大区域，避免开裂。

表 2-1　定位焊缝长度和间隔距离　　　　　　　　　单位：mm

板厚	定位焊缝长度	间隔距离
<2	8～12	50～70
2～6	12～20	70～200
>6	20～50	200～500

2.1.3　装配的质量要求

2.1.3.1　保证产品尺寸精度要求

焊接结构件中零件的定位应准确、可靠，焊接结构件整体尺寸和公差应符合设计图样和后续加工要求，装配时应充分考虑焊缝收缩量和焊接变形类型。

对于先进行切削加工，后进行焊接的零部件装配定位时，一般应采用装配夹具，并且注意定位焊缝的合理布置，尺寸精度要求较高时，应在装配夹具完成全部焊接工作。

2.1.3.2　保证焊接坡口的相关要求

焊接接头的装配定位时，应保证焊接坡口根部间隙、坡口角度及尺寸满足焊接工艺规程的要求。

2.1.3.3　控制焊接错边量的相关要求

对接接头的装配定位时，错边量应符合设计图样和焊接工艺规程要求，通常筒体纵缝错边量不应超过壁厚的 10%，且不超过 3mm，筒体环缝错边量不应超过壁厚的 15%，且不超过 5mm。

2.1.3.4　定位焊缝的质量要求

定位焊缝不允许产生裂纹、未熔合、密集型气孔等焊接缺陷，并满足焊接结构的刚性和连接强度要求。

2.1.3.5　大型结构的预装检查

大型焊接结构件因运输、制造条件等因素限制，采用分段制造、现场总装的生产方式，且总装精度要求较高时，应在制造过程结束后，组织预装检验，制备总装装配定位装置，保证大型焊接结构件总装的尺寸精度和安装进度，尽量避免现场返修作业。

2.2　装配基准的选择

制订焊接结构件装配工艺时，应该首先选择一个合理的装配基准面，借助这个基准面进行焊接结构件中各个零件组装过程的定位。

零件在空间的定位依赖于六点定位原理，通过限制每个零件在空间的六个自由度，使零件在空间中确定位置，这些限制自由度的点就是定位点。焊接结构件中零件的定位也遵循六点定位原理，可见通过空间点、线、面的有效约束控制零件的空间位置。

2.2.1　基准面的基本概念

基准面是一些点、线、面的组合，借助它们可以确定同一零件的另外一些点、线、面的位置，或者其他零件的位置，同一焊接结构件上多个零件如果采用相同的基准面就容易保持尺寸精度的一致性，减少尺寸系统误差。

2.2.2 基准的分类

2.2.2.1 设计基准

设计基准是设计图样上所采用的基准，它是决定零件在整个结构或部件中相对位置的点、线、面的总称。设计基准反映了焊接结构件及部件中各零件位置的相互关系，在设计图样中常表现为尺寸基准线。

2.2.2.2 工艺基准

工艺基准是焊接结构件生产制作过程中采用的基准，它是生产制作过程中用来描述定位零件位置的点、线、面的总称。工艺基准根据工序的不同作用又分为工序基准、定位基准、装配基准和测量基准。

（1）工序基准 是指某种加工工序的使用图样中用来确定本工序所加工表面，在加工完成后的尺寸、形状和位置的基准。常见工序的使用图样有铸造工艺图、锻造工艺图、焊接工艺图等毛坯图样，粗加工图、半精加工图、精加工图等切削加工用图样，这些图样来源于产品设计图样，但增加了工序作业内容及要求，工序基准往往不同于设计基准。

（2）定位基准 是指零件在夹具中定位时，所依据的点、线、面。定位基准与夹具使用功能、零件坯料形状有关，常见的筒体及圆柱类零件，设计基准一般采用中心线，但外圆定位夹具一般采用零件外侧圆周进行定位，实现筒体及圆柱类零件找正对中，外侧圆周就成为定位基准。

（3）装配基准 是指各个零、部件在组装过程中决定相对位置的点、线、面。焊接结构件的设计基准一般采用具有切削加工要求的外轮廓线或中性面，而在钢板拼接时，装配基准常采用焊接坡口根部端面轮廓线。

（4）测量基准 是指在装配过程中用以检测零件位置或尺寸所依据的点、线、面。实际生产中，一般采用便于测量的线、面作为测量基准。

2.2.3 装配基准选择的一般原则

（1）装配基准尽可能与设计基准重合 这样更有利于保证设计图样对产品结构尺寸、形状精度的要求。采用设计图样上规定的定位孔或定位面作为基准；如没有特殊要求时，尽可能选择设计图样上用以标注各零件位置的尺寸基准作为装配基准。

（2）选用面积较大的平面 当零件或部件的表面既有平面又有曲面时，应该优先选择平面作为装配基准；当零件或部件的表面都是平面时，则应该选择最大的平面作为装配基准。

（3）选用经过切削加工的表面 尽可能利用零件或部件上经过切削加工的表面作为装配基准，也可用上道工序的工序基准作为装配基准。如备料过程中冲剪、数控切割或自动切割的边缘，零件或部件中心线等。

（4）选用有切削加工要求的表面 当零件或部件的表面在焊接后有切削加工要求或设计图样对零件或部件的某平面有较高要求时，应选择此平面作为装配基准。如采用焊接结构的减速机箱体，其结构形式分为上箱体和下箱体，上、下箱体结合面焊后要进行切削加工，因此焊接毛坯装配时，应选择这个结合面作为装配基准。此外采用平面基准容易定位焊接毛坯零件，便于装配，而且使需要切削加工的零件处在一个平面内，有利于保证加工余量的一致性。

（5）选用不宜变形的表面或边缘 在焊接结构中，选择刚性大，不宜变形的表面或零件边缘作为装配基准，避免基准面、线因为焊接变形引起的尺寸偏差。

上述原则要根据产品结构的实际情况和要求，综合考虑选择应用。评判装配基准的选择是否合理，主要是能否保证产品结构质量，方便装配焊接以及满足设计图样对产品结构尺寸、形状精度的要求。

2.3　装配顺序的选择

装配顺序是装配工艺中重要内容，当装配基准确定后，合理的安排零部件的装配顺序是保证装配工作顺利进行的主要问题，零部件的装配顺序与焊接结构件部件的划分、零部件在焊接结构中位置、零部件尺寸及重量、零部件的切削加工要求等因素有关。

焊接结构件的装配工艺与焊接工艺具有紧密联系，装配顺序的重要性与装配、焊接的顺序组合形式有关，当采用随装-随焊形式时，装配顺序控制着焊接顺序，对焊接结构件尺寸保证和变形控制有重要影响，当采用分部件装配焊接-总装焊接形式时，装配顺序也对焊接结构件尺寸保证和变形控制具有一定的影响。

2.3.1　焊接结构件部件的划分

焊接结构件部件的划分与分部件装配焊接-总装焊接形式的装配顺序有很大关系。部件的合理划分可以提高生产效率、改善工人劳动强度、缩短产品生产周期。部件的划分应遵循以下原则。

（1）尽量保持部件的完整性　应尽量使部件具有完整的结构形式，使部件在某些方向上保持开放，这样有利于部件的装配、焊接作业，而在某些方向上实现封闭，可以增加部件刚性，对控制部件变形，保证尺寸精度创造条件。

（2）尽量保持部件的具有尺寸稳定性　应尽量使部件保持必要的刚性，结构形式具有三维立体特征，使部件具有一定的尺寸稳定性和对称性，避免在吊装、运输过程中，产生弯曲、扭曲等变形。尽量避免拆分刚性较差的细长型部件、平面型部件。

（3）尽量使各部件生产要素适应现场生产条件　应使拆分后的部件重量、体积、平面尺寸具备现场生产条件，符合起吊重量、翻转空间、平台面积、设备能力的作业要求，当使用焊接辅助机械、热处理炉等装备时，应考虑设备承重极限、容纳空间极限等生产条件。

（4）尽量使各部件生产周期保持同步　应根据总装时间安排，考虑各部件的生产周期保持同步，实现均衡生产，避免出现严重的装配、焊接工作量差异，造成各个工位生产任务不均衡，影响总装进度。

2.3.2　装配顺序的制订原则

（1）装配顺序的方向性原则　焊接结构件装配时，零件定位的方向应保持自下而上、由内向外的空间方向趋势，这种装配顺序易于保证结构的稳定、便于施工操作、保持结构的对称性、减少结构的扭曲变形。

（2）装配顺序应考虑零件的重量和尺寸条件　焊接结构件装配时，应根据零件的重量和尺寸条件，优先装配重量大、尺寸大的零件，再装配重量小、尺寸小的零件，保持"先大后小"的顺序，有利于减少装配过程中的变形和零件修配工作量，保证结构的稳定性。

（3）装配顺序应考虑零件的形状　焊接结构件装配时，应根据零件的形状，优先装配形状简单的零件，零件定位时，优先采用直线定位、直角定位，其次再考虑曲线、曲面定位。这样不仅便于测量，还可以提高生产效率，保证部件尺寸精度。

（4）装配顺序应参考零件的切削加工要求　焊接结构件装配时，应根据零件的切削加工要求，优先定位具有切削加工要求的零件，留有必要的加工余量，再定位其他具有几何尺寸要求的零件，保证外观形状整齐，最后定位没有公差要求的零件。

（5）装配顺序应考虑焊接可达性　焊接结构件装配时，针对封闭空间或尺寸狭窄空间，应考虑焊接可达性，合理布置人孔位置，或采用随装-随焊形式，保证封闭空间或尺寸狭窄空间内侧焊缝的焊接操作，实现零件之间的有效连接。

2.4 装配胎夹具的选择

焊接结构件生产过程与其他机械加工方法的不同之处，在于它是由多个离散零件，通过装配、焊接等工序形成一个整体结构，在装配、焊接的生产过程中，需要使用一些发挥配合及辅助作用的夹具、机械装置或设备，它们统称为焊接工艺装备，简称焊接工装。装配胎夹具是焊接工装中使用最多的一类器材，使用装配胎夹具能够保证焊接结构的装配质量，提高生产效率，降低劳动强度。

2.4.1 装配胎夹具作用

（1）保证装配质量 使用装配胎夹具进行零件的定位，可以保证零件装配位置的准确性，控制零件之间的相对位置，减小结构尺寸公差，提高焊接结构尺寸精度，特别是在大批量生产时，可以减小焊接结构件生产的偏差，实现互换性。

（2）提高生产效率 焊接结构件装配过程包括：划线、吊装、定位、夹紧及定位焊等，采用胎夹具定位装置，可以省掉划线工序，直接进行定位及定位焊操作，降低了装配工时消耗，结构变形小，减少焊后矫正变形返修工作量，缩短生产周期，提高生产效率。

（3）降低劳动强度 焊接结构件装配采用胎夹具，零件定位快速，装夹方便、省力，减轻了装配定位的体力劳动。焊件的翻转可实现机械化，改善了劳动条件。

2.4.2 装配胎夹具的特点

装配胎夹具的种类很多，形式多样，除一些小型夹具、转台等，大多数胎夹具属于非标准装置，通常装配胎夹具是针对焊接结构件专门设计、制作的，一般应根据焊接结构件的特点、制造企业的实际条件及制造工艺过程等因素，自行设计或按要求定做。

装配胎夹具的选用要合理，既要使用方便，还要考虑制造成本，在满足产品技术要求的前提下，要求结构简单、方便操作，不能只考虑满足产品的技术要求，而使装配过程繁琐复杂，同时装配胎夹具的制作费用在焊接结构件制造成本中的比例不宜过高。

2.4.3 装配胎夹具的类型

装配胎夹具是将待装配零件准确定位、夹紧的工序生产装置，有些装配胎夹具也用于其后的焊接生产过程。装配胎夹具一般包括简单轻便的通用夹具和装配胎架的专用夹具。

2.4.3.1 装配夹具

装配夹具根据零件的定位固定方式分为夹紧、压紧、拉紧、顶紧四种方式，装配夹具根据夹紧力的动力来源分为手动夹具和非手动夹具。其中，手动夹具包括螺旋夹具、楔条夹具、杠杆夹具和偏心轮夹具等类型，非手动夹具包括气动夹具、液压夹具、磁力夹具等类型。

（1）手动夹具 常用的手动夹具有楔条（楔铁）夹具、杠杆夹具、螺旋夹具、偏心夹具等类型，一般都利用简单的机械原理，通过简易装置，在装配零件上形成外力的作用，达到零件的固定作用，但夹紧力较小。因为原理比较简单，制作容易，实际生产中，装配操作经常使用楔条、撬杠、千斤顶、导链等简易工具。

（2）非手动夹具 非手动夹具一般都需要进行采购定作，气动夹具、液压夹具、磁力夹具都需要采用非人工的动力来源，夹紧力较大。如果夹具品种较多，生产车间需配置多种动力供应，因此同一生产车间的夹具类型应尽量保持一致，减少动力配置复杂性，选择非手动夹具应根据焊接结构件生产特点、动力配置情况等因素综合确定，一般用于批量生产方式。

2.4.3.2　装配平台及胎架

为了保证焊接结构件装配的形状和尺寸精度，焊接结构件的装配一般使用平台或者胎架等装置。

（1）装配平台　装配平台分为铸铁平台、铸钢平台、钢结构平台、导轨平台、水泥平台和电磁平台等类型。其中铸钢平台、钢结构平台在生产中最为常见，铸钢平台制作时经过热处理、切削加工等流程，平整度和尺寸稳定性好，平面精度高，生产成本较低，应用最为广泛。钢结构平台的表面没有经过切削加工，平面精度低于铸钢平台，但焊接车间制作方便，也经常采用。

（2）装配胎架　装配胎架通常是为特定的产品设计制造的，如造船门机总装时，为使主梁达到规定要求的上拱度，要在一个专用的装配胎架上进行总装。在流水线上或批量生产时一般也都采用装配胎架，如船舶、机车车辆的底架等。焊接滚轮架也常作为筒体或圆柱形产品装配时的装配胎架，以满足装配同轴度要求。

2.5　焊接接头

2.5.1　焊接接头的组成

焊接接头是指用焊接方法连接的接头，包括焊缝、熔合区、热影响区及其临近的母材。焊接接头是焊接结构的基本要素，是焊接结构力学性能的薄弱区域，反映了焊接结构件生产的主要技术问题。影响焊接接头质量的因素很多，主要包括焊接结构特点、材料特性、使用工作条件、焊接方法、焊接坡口形式、焊接材料、焊接规范参数、焊接工艺措施、焊接质量要求等。

在焊接结构件中，焊接接头主要具有连接金属、传递载荷的作用。根据焊接接头在结构中发挥的主要作用，将焊接接头分为联系焊接接头、工作焊接接头。联系焊接接头的焊缝称为联系焊缝，在结构中主要作用是保证金属的有效连接，承受较小的载荷，在焊接结构件工作时，作用在焊缝上的工作应力较小。工作焊接接头的焊缝称为工作焊缝，在结构中主要作用是传递结构承受的载荷，在焊接结构件工作时，作用在焊缝上的工作应力较大。

2.5.2　焊接接头的特点

基于不同的连接原理，焊接接头与铆接、螺纹连接、咬接、胀接、粘接等连接方法的接头形式有明显的差异，使得焊接结构与铸造结构、锻造结构等成形工艺的结构形式有较大的变化。焊接接头在某些方面具有独特的优点，当然也存在某些技术问题。

（1）适应结构的多样性　焊接接头能够适应不同结构形式、不同材料的要求，材料的综合利用率高，接头占用空间小。

（2）承受载荷的多向性　要求焊透的熔化焊焊接接头能够很好地承受各向载荷的作用，具有较高的拉压性能、弯曲性能、疲劳性能等力学性能。

（3）连接质量的可靠性　采用先进焊接设备、焊接材料，执行合理的焊接工艺进行焊接操作，并通过焊接质量检测，可以获得高质量、高可靠性的焊接接头，满足焊接结构生产要求和使用要求。

（4）存在的问题　焊接接头也存在着几何形状的不连续、力学性能不均匀、焊接变形与残余应力等方面的影响，应引起足够的重视。

2.5.3 焊接接头的类型

2.5.3.1 焊接接头的基本类型

根据焊接接头的构造形式及零件装配位置关系进行分类，焊接接头可以分为对接接头、搭接接头、T形接头和角接接头。焊接接头的基本类型示意见图2-1。

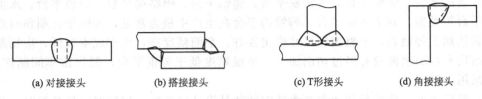

(a) 对接接头　　　(b) 搭接接头　　　(c) T形接头　　　(d) 角接接头

图 2-1　焊接接头的基本类型示意

2.5.3.2 对接接头

（1）对接接头的特点　对接接头是将同一平面的两个焊件相对组装、进行焊接形成的焊接接头。从受力角度分析，对接接头是比较理想的接头形式，比其他焊接接头形式的受力状态更为合理，对接接头是应力集中程度最小、承载能力最强的接头形式。

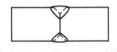

(a) 全熔透对接接头　(b) 非全熔透对接接头

图 2-2　全熔透对接接头和
非全熔透对接接头示意

（2）对接接头的熔透要求　对接接头分为全熔透对接接头和非全熔透对接接头，全熔透对接接头和非全熔透对接接头示意见图2-2。全熔透对接接头的焊缝与对接焊件的截面尺寸相当，承载能力好，因此，一般对接接头均采用全熔透对接接头，全熔透对接接头常用于焊接结构件生产中板材零件的拼接、筒体零件的纵焊缝和环焊缝焊接。非全熔透对接接头坡口根部留有一定尺寸的间隙，其焊缝截面尺寸小于焊件截面尺寸，承载能力下降，但焊接工作量较少，常用于焊接结构件中板厚较大、承受静载荷较小的场所，结构设计以刚性要求为主。

（3）对接接头的坡口类型　对接接头设计时，为了保证焊接质量、减少焊接变形和焊接材料消耗，根据焊接方法、焊件厚度的不同，对接接头分为不开坡口或开坡口的两种类型，焊接生产中采用不同的坡口形式，形成坡口对接接头。

根据焊接坡口两侧焊件厚度又分为等边坡口和不等边坡口等类型，不同焊件厚度常用的坡口类型见表2-2。

表 2-2　不同焊件厚度常用的坡口类型

焊件厚度/mm	≤15	3～10	≥12	≥30
坡口类型	Ⅰ形坡口或不开坡口	V形坡口或单边V形坡口	V形坡口、U形坡口、双V形坡口、K形坡口	双U形、双J形坡口

当对接接头两侧焊件厚度相差较大时，可采用过渡坡口形式，将厚板加工成斜面，并且尽可能选择两侧对接焊件中心线重合，以利于作用力的传递。不等边过渡坡口示意见图2-3。

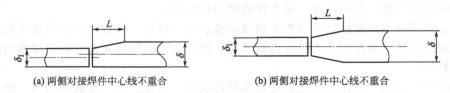

(a) 两侧对接焊件中心线不重合　　　　(b) 两侧对接焊件中心线不重合

图 2-3　不等边过渡坡口示意

2.5.3.3　搭接接头

搭接接头是将两个焊件部分平面重叠在一起，采用角焊缝、塞焊缝、槽焊缝连接起来的接头形式。搭接接头承载能力差，接头受拉力时，产生附加弯曲应力，而使两端焊缝处于受剪状态，应力分布不均匀，疲劳强度较低，对于承受动载荷的焊接结构不宜选用搭接接头。但搭接接头的备料简单、装配容易，对焊工操作技术水平要求较低，因此，在不重要的焊接结构件生产中仍大量采用。常见的搭接接头示意见图 2-4。

(a) 角焊缝　　　　　(b) 角焊缝+塞焊缝　　　　　(c) 角焊缝+槽焊缝

图 2-4　常见的搭接接头示意

2.5.3.4　T 形接头

T 形接头（包括十字接头）是将互相垂直的焊件用角焊缝连接起来的接头，两块板连接成为 T 形接头，三块板连接成为十字接头。T 形接头也分为开坡口或不开坡口等类型，开坡口的 T 形接头又分为全熔透 T 形接头和非全熔透 T 形接头。对于承受动载荷的重要焊接结构，应选用开坡口全熔透 T 形接头及十字接头，全熔透 T 形接头及十字接头焊缝强度计算方法和全熔透对接接头相同。常见的 T 形接头及十字接头示意见图 2-5。

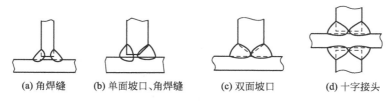

(a) 角焊缝　　　(b) 单面坡口、角焊缝　　　(c) 双面坡口　　　(d) 十字接头

图 2-5　常见的 T 形接头及十字接头示意

2.5.3.5　角接接头

角接接头是指两个焊件端面间构成大于 30°、小于 135°夹角的接头，常用于箱型结构上，此时角接接头焊件端面间的夹角一般为直角或接近直角。在板厚较大的角接接头中有时也采用焊接坡口，角接接头单独使用承载能力差。一般的角接接头准备工作简单、装配比较容易。常见的角接接头示意见图 2-6。

图 2-6　常见的角接接头示意

在 T 形接头（十字接头）和角接接头设计中，当承载面积相同时，采用开坡口的焊接形式比采用外部角焊缝的焊接形式填充金属要少，焊接变形小，还可以节省焊接工时和焊接材料，当焊件板厚较大时，效果更明显。因此，在 T 形接头（十字接头）和角接接头设计时，焊件板厚较大时，应优先选用开坡口的焊接形式更为合理。

焊接接头的选择主要取决于产品的使用要求、焊接结构件特点、受力状态和焊件厚度等设计条件。在焊接结构设计时，要正确地选择焊接接头类型必须考虑以下因素：焊接结构件的受力状态与使用要求，焊接生产条件，焊接生产成本等因素。

2.6 焊缝符号的表示方法

焊接结构件的设计图样中，要用焊缝符号标明焊缝形式、尺寸和要求，GB/T 324《焊缝符号表示法》规定焊缝符号包括基本符号、辅助符号、补充符号、焊缝尺寸符号，焊缝符号一般由基本符号与指引线组成，必要时还可以加上辅助符号、补充符号和焊缝尺寸符号。GB/T324《焊缝符号表示法》规定的焊接符号适用于金属熔焊和电阻焊，与国家标准ISO2553《焊缝在图样上的符号表示方法》基本相同，可以等效采用。

2.6.1 基本符号

基本符号是表示焊缝横截面形状的符号，常见的焊缝基本符号见表 2-3。

表 2-3　常见的焊缝基本符号

序号	名　称	示　意　图	符　号
1	卷边焊缝（卷边完全熔化）		八
2	I 形焊缝		‖
3	V 形焊缝		∨
4	单边 V 形焊缝		⋁
5	带钝边 V 形焊缝		Y
6	带钝边单边 V 形焊缝		ⱶ
7	带钝边 U 形焊缝		Y
8	带钝边 J 形焊缝		ⱶ
9	封底焊缝		⌣
10	角焊缝		◺
11	塞焊缝或槽焊缝		⊓

续表

序号	名　称	示　意　图	符　号
12	点焊缝		○
13	缝焊缝		⊖
14	堆焊缝		⌒⌒

2.6.2　基本符号的组合

当焊缝需要进行双面焊接时，可用基本符号组合表示，常见的双面焊接焊缝基本符号组合见表 2-4。

表 2-4　常见的双面焊接焊缝基本符号组合

序　号	名　称	示　意　图	符　号
1	双面 V 形焊缝(X 形焊缝)		X
2	双面单 V 形焊缝(K 形焊缝)		K
3	带钝边的双面 V 形焊缝		X
4	双面 U 形焊缝		⅄

2.6.3　辅助符号

辅助符号是表示焊缝表面形状特征的符号，辅助符号分为平面符号、凹面符号、凸面符号，辅助符号往往要与基本符号配合使用，当对焊缝表面形状有明确要求时采用，不需要确切说明焊缝表面形状时，可以不用。

2.6.4　补充符号

补充符号是为了说明所表注焊缝的衬垫状况、焊缝分布、施焊场所等特征时使用，常见的焊缝辅助符号和补充符号见表 2-5。

表 2-5　常见的焊缝辅助符号和补充符号

序　号	名　称	符　号	说　明
1	平面	——	焊缝表面通常经过加工后平整
2	凹面	⌣	焊缝表面凹陷
3	凸面	⌢	焊缝表面凸起

序 号	名 称	符 号	说 明
4	圆滑过渡		焊趾处过渡圆滑
5	永久衬垫	M	衬垫永久保留
6	临时衬垫	MR	衬垫在焊接完成后拆除
7	三面焊缝		三面带有焊缝
8	周围焊缝	○	沿着工件周边施焊的焊缝标注位置为基准线与箭头线的交点处
9	现场焊缝		在现场焊接的焊缝

2.6.5　焊缝尺寸符号

　　焊缝尺寸符号是表示坡口和焊缝尺寸的符号，也可以在焊缝符号中标注，如角焊缝的焊脚高度，焊接坡口的坡口角度、钝边、间隙等，常见的焊缝尺寸符号见表 2-6。

表 2-6　常见的焊缝尺寸符号

符 号	名 称	示 意 图	符 号	名 称	示 意 图
δ	工件厚度		c	焊缝宽度	
α	坡口角度		K	焊脚尺寸	
β	坡口面角度		d	点焊:熔核直径 塞焊:孔径	
b	根部间隙		n	焊缝段数	
p	钝边		I	焊缝长度	
R	根部半径		e	焊缝间距	
H	坡口深度		N	相同焊缝数量	
S	焊缝有效厚度		h	余高	

2.6.6　焊缝标注方法

焊缝标注所用的基本符号、补充符号、尺寸符号及数据等都在指引线上，指引线是由箭头线和两条基准线组成，在标注 V 形、单边 V 形、J 形焊缝时，箭头应指向带有坡口一侧的焊件，如果焊缝和箭头线在接头的同侧，则将焊缝基本符号标注在基准线的实线侧，如果焊缝和箭头线不在接头的同侧，则将焊缝基本符号标注在基准线的虚线侧。焊缝标注示意见图 2-7。常见的焊缝标注示例见表 2-7。

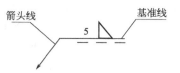

图 2-7　焊缝标注示意

表 2-7　常见的焊缝标注示例

序　号	名　称	示　意　图	标　注	说　明
1	对接接头 V 形焊缝			单面 V 形坡口对接焊缝，坡口角度 50°，背面封底焊
2	对接接头带钝边的双面 V 形焊缝			带钝边的双面 V 形坡口对接焊缝，坡口角度 50°，钝边 2mm，装配间隙 2mm
3	对接接头 I 形焊缝			I 形坡口，双面焊对接焊缝
4	对接接头带衬垫 I 形焊缝			I 形坡口，单面焊对接焊缝，背面加永久衬垫，现场焊接
5	T 形接头组合焊缝			带钝边的单面 V 形坡口焊缝，坡口角度 50°，钝边 2mm，背面角焊缝，焊脚高度 10mm
6	T 形接头角焊缝			T 形接头，双面角焊缝，焊脚高度 10mm

2.7　焊接坡口

焊接坡口是根据焊接工艺要求，在焊件的待焊部位加工并装配成一定几何形状的沟槽。焊接坡口是为便于焊接操作、保证焊缝质量，使其根部能够有效熔透的工艺手段，是焊接技术独有的工艺内容。

2.7.1　焊接坡口的技术参数

焊接坡口的形状和尺寸非常重要，一般采用坡口形式、坡口角度、坡口深度、钝边及根部间隙等参数进行描述。

焊接坡口形状分为基本型、组合型、特殊型。基本型坡口是指形状简单、加工容易、应用普遍的坡口，如 I 形坡口、V 形坡口、单边 V 形坡口、U 形坡口、J 形坡口等。组合型坡口是由两种或两种以上的基本型坡口组合而成，如 U-V，V-V 形坡口等。特殊型坡口可根据行业中产品结构特点，制订适合于生产的焊接坡口。此外，还将焊接坡口分为单面坡口和双面坡口，单面坡口通常具有不对称截面，如 V 形坡口、U 形坡口等，便于特殊位置的焊接操作。

GB/T 985.1《气焊、焊条电弧焊、气体保护和高能束焊的推荐坡口》，规定了以上焊接方法的坡口基本形式和尺寸，并推荐了焊件厚度适用范围及适用焊接方法，常见的焊接坡口基本形式和尺寸见表 2-8。GB/T 985.2《埋弧焊的推荐坡口》，规定了埋弧焊坡口基本形式和尺寸，并推荐了焊件厚度适用范围，常见的埋弧焊坡口基本形式和尺寸见表 2-9。

表 2-8 常见的焊接坡口基本形式和尺寸

序号	名称	坡口种类	坡口形式	焊缝形式	坡口尺寸	焊接方法	说 明
1		卷边坡口			$R \approx t$	3 111 141 512	$\delta \leqslant 2$
2		I 形坡口			$b \approx \delta$	3 111 141	$\delta \leqslant 4$
					$b = 3 \sim 8$	13	3～8
					$b \approx \delta$	141	
					$b = 0 \sim 1$	52	$\delta \leqslant 15$
3		V 形坡口			$\alpha = 40° \sim 60°$ $b \leqslant 4$ $p \leqslant 2$	3 111 13 141	3～10
					$\alpha = 6° \sim 8°$ $p \leqslant 2$	52	8～12
4		陡边坡口			$\beta = 5° \sim 20°$ $b = 5 \sim 15$	111 13	$\delta > 16$
5	单面对接焊坡口	V 形坡口（带钝边）			$\alpha \approx 60°$ $b = 1 \sim 4$ $p = 2 \sim 4$	111 13 141	5～40
6		U 形坡口			$\beta = 8° \sim 12°$ $b \leqslant 4$ $p \leqslant 3$ $R \approx 6$	111 13 141	$\delta > 12$
7		单边 V 形坡口			$\beta = 35° \sim 60°$ $b = 2 \sim 4$ $p = 1 \sim 2$	111 13 141	3～10
8		J 形坡口			$\beta = 10° \sim 20°$ $b = 2 \sim 4$ $p = 1 \sim 2$ $R \approx 8$	111 13 141	$\delta > 16$

续表

序号	名称	坡口种类	坡口形式	焊缝形式	坡口尺寸	焊接方法	说　明
9		I 形坡口			$b \approx \delta/2$	111 13 141	$\delta \leqslant 8$
10		V 形坡口			$\alpha \approx 60°$ $b \leqslant 3$ $p \leqslant 2$	111 141	3～40 背面封底焊
					$\alpha = 40° \sim 60°$ $b \leqslant 3$ $p \leqslant 2$	13	
11		双 V 形坡口			$\alpha \approx 60°$ $b = 1 \sim 3$ $p \leqslant 2$ $\alpha = 40° \sim 60°$ $b = 1 \sim 3$ $p \leqslant 2$	111 141 13	$\delta > 10$ 可以制成非对称坡口
12		U 形坡口			$\beta = 8° \sim 12°$ $b = 1 \sim 3$ $p \approx 5$ $R \approx 6$	111 141	$\delta > 12$ 背面封底焊
13	双面对接焊坡口	双 U 形坡口			$\beta = 8° \sim 12°$ $b \leqslant 3$ $p \approx 3$ $R \approx 6$	111 13 141	$\geqslant 30$ 可以制成非对称坡口
14		单边 V 形坡口			$\beta = 35° \sim 60°$ $b = 1 \sim 4$ $p \leqslant 2$	111 13 141	3～30 背面封底焊
15		K 形坡口			$\beta = 35° \sim 60°$ $b = 1 \sim 4$ $p \leqslant 2$	111 13 141	$\delta > 10$ 可以制成非对称坡口
16		双 J 形坡口			$\beta = 10° \sim 20°$ $b \leqslant 3$ $p \approx 2$	111 13 141	$\delta > 30$ 可以制成非对称坡口

表 2-9　常见的埋弧焊坡口基本形式和尺寸

序号	名 称	坡口种类	坡口形式	焊缝形式	坡口尺寸	说　明
1	单面对接焊坡口	I 形坡口			$b \leqslant 0.5\delta$	3～12 加垫板
2		V 形坡口			$\alpha=30°\sim50°$ $b=4\sim8$ $p\leqslant2$	10～20 加垫板
3		陡边坡口			$\beta=4°\sim10°$ $b=16\sim25$	$\delta>20$ 加垫板
4		U 形坡口			$\beta=4°\sim10°$ $b=1\sim4$ $R=5\sim10$ $p=2\sim3$	$\delta\geqslant30$ 加垫板
5		单边 V 形坡口			$\beta=30°\sim50°$ $b=1\sim4$ $p\leqslant2$	3～16 加垫板
6		J 形坡口			$\beta=4°\sim10°$ $b=2\sim4$ $R=5\sim10$ $p=2\sim3$	$\delta\geqslant16$ 加垫板
7	双面对接焊坡口	I 形坡口			$b\leqslant2$	3～20
8		带钝边 V 形坡口			$\alpha=30°\sim60°$ $b\leqslant4$ $p=4\sim10$	10～35 根部焊道可用其他方法
9		带钝边双 形坡口			$\alpha=30°\sim70°$ $b\leqslant4$ $p=4\sim10$	$\delta\geqslant16$ 可以制成非对称坡口
10		U 形坡口			$\beta=5°\sim10°$ $b\leqslant4$ $R=5\sim10$ $p=4\sim10$	$\delta\geqslant30$

续表

序　号	名　称	坡口种类	坡口形式	焊缝形式	坡口尺寸	说　明
11	双面对接焊坡口	双 U 形坡口			$\beta=5°\sim10°$ $b\leqslant4$ $R=5\sim10$ $p=4\sim10$	$\delta\geqslant50$
12		带钝边 K 形坡口			$\beta=30°\sim50°$ $b\leqslant4$ $p=4\sim10$	$\delta\geqslant12$
13		J 形坡口			$\beta=5°\sim10°$ $b\leqslant4$ $R=5\sim10$ $p=4\sim10$	$\delta\geqslant20$
14		双 J 形坡口			$\beta=5°\sim10°$ $b\leqslant4$ $R=5\sim10$ $p=2\sim7$	$\delta\geqslant30$

2.7.2　焊接坡口的选择

　　焊接坡口的选择，要根据焊接结构的形式、焊接方法、焊接位置、零件形状、焊件厚度及技术要求等因素综合选择。在焊接结构件生产中，针对不同的焊接方法、结构形式和焊件厚度，应选用的不同坡口形式。同时还要考虑以下原则。

　　（1）保证焊接质量　满足焊接质量要求是坡口选择的最基本要求，在选择焊接坡口时，必须保证焊条、焊丝或电极能够达到需要焊接的部位，并且具有足够的施焊空间，实现良好的焊接可达性。

　　（2）便于焊接施工　对于大型不易翻转的焊接结构件，应使焊缝处于容易施焊的位置，尽可能平焊位置，减少仰焊操纵。对于内径较小的筒体结构，尽可能在筒体外侧施焊，避免或减少在筒体内施焊，应采用单面焊的坡口形式，如采用单面 V 形、U 形坡口，必要时可使用焊接衬垫，或者选择非对称的坡口形式，将容易施焊的一侧坡口深度加大，而不容易施焊的一侧坡口深度减小。

　　（3）坡口容易加工　焊接坡口可采用切削加工、热切割等方法制备，而采用热切割方法制备坡口，生产成本比较低，生产效率高。即使采用切削加工方法，V 形、双 V 形坡口使用通用刀具就能加工，而 U 形、双 U 形坡口加工就要使用专用成形刀具，加工复杂，一般只在板厚较大时才采用 U 形、双 U 形坡口或其他截面形状复杂的坡口。

　　（4）尽量减少坡口截面积　在保证焊接质量，满足施焊条件的前提下，减少坡口截面积，可降低焊接材料消耗，减少焊接金属填充量，节省焊接作业工时，降低焊接生产成本。

　　（5）便于控制焊接变形　采用双面坡口，进行两侧轮流焊接作业，可以互相抵消焊接过程中焊件两侧的焊接变形，减小焊件最终焊接变形。而单面坡口只能采用反变形措施，所以双面坡口在控制焊接变形方面具有优势。

2.8 常用的焊接方法及焊接规范参数

2.8.1 焊接方法和代号

焊接方法的种类很多，典型的焊接方法和代号见表 2-10。焊接结构件生产中使用最多的焊接方法是熔焊中的焊条电弧焊、埋弧自动焊、熔化极气体保护焊及钨极惰性气体保护焊等。

表 2-10 典型的焊接方法和代号

焊接方法名称	代 号	焊接方法名称	代 号
电弧焊	1	气焊	3
焊条电弧焊	111	氧-燃气焊	31
埋弧焊	12	氧-乙炔焊	311
埋弧自动焊	121	氧-丙烷焊	312
熔化极惰性气体保护焊（MIG）	131	压焊	4
熔化极活性气体保护焊（MAG）	135	摩擦焊	42
钨极惰性气体保护焊（TIG）	141	爆炸焊	441
等离子弧焊	15	其他焊接方法	7
电阻焊	2	铝热焊	71
点焊	21	电渣焊	72
缝焊	22	激光焊	751
凸焊	23	电子束焊	76
闪光焊	24	螺柱焊	78
电阻对焊	25	钎焊	9

2.8.2 焊条电弧焊

2.8.2.1 焊条电弧焊简介

焊条电弧焊是手工操纵焊条进行焊接的电弧焊方法，它以外部涂敷药皮的焊条作为电极和填充金属，电弧在焊条端部与焊件表面之间燃烧，焊条药皮熔化生成保护气体和熔渣，保护焊接电弧和熔池，主要操作技术有引弧、运条、接头、收弧等。

焊条电弧焊方法由于设备简单、操作灵活，可进行全位置焊接操作，野外施工方便，而且焊条的种类很多，可以焊接的许多品种的金属材料，对焊接接头装配精度的要求较低，因此，焊条电弧焊是熔焊中应用最广的方法之一。

焊条电弧焊产生的烟尘较大，焊工劳动条件差，而且熔敷速度低，每道焊缝焊后都要进行清渣，生产效率低，劳动强度大，对焊工的操作技能要求高。多用于焊接结构件的装配定位焊、小型焊接结构件的生产和焊接结构件的安装工程。

2.8.2.2 焊条电弧焊的焊接规范参数

焊条电弧焊的焊接规范参数有焊条直径、焊接电流、焊接电压、焊接速度等。其中主要控制焊接电流，焊条电弧焊的焊接规范参数见表 2-11。

表 2-11　焊条电弧焊的焊接规范参数

焊缝类型坡口形式	焊接位置	焊件厚度/mm	打底焊		填充焊	
			焊条直径/mm	焊接电流/A	焊条直径/mm	焊接电流/A
I 型坡口对接焊缝	平焊	2.5～3.5	3.2	90～120	3.2	90～120
		4～5	4	160～200	4	160～210
	立焊	2.5～4	3.2	80～110	3.2	80～110
	横焊	2.5	3.2	80～110	3.2	80～110
		3～4	3.2	90～120	3.2	90～120
			4	120～160	4	120～160
	仰焊	2.5～5	3.2	80～110	3.2	80～110
单面坡口对接焊缝	平焊	5～12	3.2	100～130	4	160～210
	立焊	5～12	3.2	90～120	3.2	90～120
		≥6	3.2	90～120	4	120～160
	横焊	≥5	3.2	90～120	4	140～160
	仰焊	≥5	3.2	90～120	3.2	90～120
					4	140～160
双面坡口对接焊缝	平焊	≥12	4	160～210	4	160～210
					5	220～280
	立焊、横焊	≥12	3.2	90～120	4	120～160
	仰焊	≥12	3.2	90～120	4	140～160
角焊缝	平角焊	≥5	4	160～200	4	160～200
			5	210～230	5	220～240
	立角焊	≥5	3.2	90～120	4	120～160

2.8.3　埋弧自动焊

2.8.3.1　埋弧自动焊简介

埋弧自动焊是电弧在焊剂层下燃烧的电弧焊方法，连续送进的焊丝作为电极和填充材料，在电弧热作用下，部分焊剂熔化成熔渣并与液态金属发生冶金反应。焊接条件好、生产效率高、劳动强度低，由于自动化程度高，焊接规范参数可自动调节保持稳定，焊缝平直、表面成形好，对焊工的操作技能要求比较低，焊缝质量受人为因素影响较小，质量容易保证。

埋弧自动焊使用焊剂保护电弧和熔池，受焊剂堆积要求的位置限制，埋弧自动焊焊接位置产生局限，只能用于平焊缝、船形焊缝和平角焊缝的焊接。此外，埋弧自动焊对电弧运动轨迹有一定的要求，不宜焊接空间狭窄，结构形状复杂的焊接结构件，而多用于焊缝形状呈现直线、圆周特征的焊接结构件。同时应采用焊缝自动跟踪系统或其他焊道指示装置，保证焊丝与焊道的对中位置。而且对于焊缝长度小于 1m 的短焊缝，埋弧自动焊的辅助作业时间长，使用效果不佳。

在焊接结构件生产中，埋弧自动焊常用于平板的对接焊缝、压力容器中大直径筒体的对接焊缝以及大型箱型梁的外侧焊缝的焊接。

2.8.3.2　埋弧自动焊的焊接规范参数

埋弧自动焊的焊接规范参数有焊条直径、焊接电流、焊接电压、焊接速度、焊丝干伸长等。其中主要控制焊接电流、焊接电压、焊接速度，埋弧自动焊的焊接规范参数见表 2-12。

表 2-12　埋弧自动焊的焊接规范参数

焊缝类型坡口形式	焊件厚度或焊脚尺寸/mm	焊丝直径/mm	焊道位置	焊接电流/A	焊接电压/V	焊接速度/(cm/min)
I 形坡口对接焊缝	8	4	正面	440～500	32～36	30～40
			背面	500～580		
	10		正面	500～550	32～36	30～42
			背面	600～700		
	12		正面	520～580	32～36	30～42
			背面	600～700		
	14		正面	620～680	32～36	30～42
			背面	700～750		
V 形坡口对接焊缝	14～16	4	正面	550～600	30～34	30～42
			背面	500～550		
双 V 形坡口对接焊缝	16	4	打底焊	500～550	32～36	34～37
			填充焊	600～700		30～42
平角焊缝	K≥8	4	打底焊	480～500	28～30	30～32
			填充焊	670～700	32～34	30～40

2.8.4　CO_2 气体保护焊

2.8.4.1　CO_2 气体保护焊简介

CO_2 气体保护焊是利用 CO_2 作为保护气体电弧焊，属于熔化极气体保护电弧焊，采用连续送进的焊丝与焊件之间燃烧的电弧作为热源，由焊炬喷嘴喷出的气体保护电弧和熔池进行焊接。

与焊条电弧焊相比，实心焊丝 CO_2 气体保护焊具有以下优点：焊接电流密度大，熔深大，焊丝熔敷速度快，可连续送丝，焊后一般不用清渣，生产效率高；可以全位置焊接，焊接适应性强；电弧热量集中，焊接变形小，尤其是在薄板焊接时，效果尤为明显；抗锈能力强，焊缝含氢量低，抗裂性能好；焊接坡口角度较小，而且 CO_2 气体容易获取，价格便宜，焊接成本低；焊接烟尘小，焊接劳动条件好，实现半自动焊接操作，焊接质量稳定。

CO_2 气体保护焊的飞溅大，焊缝外观质量一般。由于使用气体保护，当风速超过 1.5～2m/s 时，不能进行施焊，因此不适合野外焊接施工。针对以上问题，可以采用富氩混合气体保护焊或药芯焊丝 CO_2 气体保护焊，就能获得很好的焊接效果。

采用富氩混合气体保护焊方法、动特性良好的弧焊电源和高精度焊件变位装置，可以配合机器人或机械手，实现全自动化焊接，这种组合模式已在实际生产中大量使用。

CO_2 气体保护焊已经广泛应用于各种焊接结构件的生产，是替代焊条电弧焊最理想的方法，成为焊接结构件生产的主要焊接方法。

2.8.4.2　CO_2 气体保护焊的焊接规范参数

CO_2 气体保护焊的焊接规范参数有焊丝直径、焊接电流、焊接电压、焊接速度、焊丝干伸长、气体流量等。其中主要控制焊接电流、焊接电压、焊接速度，CO_2 气体保护焊的焊接规范参数见表 2-13，其中焊丝直径为 $\phi1.2mm$，气体流量为 15～20L/min。

表 2-13　CO_2 气体保护焊的焊接规范参数

焊缝类型坡口形式	焊件厚度或焊脚尺寸/mm	焊道位置	焊接电流/A	焊接电压/V	焊接速度/cm/min
I 形坡口对接焊缝	2～3	正面	120～150	20～23	30～55
		背面			
	4～5	正面	150～180	21～23	30～35
		背面			
	6	正面	210～300	27～30	60～70
		背面			
V 形坡口对接焊缝	6～20	打底焊	150～160	20～23	15～20
		填充焊	270～310	27～30	15～20
双 V 形坡口对接焊缝	≥16	打底焊	150～160	20～23	15～20
		填充焊	270～310	27～30	15～20
角焊缝	K＝4	单道焊	180～190	23～24	60～70
	K＝5～6	单道焊	200～250	24～28	40～50
	K≥8	打底焊	260～300	28～34	25～30
		填充焊	240～300	25～30	28～32

2.8.5　焊接规范参数的测量

2.8.5.1　焊接规范参数的测量重要性

焊接规范参数是焊接结构件生产过程记录的重要内容，也是焊接工艺规程的重要内容，准确、真实地测量和记录焊接规范参数对焊接质量控制、制订合理焊接工艺具有重要意义。焊接规范参数的测量常用于焊接工艺评定、焊接材料检验、焊工操作技能培训、焊件生产过程记录等，根据测量方法差异，焊接规范参数可以表现为某些具体数值或数据范围。

2.8.5.2　焊接规范参数的测量方法

焊接规范参数的测量方法分为目测记录、仪器记录等类型。焊接规范参数中电参数的测量器材包括电表、阴极射线示波器、光线示波器、电弧焊接参数测试仪，测量参数主要包括焊接电流、焊接电压。焊接时间测量主要采用手表、秒表、电弧焊接参数测试仪，焊缝长度采用直尺、卷尺进行测量，通过数值计算得到焊接电流、焊接电压、焊接速度、焊接线能量等参数。

(1) 焊接规范参数的目测记录法　在焊接试验和实际生产中，经常采用人工目测读取焊接规范参数，并进行记录的方法。大多数焊接设备都配有采用焊接电流、焊接电压显示装置，分为指针式显示方式、数字式显示方式。指针式显示方式测量精度差，焊接电流偏差值±10A，焊接电压偏差值±2V。数字式显示方式测量精度较高，焊接电流偏差值±3A，焊接电压偏差值±1V。实际统计计算时常采用平均值进行记录。

(2) 焊接规范参数的仪器记录法　随着计算机技术的应用，电弧焊焊接参数测试仪应用于焊接研究领域，常见的便携式电弧焊焊接参数测试仪通常配备微型计算机、电流传感器、焊接速度传感器、送丝速度传感器、热电偶温度传感器、动圈式仪表、液晶显示屏、打印机等，采用人机对换话方式输入焊接条件，数据采取频率可达 10～30 次/秒，可提供焊接电流、焊接电压、焊接速度、燃弧时间、焊接线能量、送丝速度、熔敷速度、能耗等焊接规范参数，数据偏差值±1%，测量精度很高。

2.9 焊接变形的控制措施

在焊接结构件生产中，由于焊接过程形成不均匀的温度分布，焊接结构件存在不均匀的温度场，而产生焊接变形和残余应力，焊接变形影响焊接结构件的尺寸精度和形位公差，严重时会造成焊接结构件报废。焊接残余应力主要影响焊接结构件的承载能力，当焊接内应力较大时，还会产生焊接裂纹，当焊接残余应力得到释放时，还会产生新的焊接变形，因此，控制焊接变形和残余应力是十分必要的。

2.9.1 预防焊接变形的措施

焊接结构件的变形与焊接结构件的材料板厚、结构形状、焊缝的布置、焊接坡口的类型和尺寸以及焊接顺序、焊接规范参数等因素有关。涉及焊接结构件的设计和焊接工艺两个方面，其中材料、焊件厚度、结构形式、焊缝的数量和位置、焊接坡口的类型和尺寸等因素归于设计方面，而焊接顺序、焊接规范参数、预防焊接变形的技术措施等因素归于焊接工艺方面。

2.9.2 预防焊接变形的设计要领

2.9.2.1 材料因素对焊接变形的影响

焊接结构件使用材料的屈服极限越高，产生塑性变形需要的应力水平越高，相对屈服极限较低的材料，就不易产生塑性变形，焊接结构件的变形量越小。对于焊接性较差的材料，为了防止焊接冷裂纹，一般都进行焊前预热，而不均匀的预热温度分布及高温状态金属材料的屈服极限下降，都容易产生塑性变形，增大焊接结构件的变形量。

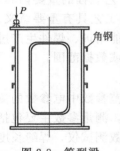

图 2-8 箱型梁结构增强腹板刚性示意

2.9.2.2 焊件厚度对焊接变形的影响

焊接结构件使用钢板的厚度越大，钢板和结构的刚性越大，角变形、波浪变形、挠曲变形的变形趋势越小。薄板刚性差，极易产生波浪变形、挠曲变形，在大截面薄板焊接结构件设计时，应考虑增加筋板数量及其合理布置，增加焊接结构件的整体刚性。当箱型梁截面较大时，而腹板厚度较薄时，可采用槽钢或角钢，增加腹板刚性，箱型梁结构增强腹板刚性示意见图 2-8。

2.9.2.3 焊件结构形式对焊接变形的影响

采用结构件截面对称形式，避免采用容易变形和不易被矫正的结构形式。一般封闭型焊件结构形式比开放型焊件结构形式具有更大的刚性，焊接变形量小。而三维立体焊件结构形式比平面焊件结构形式和细长型焊件结构形式具有更大的刚性，焊接变形小。

2.9.2.4 焊缝的数量和位置对焊接变形的影响

在焊接结构件设计中，应尽量减少不必要的焊缝，采用轧制型材代替组焊件，如采用热轧工字钢型材代替工字钢焊接结构，就可以减少焊缝四道角焊缝，减少工字钢焊接结构的角变形。尽量使焊缝位置对称于结构中性轴或使焊缝位置接近中性轴，可以互相抵消焊接引起的挠曲变形，或减少焊接引起的挠曲变形量。

2.9.2.5 焊接坡口的类型和尺寸对焊接变形的影响

焊缝尺寸直接影响焊接工作量和焊接变形，焊缝尺寸越大，焊接工作量越大，焊接变形越大，所以在保证焊接结构件承载能力的条件下，应尽量采用较小的焊缝尺寸。对于受力较大的 T 形接头和十字接头，在保证相同的承载截面条件下，采用焊接坡口的焊缝金属填充量低于不开坡口的角焊缝，焊接变形小。对接接头的坡口形式与焊缝金属填充量有很大关系，双面 V 形坡口的焊缝金属填充量仅为单面 V 形坡口的 50% 左右，厚板窄间隙坡口的焊缝金属填充量远远低于其他坡口形式，可以有效地减少焊接变形。

2.9.3　选择合理的焊接顺序

焊接顺序与装配顺序都是控制焊接变形的有效手段，通过零件装焊成部件、部件装焊成产品的过程，最终达到产品设计的技术要求，就需要选择合理的焊接顺序。

2.9.3.1　正确判断焊接结构件中性轴的位置

在焊接结构件的装配焊接中，随着零件、部件的装配焊接，部件和半成品结构截面的中性轴的位置是不断变化的，即在结构件装配焊接的过程中，部件的截面中性轴位置和焊缝离截面中性轴的距离都是变化的。因此，要在装配焊接的过程中根据部件的形状，随时判断确认中性轴的位置。

（1）中性轴对称焊件的焊接顺序　对于结构形式简单、中性轴对称的焊接结构件，应采取整装-整焊的组合形式，实现一次性完成所有零件的装配过程，实施对称焊接顺序，不宜采用随装-随焊的组合形式。中性轴对称焊件焊接顺序示意见图 2-9。

（2）中性轴非对称焊件的焊接顺序　对于结构形式简单、中性轴非对称的焊接结构件，也应采取整装-整焊的组合形式，实现一次性完成所有零件的装配过程。在选择焊接顺序时，通常先焊接焊缝较少的一侧，然后再焊接焊缝较多的一侧。因为先焊接焊缝较少的一侧时，虽然会产生焊接变形，但产生的焊接变形较小，同时已经完成焊接的区域增加了结构的刚性，在随后焊接焊缝较多的一侧时，仅会产生较小的焊接变形，且变形方向与前期形成的焊接变形方向相反，甚至能够抵消前期形成的焊接变形，减少了整个焊接结构件的焊接变形，中性轴非对称焊件焊接顺序示意见图 2-10。

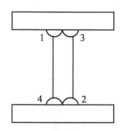

图 2-9　中性轴对称焊件焊接顺序示意

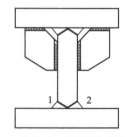

图 2-10　中性轴非对称焊件焊接顺序示意

2.9.3.2　板材零件拼接的焊接顺序

板材零件拼接是焊接零件备料生产中常见的生产工序，由于受冶金企业板坯轧制设备能力的限制，板材供货规格、尺寸有一定范围，常见原材料供货规格和尺寸见表 2-14。大型焊接结构件生产中使用的超宽、超长板材零件，零件尺寸超出国家标准规定的尺寸范围时，需要进行拼接操作。

表 2-14　常见原材料供货规格和尺寸

材料厚度/mm	<2	2～4	4～20	备　注
长度/mm	1000～2000	1000～4000	4000～8000	角钢、槽钢等型钢长度为 8～12m
宽度/mm	500～1000	500～1500	1500～3000	

板材零件拼接的焊接顺序示意见图 2-11，应先装配焊接错开的对接焊缝 1，再装配焊接

通长的对接焊缝2，当焊接错开的对接焊缝时，这些收缩力较大的焊缝能够自由收缩，即横向收缩处于自由状态，不会对整个拼接过程焊接变形产生较大的影响。

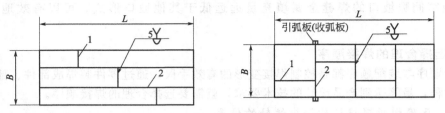

图 2-11　板材零件拼接的焊接顺序示意

2.9.3.3　细长焊件的焊接顺序

细长焊件容易产生挠曲变形和扭曲变形，常见的细长焊件有工字梁、T 形梁及箱型梁等梁柱焊接结构件，为了控制焊接变形，焊接操作应采用分段退焊、跳焊和对称焊等焊接顺序，同时控制焊接方向，合理选择焊件的支撑和固定方式。

2.9.4　预防焊接变形的方法

在焊接结构件焊接工艺中，常采用刚性固定法、预制反变形法等方法，防止焊接变形。

2.9.4.1　刚性固定法

刚性固定法是采用外加拘束的形式，将焊件强制固定，使其在焊接过程中不受焊接应力的影响，强行控制焊件的角变形和波浪变形，但对于挠曲变形，效果不及预制反变形法。

常见的刚性固定法表现为胎具固定、夹具固定、局部增加刚性等形式。胎具固定多用于批量生产、结构形式复杂的焊件，必须采用专用的胎具。夹具固定用于焊件形状简单或不易使用胎具时，可采用简单的夹具固定，琴键式多点加压夹具在铝合金薄板电弧焊研究中就产生较好的效果。局部增加刚性是采用临时工艺拉撑或增加筋板等手段，增加焊件的局部刚性，当薄板面积较大时，可以使用压铁，分别压制焊缝两侧的薄板。局部增加刚性示意见图 2-12。

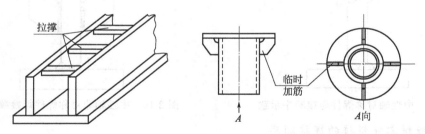

图 2-12　局部增加刚性示意

刚性固定法用于铝合金搅拌摩擦焊、薄板焊接结构件生产时，取得良好的效果，也常用于需要控制焊接角变形的焊接试验。

2.9.4.2　预制反变形法

预制反变形法是通过预先分析焊接结构件的变形类型、方向和大小，在焊接结构件装配时，预制一个相反方向的变形与焊接变形相抵消，使焊接结构件在焊接过程完成后满足设计技术要求。

针对单侧焊接坡口的对接接头和角接接头或单侧焊缝布置焊件生产的焊接角变形，采用预制反变形法可以取得较好的效果。焊工操作技能考试中 V 形坡口对接接头单面焊双面成形项目，规定焊接试板产生大于 5°的焊接角变形，焊接试板将报废处理，因此，焊工在试板装配时，都要预制一定的反变形角度。

2.9.5 合理选择焊接方法和焊接规范参数

选用焊接线能量较低的焊接方法，可以有效地防止焊接变形。如采用 CO_2 气体保护焊代替气焊和焊条电弧焊，不仅生产效率高，而且可以减少薄板焊接结构件的焊接变形。真空电子束焊的焊缝深宽比大，焊缝很窄，焊接变形极小，可以焊接精加工后的切削加工零件，焊后仍能获得较高的尺寸精度。

焊缝不对称的细长焊件焊接时，可以通过选用不同的焊接线能量调节焊接变形，而不采用任何反变形或夹具也能避免细长焊件的挠曲变形。

焊接过程中，还可以采用直接水冷焊接部位或使用水冷铜滑块，控制和缩小焊接高温区，达到减少焊接变形的目标，这种技术措施适用于奥氏体不锈钢和高锰钢材料，不适合淬硬性较高的金属材料和拘束度较大的焊接结构件，以避免出现焊接裂纹。

2.10 常用的焊接生产技术措施

2.10.1 预留工艺余量

预留工艺余量是指在零件或焊接结构件上，根据切削加工或产品制造工艺要求，预先留出一定尺寸的工艺余量，以满足切削加工或二次切割的要求，通过预留工艺余量能够保证焊接零件或焊接结构件的尺寸要求，避免焊接零件或焊接结构件在生产过程中产生废品。

（1）火焰切割下料的切削加工工艺余量　由于火焰切割过程存在变形，而且手工切割零件表面质量较为粗糙，当零件尺寸精度和表面质量要求较高时，可将切割零件进行切削加工，因此切割零件下料必须为切削加工工序留有加工余量，其加工余量与零件厚度、毛坯尺寸有关，手工切割零件切削加工余量见表 2-15。

表 2-15　手工切割零件切削加工余量　　　　　　　　　　　　单位：mm

项目名称	毛坯长度或直径	零件厚度				
		≤25	25～50	50～100	100～200	200～300
零件外形余量	≤100	3.0	4.0	5.0	8.0	9.5
	100～250	3.5	4.5	5.5	8.5	10.0
	250～630	4.0	5.0	6.0	9.0	10.5
	630～1000	4.5	5.5	6.5	9.5	11.0
	1100～1600	5.0	6.0	7.0	10.0	11.5
	1600～2500	5.5	6.5	7.5	10.5	12.0
	2500～4000	6.0	7.0	8.0	11.0	12.5
	4000～5000	6.5	7.5	8.5	11.5	13.0
孔及端面余量	孔	5	7	10	12	14
	端面（单侧）	3	4	6	7	8
与中心距有关的余量增值	中心距	≤1000	1000～1500	1500～2000	2000～3000	3000～4000
	孔及端面	3	4	5	6	7
余量公差	余量大小	≤6	6～12	12～16	16～18	＞18
	公差	±1	±2	±3	±4	±5

（2）焊接结构件的焊缝收缩量　由于焊接过程中焊接应力的作用，使焊缝产生收缩，从而使焊接结构件的尺寸缩小，一般通过零件下料预留工艺余量的方法进行补偿。焊接结构件的焊缝收缩量见表2-16。

表2-16　焊接结构件的焊缝收缩量

结构种类	结构特点	焊缝收缩量
梁柱结构	断面高度≤1000mm，板厚≤25mm	纵向收缩量（0.3～0.5）mm/1000mm（每条焊缝）；对接焊缝横向收缩量1mm/1000mm（每条焊缝）；每对筋板横向收缩量1mm/1000mm
	断面高度＞1000mm 或截面高度≤1000mm 而板厚≥25mm	纵向收缩量、横向收缩量、筋板横向收缩量均为0.5mm/1000mm
桁架结构	屋架、输电塔架等轻型结构	对接焊缝横向收缩量（1～1.5）mm/每条焊缝；角钢搭接焊缝横向收缩量（0.25～0.5）mm/每条焊缝
筒体结构	筒体板厚≤16mm	纵缝横向收缩量（周长减少）1mm/每条焊缝；环缝横向收缩量（高度减少）1mm/每条焊缝
	筒体板厚≥20mm	纵缝横向收缩量2mm/每条焊缝；环缝横向收缩量（2.5～3.0）mm/每条焊缝

（3）焊接结构件的极限公差及精度等级　在焊接生产中，因下料误差、装配误差及焊接变形等因素的影响，焊接结构件必然与设计图样公称尺寸产生一定的偏差，所以必须对矫正后的焊接结构件进行一定的公差限制要求。

当焊接零件和焊接结构件长度尺寸，如外部尺寸、内部尺寸、台阶尺寸等，未注极限公差时，焊接结构件的长度尺寸公差见表2-17，一般选B级，可不标注，否则应在设计图样上标明精度等级，焊接结构件的其他尺寸公差见表2-18。

当焊接结构件的形位公差，如直线度、平面度和平行度等，未注极限公差时，焊接结构件的形位公差要求见表2-19，一般选F级，否则应在设计图样上标明精度等级。焊接结构件的尺寸公差和形位公差精度等级选用见表2-20。

表2-17　焊接结构件的长度尺寸公差　　　　　　　　　　单位：mm

精度等级	公称尺寸									
	30～120	120～400	400～1000	1000～2000	2000～4000	4000～8000	8000～12000	12000～16000	16000～20000	＞20000
A	±1	±1	±2	±3	±4	±5	±6	±7	±8	±9
B	±2	±2	±3	±4	±6	±8	±10	±12	±14	±16
C	±3	±4	±6	±8	±11	±14	±18	±21	±24	±27
D	±4	±7	±9	±12	±16	±21	±27	±32	±36	±40

注：公称尺寸小于30mm，允许偏差为±1mm。

表2-18　焊接结构件的其他尺寸公差

梁柱结构桁架结构	全长宽度	≤1mm/1000mm，且≤10mm
	局部宽度	≤1mm/1000mm，且≤4mm
	平面错边	≤δ/10mm，且≤3mm
筒体结构	直径公差及椭圆度	±0.01D，且≤20mm
	法兰与筒体同轴度	≤0.004D，且≤10mm
	筒节轴线偏移	直径相同，≤3mm；直径不同，≤10mm

表 2-19　焊接结构件的形位公差要求　　　　　　单位：mm

精度 等级	公称尺寸									
	30～120	120～400	400～ 1000	1000～ 2000	2000～ 4000	4000～ 8000	8000～ 12000	12000～ 16000	16000～ 20000	>20000
E	0.5	1.0	1.5	2.0	3.0	4.0	5.0	6.0	7.0	8.0
F	1.0	1.5	3.0	4.5	6.0	8.0	10	12	14	16
G	1.5	3.0	5.5	9.0	11	16	20	22	25	25
H	2.5	5.0	9.0	14	18	26	32	36	40	40

表 2-20　焊接结构件的尺寸公差和形位公差精度等级选用

精度等级		应　用　范　围
长度尺寸	形位公差	
A	E	尺寸精度要求高,重要的焊接结构件
B	F	比较重要的焊接结构件,焊接、矫正后产生的残余变形小,成批生产
C	G	一般焊接结构件,焊接、矫正后产生的残余变形大
D	H	允许偏差很大的焊接结构件

（4）焊接结构件的切削加工工艺余量　当设计图样要求焊接结构件进行切削加工时,一般在焊接工作完成后先进行消应力处理,提高切削加工后的尺寸稳定性,同时在装配、焊接前,预留切削加工工艺余量,焊接结构件的切削加工工艺余量见表 2-21。

表 2-21　焊接结构件的切削加工工艺余量　　　　　　单位：mm

公称尺寸	工艺余量	公称尺寸	工艺余量
≤500	3～4	4000～7000	12～16
500～800	4～6	7000～10000	16～20
800～2000	6～8	10000～12000	20～22
2000～4000	8～12	12000～25000	22～26

2.10.2　焊接生产的温度控制

（1）预热　预热是指焊接开始前,对焊件的全部或局部进行加热的工艺措施。根据焊件加热范围分为整体预热、局部预热等方式,预热操作中应控制预热温度、预热范围等工艺要求。

① 预热的主要作用。焊前预热可以提高焊件温度,增加焊接过程中的 $t_{8/5}$,降低焊接热影响区的淬硬倾向和结构拘束度,去除金属表面附着的水分、油污,是防止低合金钢及易淬硬材料产生冷裂纹的有效手段,同时预热改变焊件温度场,减少了焊缝与母材的温差,有利于降低焊接变形和残余应力。此外,提高焊件温度有利于母材金属的熔化,对于热导率较高的铜、铝等材料,预热后焊接熔合效果更好。

② 预热温度的确定。预热温度一般通过金属材料焊接性试验进行确定,如采用斜 Y 形坡口焊接裂纹试验、刚性固定对接裂纹试验、插销试验等方法,也可借助碳当量、冷裂纹敏感系数等经验公式进行计算选取,常用金属材料还可以查找技术手册和技术标准,结合实际生产情况进行选取。

③ 常用的预热方法。整体预热方法一般采用热处理炉进行焊件加热,热处理炉采用电加热或燃气加热方式,焊件各部位温度均匀,预热效果好,但生产成本较高,适合于预热要

求较高、结构形式复杂的焊件生产。局部预热方法一般采用火焰燃气、电加热陶瓷板等进行焊件加热，燃气类型有煤气、乙炔、丙烷、液化石油气等，预热范围应以焊缝中心为基准，每侧不小于焊件厚度的三倍。实际生产中，常用焊炬、割炬进行小型焊件的局部预热，同时采用硅酸铝纤维、石棉布进行焊件的保温。

（2）层间温度　层间温度是指在多层焊过程中，在施焊后续焊层时，其前一相邻焊层所保持的工艺允许温度极限或范围。

① 金相组织对层间温度的影响。对于奥氏体不锈钢、高锰钢、镍基合金等奥氏体组织的金属材料，为了防止金相组织粗大，层间温度主要限制温度范围的上限，而对于大多数金属材料，为了配合材料焊接的预热温度要求，层间温度主要限制温度范围的下限。

② 层间温度的确定。对于奥氏体组织的金属材料层间温度通常表示为不大于温度上限的范围，即相邻焊层温度在环境温度至温度上限的范围内，就可以施焊，此时温度上限一般不超过200℃或更低。而对于有预热要求的金属材料，当焊件尺寸较大时，通常层间温度只规定其下限，可以选取预热温度或略低于预热温度的温度值，当焊件尺寸较小、升温幅度较大时，层间温度也可规定其上限，如预热温度为 T，层间温度范围为 $T\sim(T+100℃)$。

③ 控制层间温度的方法。在实际生产中，层间温度超过上限要求时，应采取空冷降温，而不推荐采用水冷方式，以避免出现气孔等焊接缺陷。层间温度低于下限要求时，可根据实际生产条件，重新预热或采用火焰加热等方法提高焊层温度，但要注意温度的均匀性。

（3）后热　后热是指焊接后立即对焊件的全部（或局部）进行加热或保温，使其缓冷的工艺措施。后热的主要作用是增加氢原子的扩散，减少氢原子在焊接热影响区的聚集，降低低合金钢的冷裂纹倾向，所以后热也称为去氢处理。

后热温度一般在 $300\sim400℃$ 的温度区间内选取，后热时间应结合焊件厚度进行选择，一般为 $2\sim4h$。

后热经常作为预热的配套工艺措施，与预热联合使用。当焊件焊后无法立即进行焊后热处理时，也可采取后热作为过渡手段，但后热不能代替焊后热处理。

（4）焊后热处理　焊后热处理是指焊件焊接完成后，为了改善焊接接头的组织和性能或消除残余应力进行的热处理。根据焊件热处理范围分为整体焊后热处理、局部焊后热处理等方式，焊后热处理操作中应控制升温速度、保温温度、保温时间、冷却速度、出炉温度等热处理参数。

① 焊后热处理的主要作用。对于奥氏体组织、马氏体组织的焊接接头焊后热处理温度达到材料相变温度，焊后热处理主要为了改善焊接接头的组织和性能。而对于焊接结构件生产常用的低碳钢、低合金钢焊后热处理温度没有达到材料相变温度，焊后热处理主要为了消除焊接结构件的残余应力。

② 焊后热处理参数的确定。焊后热处理参数与焊件结构形式、材料厚度、材料类型、供货热处理状态有密切关系，升温速度、保温时间、冷却速度取决于焊件结构形式、材料厚度、材料热物理性能，保温温度、出炉温度取决于材料类型、化学成分、力学性能、供货热处理状态。

低碳钢、低合金钢焊接结构件焊后热处理保温温度通常比原材料相变温度低50℃，经过调质处理的低合金钢、合金结构钢焊接结构件焊后热处理保温温度通常比原材料调质处理的回火温度低50℃，此时，随温上升，金属材料的屈服极限下降，焊接结构件中残余应力得以释放，从而降低焊接残余应力。升温速度、冷却速度一般在 $50\sim100℃/h$ 范围内选择，保温时间根据焊接结构件的最大厚度选择，应保证焊接结构件温度均匀为原则。常用金属材料的焊后热处理参数可查找技术手册和技术标准，结合实际生产情况进行选取。

③ 常用的焊后热处理方法。采用热处理炉进行焊件整体焊后热处理效果最好，但生产成本较高，适合于焊接质量要求较高、结构形式复杂的焊件生产，用于工厂生产制造过程。电加热陶瓷板局部焊后热处理方法和容器内部燃油升温焊后热处理方法适用于现场安装工程，加热范围每侧不小于焊缝宽度的三倍，加热带以外部分采取保温措施。

思　考　题

1. 装配工作中应注意哪几个问题？
2. 装配方式的种类有哪些？
3. 装配的基准如何选择？
4. 分部件装配-焊接时，部件的划分应考虑哪几个问题？
5. 确定装配顺序时，应考虑哪几个方面的问题？
6. 简述预防焊接变形的主要措施有哪些？

第3章 焊接工艺基础知识

3.1 焊接工艺概述

3.1.1 焊接工艺知识简介

焊接工艺是指与制造焊件有关的加工方法和实施要求，包括焊接准备、材料选用、焊接方法选定、焊接参数、操作要求等内容。焊接工艺作为焊接工程技术的重要组成部分，综合体现企业的多种焊接生产资源状态，反映企业现有的焊接生产技术水平和技术创新能力，同时也是焊接冶金原理、材料焊接性、焊接结构、焊接方法、焊接设备等焊接基础理论和研究成果应用于产品制造过程的连接纽带，在焊接生产技术准备过程中具有核心地位，发挥着不可替代的重要作用。

焊接工艺通常由工程技术人员根据产品技术要求、现行技术标准、企业生产条件、实际生产经验、工人操作技能等因素进行编制，形成指导焊接生产的技术文件。焊接工艺文件是企业组织生产、指导实际操作和企业管理的必备技术文件，焊接工艺主要表现为技术文件的形式，常见的焊接工艺文件有：焊接工艺规程、装焊工艺卡、某类产品的通用工艺规程或专用焊接工艺等。

编制焊接工艺时，必须以企业焊接基础条件为背景，以指导焊接生产为目标，不能生搬硬套，而应该融会贯通运用焊接专业知识和生产经验。在实际焊接生产中，焊接工艺不仅包括形成焊接接头的各种技术措施，而且包括焊接相关的各种工序控制及要求，如零件的备料工艺、部件的装配焊接等工艺内容。

3.1.2 焊接工艺的分类方法

3.1.2.1 根据焊接方法进行工艺分类

不同的焊接方法有不同的焊接原理及特点，每种焊接方法都具有各自的工艺特征，常用焊接方法类型划分焊接工艺类型，如焊条电弧焊工艺、二氧化碳气体保护焊工艺、埋弧焊工艺、钨极氩弧焊工艺、电子束焊工艺、激光焊工艺等。

3.1.2.2 根据母材类型进行工艺分类

金属材料的物理性能和化学性能差异，决定了材料焊接性能差异，导致焊接工艺的变化，因此不同金属的焊接工艺往往不同，以母材类型进行划分的焊接工艺，如中碳钢焊接工艺、低合金高强度钢焊接工艺、奥氏体不锈钢焊接工艺、铸铁焊接工艺、铝合金焊接工艺、铜合金焊接工艺、镍基合金焊接工艺等。

3.1.2.3 根据焊接工艺的适用范围进行工艺分类

根据焊接工艺的适用范围，焊接工艺可分为通用焊接工艺、专用焊接工艺。通用焊接工艺一般适用于某类产品、焊接方法、母材、焊接材料等具有共性基础的焊接工艺，通用焊接工艺可以覆盖一定的使用范围，如 JB/T 5000.3《重型机械通用技术条件　焊接件》。专用焊接工艺是针对某个特定的产品对象，工艺仅适用于该产品对象的焊接生产。

3.1.2.4　根据生产特征进行工艺分类

（1）备料工艺　是用于指导焊接结构生产中零件准备过程的焊接工艺。

（2）装配焊接工艺　是用于指导焊接结构生产中部件或整体组装、焊接的焊接工艺。

（3）返修焊工艺　用于焊接结构生产中，当焊缝质量达不到相应的技术要求，而需要清除缺陷重新返修焊接时，指导返修焊接操作的焊接工艺。

（4）补焊工艺　用于铸件、锻件、切削加工件生产过程中，当铸件、锻件、切削加工件存在局部缺陷，而又可以采用焊接方法进行修复的焊接工艺。

3.1.3　编制焊接工艺的基本要素

① 编制焊接工艺必须根据企业实际生产情况，熟悉产品图纸要求、产品结构形式、主要生产设备、常用材料性能、现行技术标准、生产组织模式、典型工艺流程、施工人员技能等基本条件，结合焊接车间厂房、起重运输设备、工装胎具、质量检测手段等基础设施状况，使焊接工艺满足本企业实际生产需求。

② 编制焊接工艺要合理采用新技术，推广科技成果，促进新结构、新材料、新工艺、新设备的试验与应用，总结生产经验，完善工艺标准和技术规范，尽量采用机械化、自动化、工艺胎夹具等装置，提高生产效率，稳定产品质量，降低工人劳动强度，减少生产成本支出。

③ 编制焊接工艺要保证工艺文件的正确性、完整性、统一性要求，逐步实现工艺技术的通用化、标准化、系列化，规范工艺工作，缩短技术准备周期。

④ 编制焊接工艺要正确选择焊接工艺文件格式，焊接工艺文件具体形式有工艺规程、工艺过程卡、工艺卡、工序卡、工艺守则、质量控制卡、工艺路线表、产品工艺性审查表、工艺调研报告、产品合同评审记录、材料消耗定额汇总表、工时定额汇总表、胎夹具明细表等。

⑤ 编制焊接工艺要做到文字清晰、语言简练、关键突出、准确易懂，并尽量使用计算机等现代技术工具，推进计算机辅助焊接工艺编制的发展。

3.1.4　焊接工艺相关工作

焊接工艺相关工作贯穿于整个焊接制造过程，但由于焊接工艺的主要作用是指导焊接生产的顺利进行，因此大部分焊接工艺相关工作发生在焊接生产技术准备阶段，产品工艺技术准备工作程序示意见图 3-1。

焊接工艺工作的主要内容有：工艺调研，产品合同评审，焊接产品工艺性审查，编排焊接生产工艺路线，编制焊接工艺，确定焊接生产工时定额和材料定额，进行焊接工艺评定和焊接工艺试验，编制焊接工艺规程，进行焊接工艺纪律检查。

3.1.4.1　工艺调研

工艺调研适用于新产品的开发或传统产品的技术改进，是产品工艺技术准备的先期技术活动，通过走访调研、网络查询、会议交流，收集产品有关工艺资料、现行技术标准、技术信息，掌握用户的需求及其对产品的建议，了解同类型产品的工艺技术水平和关键制造工序新技术发展方向，分析产品制造技术改进的可能性，汇总形成工艺可行性分析报告，有利于企业的制造水平提高。

3.1.4.2　产品合同评审

根据企业经营活动要求，工艺人员参加重大产品销售合同评审，协助分析企业完成合同的可能性，评估工艺因素对生产成本、产品报价、交货周期的影响，与用户交流特殊的技术要求，沟通产品技术文件的理解，介绍产品主要工艺特点，以利于产品销售合同顺利签订。

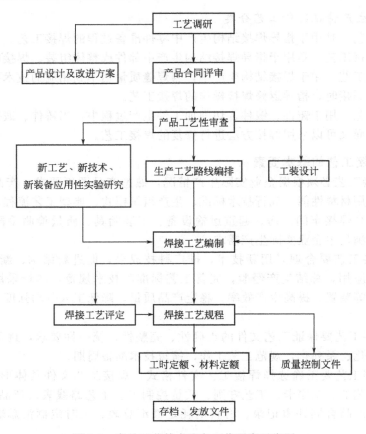

图 3-1　产品工艺技术准备工作程序示意图

3.1.4.3　焊接工艺纪律检查

（1）焊接工艺纪律检查的作用　为了提高企业工艺管理水平，实现质量保证体系的有效运行，达到工艺管理、工艺技术、工艺纪律的有效结合，建立良好的生产、工作秩序，保持工艺纪律的严肃性，在生产中落实焊接工艺措施，必须强化焊接工艺纪律管理。应制订工艺纪律检查管理制度，并对工艺纪律执行情况进行监督、检查和考核。

（2）焊接工艺纪律检查的主要内容

①　焊接企业建立完整的焊接工艺管理体系和管理制度，各级人员的岗位责任制度，以及工艺纪律监督、检查和考核办法。

②　各种焊接工艺文件，必须满足正确性、完整性、统一性的要求。

③　焊接生产施工作业必须执行焊接工艺文件，保持工艺纪律的严肃性。工艺文件修改应严格按规定程序进行。

④　焊接生产使用的原材料、焊接材料及其他耗材，必须符合设计图样、焊接工艺文件及技术标准的要求。

⑤　焊接生产设备、工装夹具、焊接辅助机具应使用正常，保证安全运行，并能够满足工艺要求。测量仪器、仪表应按规定进行周期性检查。

⑥　焊工、气割工、电工、起重工、行车工等操作人员应遵循特殊工种上岗要求，经过培训、考试合格，并取得安全生产合格证及相应工作内容的资质证书或等级证书，执证上岗操作。

⑦　焊接工人应按图纸、按工艺、按标准进行备料、装配、焊接作业。焊接操作时，应

严格执行焊接规范参数，并根据要求进行原始记录。

⑧ 保持生产现场物品的定置管理，注意工件工序流转、物流传递时避免磕碰损伤。

3.2　焊接产品工艺性审查

3.2.1　焊接产品工艺性审查的概念

焊接产品工艺性审查是指焊接工艺人员对需要焊接的机械产品设计图样进行焊接工艺合理性、经济性及其焊接生产的适应性的评价改进。如果机械产品采用焊接加工技术，在产品设计上就要充分考虑焊接技术的特点，发挥焊接技术优势，控制生产成本，提高经济效益，降低焊接生产难度，保证产品焊接生产的顺利进行。目前我国大部分企业的产品设计和工艺编制工作一般分别由设计部门和工艺部门各自承担完成，因此工艺人员负责进行焊接产品工艺性审查，实现焊接产品设计工作的改进、完善也是十分必要的。

焊接产品工艺性审查适用于新产品、改进设计的传统产品和未生产过的产品，也是焊接生产技术准备阶段的重要工作之一，审查时间一般安排在施工图设计阶段，即在焊接产品成套白图完成后进行，对于新产品和重要零部件的焊接构件，在技术设计过程中，也要经过焊接工艺人员审查。

3.2.2　焊接产品工艺性审查的主要内容

在焊接产品工艺性审查前，工艺审查人员要了解焊接产品的用途、工作条件、承载情况、主要技术参数、生产批量和时间周期等方面的相关问题，掌握企业生产能力、产品成本分析、常用技术标准等基础知识。

3.2.2.1　审查焊接结构的合理性

（1）尽量使焊接结构的易于组装　焊接结构一般都由多个部件和零件组成，通过每个产品、部件的拆分可以分解成多个零件，必须考虑结构各部分和大型部件的拆分、组装是否合理，是否有利于选择合理的装配基准和装配顺序，组装焊接过程是否方便可行，能否达到结构的尺寸精度要求。

（2）尽量使焊接结构具有较好的焊接可达性　焊接可达性是指焊接过程中对每条焊缝都能方便地进行有效焊接操作，从而保证焊接质量。如果在结构内侧空间需要焊接时，应保持必要的人孔等开放通路。在狭窄空间、零件较多的部位、容器内部要特别注意焊缝位置的合理安排，保证焊工或焊接机械手能够顺利到达，实施有效操作。

（3）尽量降低焊接操作难度　通常平焊、平角焊和船形焊位置具有较高的生产效率，焊接质量易于保证，焊接条件较好，焊接难度较小，应选用合理的焊接坡口形式及焊接位置。同时应根据工作位置和起重运输要求，考虑布置焊缝位置及工艺用孔、吊装用孔、加固杆件等辅助技术因素。

（4）尽量降低焊接变形和残余应力的影响　由于焊接技术的特点，焊接结构会产生焊接变形和残余应力，减少焊缝数量和焊接填充金属量可以控制焊接变形和残余应力的数值，因此应注意选择合理的焊接坡口、减少焊缝尺寸。选用对称截面的结构形式可以减低焊接变形。避免三向交叉焊缝设计，防止焊接接头出现三轴应力状态。

（5）尽量减少应力集中的影响　设计合理的焊接接头形式，可以减少应力集中，可将搭接接头、角接接头、T形接头转化为应力集中系数较小的对接接头。对接接头中的未焊透也会产生应力集中，全焊透对接接头的应力集中最小。在结构设计中，避免连接截面的突变，在截面变化的部位应采用斜面过渡、圆滑过渡方式。

3.2.2.2 审查焊接结构的经济性

（1）尽量提高材料利用率 在焊接结构设计时，零件形状越简单，零件下料、套料工作越容易，尽量减少生产过程中形成的余料，提高材料利用率。如果允许进行必要的拼焊，也可以节省材料，提高材料利用率。通过合理使用材料，可以降低生产成本，减少原材料使用数量，减少运输费用。当产品需要进行切削加工才能保证结构尺寸精度时，应使焊接毛坯制造保持合适的加工余量，加工余量过大，会增加材料浪费和作业工时。

（2）尽量减少生产工序或跨车间调度 在焊接结构设计时，要结合本企业生产情况，尽量使产品在一个车间内完成，并且具有合理的物流方向和顺序，减少不同生产工序和生产区域的来回调运，特别是不同生产性质工序之间的来回调度，如焊接、切削加工、热处理等工序，从而有利于生产组织。

（3）尽量降低生产成本费用 在满足产品强度、冲击韧性、刚度、硬度和使用性能的前提下，选择常用材料，减少焊缝尺寸，均可降低生产成本、检验成本，产品设计时如果选择过高的技术指标，不仅增加生产难度，而且需要付出较大的人力、物力及经济投入。

3.2.2.3 审核焊接结构的材料特性

（1）尽量选用焊接性好的材料 在焊接结构选材过程中，应选择焊接性良好的材料。材料焊接性对焊接工艺过程有直接影响，材料焊接性好，焊接工艺易于实现，焊接辅助工时减少，不易产生焊接缺陷，有利于保证焊接质量，降低焊接生产成本。

（2）可以通过金属复合层设计改进工艺性能

① 设计金属复合层，改善材料焊接性。当采用铸-焊结构或锻-焊结构设计时，有些铸造材料和锻造材料的焊接性较差，可以在焊接性较差的零件上先堆焊焊接性较好的焊接材料，制备金属过渡层，改善其焊接性，从而降低与其他零件进行装配焊接的难度。

② 设计金属复合层，提高零件的表面使用性能 可采用堆焊技术制造不同性能的金属复合层，在基体材料表面熔敷性能更好的焊缝金属，使表面金属具有更好的耐磨或耐蚀性能，利用材料复合制造技术，提高零件的表面使用性能，改进产品设计水平。

3.2.2.4 审核选用焊接方法的适应性

（1）尽量选择高效的焊接方法 通常熔焊工艺采用的焊接方法，热源密度越大，生产效率越高，质量越好。在普通焊接结构设计时，选用高效焊接方法不仅焊接熔深增加，而且坡口角度减少，熔敷速度快，应优先选用熔化极气体保护焊和自动埋弧焊，代替焊条电弧焊、气焊等方法。随着大型焊接结构的发展趋势，窄间隙焊和多丝焊等先进焊接工艺方法得到更多应用，所以在焊接结构设计中也应该予以关注。

（2）尽量改进焊缝形状，有利于实现机械化和自动化焊接 对于批量大、数量多的焊接产品应优先选择生产效率和自动化程度较高的焊接方法，而常用的焊接装备机械运动轨迹一般能够实现直线或圆周运动，所以要求结构上焊缝尽量设计成直线或圆等规则形状。同时注意减少间断的短焊缝，增加连续的长焊缝，尽量统一焊件中的焊接坡口形式。

3.2.2.5 审核选择的焊接材料是否匹配

（1）应选择与母材要求相匹配的焊接材料 如果设计图样规定焊接材料的类型和型号（牌号），应审查焊接材料与母材要求是否匹配。一般结构用焊接材料的熔敷金属力学性能规定值应不低于母材力学性能要求的下限，包括抗拉强度、V形缺口冲击功等，满足等强度匹配原则，同时焊接材料应符合现行技术标准规定。

（2）应综合考虑焊接工艺性能和力学性能的匹配 在设计图样审查中，应关注焊接方法与焊接材料是否配套，焊接材料的型号与执行技术标准、企业生产牌号是否相符。通常酸性焊接材料适用交流或直流电源，具有较好的焊接工艺性能，价格低；而碱性焊接材料的渣系碱度较高，多用直流电源，熔敷金属扩散氢含量低，抗裂性好，但焊接工艺性能稍差。

3.2.2.6　审核焊接产品的施工要求与现有生产条件的符合性

（1）考虑起重运输能力方面的符合性　设计产品的重量和外形尺寸是否超越现有生产环境的基本条件，包括车间高度、作业面积，起重机起吊高度、跨度、重量极限，运输方式及重量极限，厂房大门尺寸及基础承载情况等。

（2）考虑焊接工艺和生产能力方面　审查设计产品与现有焊接设备生产能力的适应性，决定是否需要进行技术改造；与现有焊接工艺规程的符合性，是否需要焊接工艺评定或其他焊接工艺试验。对焊接操作技能水平的要求，考虑是否安排焊接培训。工厂生产部分与安装工地部分的焊接作业分配是否合理。

3.2.2.7　审核焊接产品的质量要求可靠性

（1）选择适宜的质量控制等级和检测方法　根据焊接结构的重要性和技术标准，选择产品的质量控制等级和检测方法，确定外观检查、无损探伤、压力试验、破坏性试验等检查项目及合格等级、检测比例等内容。同时，要求焊接结构设计时，应考虑焊缝位置是否具备方便探伤检查的基本条件。

（2）选择适宜的技术要求　选择焊接结构适宜的技术要求，如焊接接头抗拉强度、V形缺口冲击吸收功、硬度等力学性能指标，焊接材料型号、规格及焊接规范参数等焊接工艺内容，预热、后热、焊后热处理等焊接工艺措施，焊接结构的几何尺寸及公差，执行的技术标准和技术文件等内容。

3.2.3　焊接产品工艺性审查的注意事项

① 焊接生产企业产品图样主要来源于国内专业设计院（所）、企业内部设计部门、引进国外技术图样、用户等方面，对国外图样和其他单位外来图样一般都要由企业内部设计部门进行技术转化。对新产品设计或产品改进设计后，首次生产的焊接产品都要进行焊接产品工艺性审查，使设计方案与实际生产条件相适应。

② 焊接产品工艺性审查必须结合本企业具体生产条件，确定外购件、工艺关键件。综合运用国内外先进焊接技术，采用新工艺、新技术、新装备、新材料等研究成果，通过焊接试验等手段，满足新产品的技术要求，提高焊接制造水平和核心竞争力。

③ 焊接产品工艺性审查完成后，工艺审查人员应填写工艺性审查表，存档并反馈审查情况。如工艺人员与设计人员意见不一致时，由企业技术负责人裁决确定。

④ 焊接产品工艺性审查（或订货合同的技术评审）中，如果某些零部件需要的生产条件高于企业现有生产条件，应引起重视。如无法更改设计，可组织工艺调研，提出技术改造方案或落实外协生产等办法，予以解决。

3.3　焊接工艺编制

3.3.1　编排焊接生产工艺路线

3.3.1.1　工艺路线的基本概念

将原材料或半成品经过加工处理制成产品的全部过程称为生产过程，生产过程包括工艺过程和辅助生产过程，工艺过程是指能够直接改变零件形状和尺寸、改变材料性能、装配、焊接等加工过程，辅助生产过程是指材料采购、生产运输、技术准备等生产配套过程。

在机械企业生产过程中由原材料或半成品经过毛坯制作、切削加工、装配焊接、包装油漆等加工形成的流转路线称为工艺路线（也称工艺流程），是产品制造过程中各种加工工序的排列和集成。实际生产要求所排列的工艺路线具有最少的工序、最理想的流转路线，获得质量稳定的产品。

工序是工艺过程的基本组成部分，是生产计划的基本单元，工序划分的主要依据是工作场地、生产设备、施工操作等要素是否发生改变和加工过程是否连续完成。焊接生产工艺过程的主要工序有钢材预处理、划线、放样、下料、弯曲成形、坡口制备、矫正、装配、焊接、消应力处理、变形修理、精整、检验、涂装等。

3.3.1.2 编排焊接生产工艺路线的要领

（1）编排焊接生产工艺路线的主要依据

① 依据产品图样及其技术要求，产品图样是产品技术信息的载体，反映了产品主要结构形式和技术要求，决定了产品、部件分解的基础条件，决定零部件加工的技术要求，必然关联到零部件的加工方法和设备，引导了焊接生产工艺路线。

② 依据焊接产品工艺性审查记录文件，对结构形式、材料焊接性、经济性等因素的工艺分析与交流，明确焊接产品中关键件和重要件、生产技术难点、技术改造方案等技术准备项目，焊接产品工艺性审查记录文件对编制焊接生产工艺路线有指导作用。

③ 依据产品相关技术标准和技术规范，明确质量控制等级和检测方法，掌握法规和各类技术标准的相关规定，实现有效的生产质量控制，有利于编制正确的焊接生产工艺路线。

④ 依据生产技术准备计划，明确各主产单位的制造分工及主要设备生产能力，协调大型产品中各部件、零件的技术准备进度，避免生产任务的不均衡，有利于保证生产指标和制造合同的顺利完成。

（2）编排焊接生产工艺路线的注意事项

① 要使焊接生产工艺过程简明有效，具有实用价值。简单合理的焊接生产工艺路线不仅有利于生产运行的组织，降低生产成本，而且可以缩短制造周期，减少出现技术偏差的环节，降低废品率。

② 保持合理的物流运转方向，一般先进行毛坯制作，后进行切削加工生产；优先考虑大型零件的备料，再配合较小零件的备料；优先考虑主体部件的装配焊接，再配合较小零件的装配焊接；优先考虑关键件、重要件和生产工序多、周期长的部件，再安排其他零部件。

③ 合理控制技术经济性，综合考虑产品质量和生产成本的关系。尽可能减少零部件在不同生产车间之间的往返转递，如能在主产单位生产的工序一般就不要转到其他生产单位。

④ 如果需要变更零部件的工艺路线，必须在工艺文件上予以注明，避免造成生产混乱。如果设计图样修改或增减零部件，则工艺路线相应进行修改。如果变更零部件的工艺路线，应由编制人员更改并书面记录，其他人员不得随意更改。

常见焊接生产工艺路线如图3-2所示。

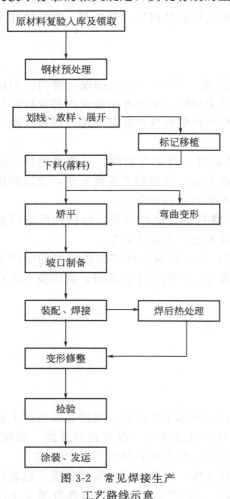

图 3-2 常见焊接生产
工艺路线示意

3.3.2 编制备料工艺

备料工艺用于指导焊接结构生产的零件准备过程,包括每种工序技术要求和备料过程中各种工序的顺序编排。不同类型的机械制造企业具有不同的备料工艺文件名称和格式,如采用"焊接零件工艺工序卡"、"焊接零件质量控制卡"等格式。

3.3.2.1 备料工序简介

焊接生产备料过程的主要工序有钢材预处理、划线、放样、下料、弯曲成形、坡口制备、矫正、修磨等。

(1) 钢材预处理 钢材预处理是指通过机械或化学方法,去除钢材表面的锈蚀、油污等杂物,并对钢材表面进行保护,为划线、下料、焊接等操作进行的准备工序,焊接生产中的钢材预处理多采用机械式喷丸处理,具有较高的生产效率。

(2) 划线 划线是根据设计图样和工艺余量要求,在钢板、型钢或经粗加工的坯料上划出零件形状轮廓线及各种位置线,确定下料边界的工序。

划线分为手工划线和机械自动划线两种方式,手工划线又分为直接划线和样板划线方式。手工直接划线效率低、偏差大,要注意尽量提高材料利用率,多用于中小型企业生产或简易备料环境。样板划线适用于生产批量较大零件。

(3) 放样 放样是根据设计图样在放样平台上,按照 1:1 的比例画出结构部件或零件的图形和平面展开尺寸。通过放样可以显示零件、部件之间的关系,确定零件的真实形状和实际尺寸,制作放样样板。放样方法包括实尺放样、展开放样、计算机光学放样等方法。

展开放样是把立体零件的曲面铺放到一个平面上的几何作图过程。展开放样的方法有图解法、计算法、计算机辅助计算放样等方法,图解法常用平行线法、放射线法和三角形法等作图方法。展开放样应注意工艺余量、壁厚较大板料的板厚处理等问题。

(4) 下料 下料是采用各种方法将零件及其毛坯从原材料上分离下来的工序。下料方法主要有机械落料、切割落料等类型。机械落料包括剪切、锯断、冲裁、克断、砂轮切断等方式,切割落料包括火焰切割、等离子弧切割、激光切割、水射流切割等方式。火焰切割根据自动化程度分为手工切割、半自动切割、仿形切割、数字控制自动切割等生产方式。火焰切割使用的燃气组合包括氧-乙炔、氧-丙烷、氧-液化石油气、氢-氧等组合方式。目前焊接生产常用的下料方法主要有数控火焰切割机、手工切割、剪切、锯断等下料手段。

(5) 矫正 矫正是指零件的矫平或矫直,钢材在切割、剪切等下料工序及吊运过程、储存期间,都可能产生塑性变形,会影响装配尺寸精度、焊接件的最终尺寸精度,因此在下料后一般都要进行矫正工序,有利于保证装配、焊接质量。

矫正分为手工矫正、机械矫正和火焰矫正等方式,钢材备料生产中多采用机械矫正方式,中厚钢板一般采用多辊矫平机或压力机进行矫平,零件平整效果好,具有较高的生产效率。而手工矫正和火焰矫正方式劳动强度大、生产效率低。

(6) 弯曲成形 弯曲成形是利用金属材料的塑性变形能力,借助外力作用将金属坯料弯曲成一定曲率、一定角度,制成所需形状的工序。根据弯曲成形时坯料的温度可以分为冷弯成形和热弯成形。还可以根据弯曲成形的机械化程度分为机械弯曲成形和手工弯曲成形,机械弯曲成形用于一定厚度零件的弯曲成形,可以采用油压机、水压机、机械式压力机、弯板机(折边机)、卷板机(滚弯机)、弯管机等设备,而且还需要配套的胎具、模具等工装。薄板或细管件也可以采用手工弯曲成形。

(7) 坡口制备 坡口制备是在焊接零部件边缘进行焊接坡口的准备过程,一般在部件装配、焊接工序前进行,常用的坡口制备方法有火焰切割和切削加工。普通焊接结构的 I 形坡口、V 形坡口可以采用火焰切割方法制备,要求较高的直线坡口可以采用刨边机、铣边机等设备加工制备，而管材、厚壁筒体、封头和法兰等圆形轨迹坡口多采用卧式车床或立式车床等设备进行加工制备。切削加工的坡口形状种类多、精度高、坡口面质量好，而且可以避免加工硬化和材料淬硬等问题，更容易满足自动化焊接技术的要求。

（8）修磨　修磨是指采用角向磨光机、固定砂轮机等工具，清理打磨下料零件边缘存在的残余物质（如热切割氧化渣、剪切毛刺等）及凸凹不平的地方，使零件表面光滑整齐。

（9）标记移植　标记移植是指零件下料后，将零件的编号、材料等特征符号标记转移至已分离的零件上，以保持对零件的跟踪控制，有利于产品质量控制。当产品拆分后零件数量或材料品种较多时，及时正确地进行标记移植可以避免零件准备过程中的混乱现象，加强零件的成套调度，便于生产组织。标记移植一般采用手工操作，常用油漆涂写或打制钢印等方式转移标记。

3.3.2.2　备料工序编排

备料生产是为结构装配、焊接进行的准备工作，由于焊接技术发展的共性基础，即使不同用途和功能的焊接产品也有许多共同的焊接工艺特性，如原材料具有较好的加工性能、力学性能，类似的生产设备和加工技巧，因此可归纳生产经验，总结备料生产工艺特点，指导备料生产实践。

在生产实际中，每个焊接生产企业具有不同的生产设备、生产能力、生产组织模式和操作工人技能，所以备料生产工序编排也可能出现差异。因此，备料生产工序应结合企业实际情况进行编排。简单零件的备料工序编排实例见表3-1。

表3-1　简单零件的备料工序编排实例

序号	典型术语	零件特征	备料工序
1	薄板剪切	薄板且边缘呈平行直线	①划线，②剪切，③修磨，④矫平
2	型材下料	型材且断面平整	①划线，②锯断，③修磨
3	钢板切割	中厚板且边缘呈直线	①划线，②半自动切割，③修磨，④矫平
4	钢板切割	厚板	①划线，②手工切割，③修磨，④矫平
5	数控切割	厚板	①数控切割，②修磨，③矫平
6	仿形切割	中厚板且圆形轮廓，批量大	①放样加工样板，②仿形切割，③修磨，④矫平

3.3.2.3　编制"焊接零件工艺工序卡"的注意事项

①"焊接零件工艺工序卡"确定了每个焊接零件的生产工序及传递路线，是最基本的备料工艺文件，应根据设计文件中"焊接零件明细表"的每个零件，相应编制一份"焊接零件工艺工序卡"，焊接部件要拆分成零件进行编制。

②"焊接零件工艺工序卡"主要内容应包括生产批次或工作令、产品图号、产品名称、部件图号、部件名称、零件编号、零件名称、规格、数量、材料、重量、工艺路线、生产单位、生产工序等。

③在备料阶段的多种工序中，每种工序都有各自作用，但核心工序是下料、弯曲成形，因此在编排备料工序时，应综合考虑各种工序特点，把握重点工序主要特征，并结合设备能力配置及物流方向、常规作业范围等因素。

④不同类型材料的理化性能、加工性能差异很大，对各种备料工序的适应性也不相同，因此制订备料工艺时，应借助材料手册、技术标准，进行查询确定。

⑤所有需要切削加工的零部件，下料时应留有加工余量，并确定毛坯尺寸、规格，填入"焊接零件工艺工序卡"或在图样上注明余量尺寸。

⑥ 为了提高大型部件的刚性，避免因刚性不足产生较大焊接变形，可以使用工艺拉撑增加部件的刚性，工艺拉撑属于工艺用料范畴，可编入"焊接零件工艺工序卡"中进行备料准备。

⑦ 为了控制关键零件的制造质量，提高零件尺寸精度，可在"焊接零件工艺工序卡"中标明仿形切割工序的仿形靠模、弯曲成形工序的工装胎具、冲压成形工序的冲压模、钻孔工序的钻模等专用模具类型和编号。

⑧ 当采用在设计图样上直接进行工艺注明的方式，可以替代编制"焊接零件工艺工序卡"，通常应根据焊接工艺过程要求，必须对零部件焊接工艺进行改动，如工艺余量、压头余量、工艺孔、定位孔、工艺拉撑、加工符号取舍、对接焊缝位置等，以及易淬硬材料的零件在火焰切割前的预热温度、加热范围和加热方法等。

3.3.3　编制装配焊接工艺

装配焊接工艺用于指导焊接结构生产的组装连接过程，包括装配焊接技术要求、主要技术措施和操作技巧等内容。常用的装配焊接工艺文件有"装配焊接工艺卡"、"焊接工艺规程"、"焊接修复工艺"等形式。

3.3.3.1　装配焊接工序简介

装配焊接过程的主要工序有装配、焊接及其配套的消应力处理、焊接变形修理、精整、检验、涂装等工序，核心内容是装配和焊接工序。

（1）装配　装配是指根据设计图样和装配工艺要求，将零件组装成部件或部件组装成整体结构，并通过定位焊固定的生产过程，装配是制造焊接结构的重要工序。装配方法按定位方式分为划线定位装配、工装定位装配；按装配地点分为工件固定式装配、工件移动式装配。装配过程属于复杂技术操作，要求具有较高的识图能力、使用工装夹具、精确测量等技术素质。

（2）焊接　焊接是指根据设计图样和焊接工艺要求，采用适当的焊接装备、焊接材料和焊接技术措施，选择合理焊接规范参数、焊接顺序，通过正确、高效的焊接操作，获得优质的焊接接头，实现零部件的有效连接过程，焊接是制造焊接结构的核心工序。焊接技术具有焊接冶金学、材料焊接性、焊接方法与设备、焊接结构设计等基础理论，并通过大量的焊接技术标准强制规范焊接生产过程。

（3）消应力处理　消应力处理是针对焊接结构中残余应力的不良影响，通过热处理、振动时效、机械拉伸等方式，降低焊接残余应力的生产过程。是防止出现焊接裂纹、提高焊接结构尺寸稳定性和承载能力的主要技术措施，常用于各种焊接结构的生产制造。

（4）焊接变形修理　焊接变形修理是针对易产生塑性变形的焊接结构生产时，可能形成的结构尺寸超过公差要求，而确定的整形工序。当焊接结构设计必须选择较大长宽比、截面不对称、局部位置焊缝密度大、结构用料较薄，应安排焊接变形修理工序，同时应考虑调整焊接顺序、增加工艺拉撑等焊接变形控制措施。

（5）精整　精整是指焊接结构完成连接过程后，采用机械喷丸、手工清理等方法进行的工件表面洁净处理的工序，清除焊接熔渣、飞溅、铁屑等杂物，使焊接结构达到干净整洁、便于检验的状态。

（6）检验　检验是指根据图样技术要求、工艺文件、质量检查文件等，对焊接产品进行检查的工序。按焊接生产过程安排，检验一般包括备料检验、装配检验、焊接检验等环节，而焊接检验可以选择外观质量检查、无损探伤检测、泄露性检查及耐压试验、力学性能检测等方法，并记录存档。

(7) 涂装 涂装是指焊接产品的刷漆包装工序，对完工的焊接成品、切削加工部件、直接出厂零件通常安排刷涂底漆、面漆，整台产品采用机械连接的零件接触面刷涂防锈油。产品出厂包装可以采用集装箱、木箱、木架等形式。

3.3.3.2 编制装配焊接工艺的技术准备

(1) 识读焊接结构设计图样 阅读标题栏，了解产品名称、材料、重量、设计单位等，核对零件明细表中各零部件的图号、名称、材料、数量、规格等，确定有无锻件、铸件、切削加工件、外购件；阅读技术要求和工艺文件。产品图样较多时，先看产品总图，后看部件图、零件图；有剖视图时，可结合剖视图了解结构形式，然后由大至小逐步阅读零件，核对零件图材料、尺寸、形状，了解相关部件、零件之间的位置关系、连接方法、焊缝尺寸、坡口形式，以及焊后有无切削加工等要求。

(2) 参阅前期工艺技术准备文件 应认真参阅工艺调研报告、产品合同评审记录、焊接产品工艺性审查表、焊接生产工艺路线表等前期工艺技术准备文件，掌握用户要求、产品制造难点以及工艺方案设计思想，才能集思广益，避免遗漏重大技术问题。

(3) 选配合理的备料工艺 当采用机器人或自动化程度较高的装配焊接工艺时，不仅要求装配焊接精度高，而且对零件备料精度也有较高要求。因为装配焊接工艺过程与备料工艺过程前后衔接，装配焊接质量与零件备料准备情况密切相关，所以应掌握备料工艺各工序的保证精度，并提出合理的改进要求。

(4) 掌握必要的焊接专业知识 焊接技术人员应综合运用焊接冶金学、材料焊接性、焊接方法与设备、焊接结构特点等方面基础知识，熟悉现行的焊接技术标准，掌握企业现有装配焊接生产条件，具备必要的生产实践经验。

3.3.3.3 编制"装配焊接工艺卡"注意事项

(1) "装配焊接工艺卡"的主要内容

① "装配焊接工艺卡"的常见内容应包括生产批次或工作令、产品图号、产品名称、部件图号、部件名称、部件重量、外形尺寸、主要材料、工艺路线等基本条件。

② 装配工艺内容应包括确定组装部件范围、装配平台及工件的位置、装配基准选择、装配顺序及生产步骤、装配工装及胎夹具、定位工具及测量工具、装配形位公差要求。

③ 焊接工艺内容应包括选择焊接方法及设备、焊接材料、预热和消应力处理等主要技术措施、操作要领和焊工培训要求、焊接顺序、焊接规范参数、检验要求。

④ 确定焊接安全生产措施，包括起重转运、电力配置、燃气供应、粉尘排放、高温高空作业、电弧辐射隔离等方面。

(2) 编制"装配焊接工艺卡"基本原则 编制"装配焊接工艺卡"主要适用于以下情况：大型部件或整机的装配焊接，复杂过程的装配焊接，较高难度的装配焊接，生产数量大的产品，新型结构和新试制产品。

尽量采用计算机柔性制造系统，选择机器人、自动化、机械化装配焊接方式，并使用工艺胎夹具，保证装配焊接质量稳定一致，提高生产效率，缩短生产周期，降低工人劳动强度。

根据产品特征、生产模式确定焊接结构在装配工序与焊接工序之间的转换顺序，概括为整装-整焊、随装-随焊、分部件装配焊接-总装焊接等类型，应依据产品质量稳定性、经济合理性等判据进行选择。

选择装配基准时，应尽量选择设计基准作为定位基准和测量基准，同一部件尽可能统一基准；也可选择精度要求较高、不易变形的表面或直线作为装配基准；选择的装配基准应便于零部件的定位与测量，优先考虑空间开放、尺寸较大的直线、平面，尽量不要选用形状不规则的曲线、曲面。

由于焊接热循环过程形成的不均匀温度场，会使结构产生一定的塑性变形，当结构形式复杂、截面不对称、刚性差、焊缝密度大、焊缝厚度较大时，易造成结构几何尺寸超出公差要求。可建议修改设计、采用焊接变形修理工序，同时在焊接工艺中制订调整焊接顺序、改变坡口形式、控制焊接热输入、增加工艺拉撑等相应技术措施。

考虑装配结构的连接方式、坡口形状和坡口间隙、焊缝收缩量、错边量、切削加工余量等形状尺寸参数及其在焊接过程中的变化，以保证部件、整机产品的外形尺寸符合图样要求。

选择与产品技术要求相适应的生产条件，保障装配焊接作业面积和翻转空间；装配平台具有足够的强度、刚度和平整度；工艺胎夹具实现定位准确、夹紧可靠、操作简单、拆卸方便；测量工具符合定期审验、计量准确等要求。

定位焊是固定零部件之间相互位置的前期焊缝，通常应视为正式焊缝的一部分，其焊接工艺也应满足产品要求。如仅作为临时固定焊缝，在正式焊接前应分别铲除干净。定位焊位置应尽量避免选择在拘束度较大的部位，通过外力强行组装的结构，定位焊焊缝尺寸可适当加厚延长。

某些特别庞大焊接产品采用工厂分体制造、现场整机装配焊接的生产方式，如果整机装配精度较高时，应安排在工厂预装测试，将相邻部件连接板固定配钻定位孔，再与各自部件焊接后进行分离，可以提高总装工作效率，保证定位销的穿孔率，降低现场施工技术难度，节省安装时间。

选择焊接方法时，应根据焊接结构特点、焊缝类型、坡口形式、被焊母材特性、质量等级要求、焊工操作技能、生产成本及相关电力、能源等生产条件，在保证工艺适宜性的基础上，优先选择高效优质、稀释率低的焊接方法。

选择焊接设备时，应根据焊接生产方式，确定焊接工位的自动化水平，使弧焊电源的外特性、动特性与焊接动态生产过程相适应，优先考虑自动化和机械化焊接工位设置，配套必要的焊接辅机，依托低成本自动化的指导思想，有效利用设备生产能力，逐步提高装备制造水平。

选择焊接材料的主要依据为被焊母材类型、图样技术要求等因素，低碳钢和低合金结构钢焊接材料的选择通常以母材抗拉强度为依据，分为等强度匹配和低强度匹配等选用原则；耐热钢焊接材料的选择应兼顾高温性能；室外环境用钢及低温钢焊接材料的选择应兼顾低温冲击韧性；不锈钢焊接材料的选择主要采用等合金成分原则，应具有相当的耐腐蚀性能；异种材料焊接时，焊接材料的选择应考虑焊缝金属的金相组织特征；堆焊焊接材料依据硬度、主要合金成分类型等图样技术要求进行选择。此外，焊接方法决定了焊接材料的类别，如焊条、焊丝、焊剂、保护气体等，并相应确定焊接材料烘干要求。

选择焊接规范参数时，应依据焊接方法、焊接设备功率、焊接位置、焊接接头类型、坡口形式、焊道部位、被焊母材类型、焊接材料类型及规格、焊工操作技能等因素综合选取，也可依据焊接工艺评定报告确定。应包括焊接电流、焊接电压、焊接速度、焊接线能量、保护气体流量、焊丝干伸长等内容。

制定焊接工艺措施时，应依据被焊母材焊接性分析和焊接性试验结果、结构拘束度等情况，确定是否采取焊前预热、控制层间温度、后热处理、消应力处理等技术措施，以及相应的温度要求和保温时间等热过程参数、整体处理或局部处理等运行方式。

根据产品质量要求、焊接操作难易程度，确定焊工技能水平，如焊工没有具备相应项目的操作能力，应安排焊工培训，考试合格取得焊工合格证后，才可以进行产品焊接。同时应尽量选择平焊、平角焊、船形焊、爬坡焊等易于施焊的焊接位置，降低施工技术难度，有利于保证焊接质量、提高生产效率。

根据图样技术要求、质量检查等文件，确定装配检验、焊接检验项目，焊接检验可以选择外观质量检查、无损探伤检测、泄露性检查及耐压试验、力学性能检测等方面的具体内容。焊接检验目标是通过控制焊接质量，保证产品满足使用要求，过高的质量目标会增加生产成本和制造难度，影响企业经济效益。

当图样要求进行焊缝内部无损探伤或要求焊缝全焊透时，应根据坡口形式，选择单面焊双面成形、焊缝背面加衬垫或增加焊缝清根工序等方式。单面焊双面成形通常选择钨极氩弧焊方法，焊缝衬垫可选择钢衬垫、水冷铜衬垫、陶瓷衬垫、焊剂衬垫等类型，而且通常需要增加引弧板、收弧板等辅助衬板。受钢板库存或供料尺寸的限制，需要采用对接焊时，应采用全焊透焊接。

当焊缝存在超标缺陷时，可进行返修焊，但应制订返修焊工艺，返修焊次数不能超过三次。通常根据无损探伤结果，确认缺陷位置及数量，采用切削加工、碳弧气刨、砂轮修磨等方式清除缺陷，修整坡口，并执行返修焊工艺重新焊接。

当生产锅炉、压力容器等法规性产品时，应根据质量保证体系要求，进行焊接工艺评定，才能制订焊接工艺规程。当采用新工艺、新技术、新装备、新材料进行产品焊接前，应进行焊接工艺评定或焊接工艺试验，依据试验结果制订工艺文件。

对于结构形式简单、零件数量较少、装配焊接过程易于实现的普通产品部件，也可以采用部件图纸工艺注明的方式代替"装配焊接工艺卡"，但应保证能够满足生产要求。

3.3.4　编制材料消耗工艺定额和焊接生产工时定额

3.3.4.1　编制材料消耗工艺定额

（1）材料消耗工艺定额　材料消耗工艺定额是指焊接企业在一定的生产和技术条件下，生产单位焊接产品和零件所需消耗材料的数量标准，简称为材料定额。反映出企业生产技术状况和管理水平，直接关系着生产成本核算，是企业材料采购和限额发放、分析材料利用率的依据，材料定额必须科学合理。焊接结构材料定额包括焊接材料、钢材及其他工程材料，普遍采用计算机进行定额编制、材料统计汇总。

（2）材料消耗工艺定额的编制方法

① 技术计算法：根据产品焊接结构、焊接工艺和正常的生产技术条件，利用理论计算方法将零件净重和制造过程中的工艺消耗相加而得到材料定额，其中工艺消耗包括切削加工损耗（如加工余量损耗、制备中心孔损耗等）和下料工序损耗（如下料的气割割缝、锯断锯口、残料等）。

材料消耗工艺定额计算，根据不同材料分类、不同工艺加工方法，按照定额标准，同时根据零件设计基本尺寸及工艺余量，对不同几何形状的零件，给定不同系数，进行材料消耗工艺定额计算。这种方法比较合理和先进，是材料消耗工艺定额编制的主要方法。

② 实际测定法：在现场对实际零件进行过秤测量和观察统计，将得到零件的质量数据分析整理，从而确定材料消耗工艺定额。

③ 经验统计分析法：根据典型焊件完成数量及材料使用的原始记录，通过材料统计分析，计算出材料实际消耗量，制订材料消耗工艺定额。

（3）材料消耗工艺定额的编制依据

① 根据焊接结构的全套零部件设计图样及零部件明细表。

② 根据焊接生产工艺路线、焊接零部件工艺工序卡、焊接工艺规程等工艺文件。

③ 根据企业现有材料规格标准、价格目录，焊接结构的切削加工余量标准，焊接工艺

标准等技术文件。

（4）焊接材料工艺定额的编制方法　焊接材料工艺定额应根据焊接坡口形式、焊缝余高等截面形状和尺寸方面的参数，通过焊缝截面面积、焊缝长度、焊接材料的熔敷金属密度、焊接材料的熔敷金属获得率等参数的计算，得到某条焊缝的焊接材料消耗量。

焊接方法种类较多，但焊接材料用量计算却大致相同，焊接材料的品种有电弧焊的焊条、气体保护焊的实芯焊丝或药芯焊丝、埋弧焊的焊丝和焊剂。

① 焊接材料用量的计算原理。焊接材料用量一般是以焊缝熔敷金属重量（或焊剂的消耗量），加上焊接过程中的必要消耗，如烧损、飞溅、烬头等计算，计算方法见表 3-2。同时焊接材料用量与焊接方法及使用的焊接材料效率有关，对于药芯焊丝用量为熔敷金属重量除以 0.8，实芯焊丝用量为熔敷金属重量除以 0.9 进行计算。

② 典型焊接工艺的焊接材料用量的计算。不开坡口对接焊缝双面自动焊工艺焊接材料用量的计算（表 3-3），不封底双边 V 形坡口对接焊缝单面 CO_2 半自动焊工艺焊接材料用量的计算（表 3-4）。

表 3-2　焊接材料用量计算方法

名　称	计　算　公　式	备　注
焊接材料消耗定额	$C_x = P_f K_h L_h$ $C_x = P_t L_h$	C_x——焊接材料消耗定额，g； P_f——每米焊缝熔敷金属重量，g/m；
每米焊缝焊接材料消耗量	$P_f = F_h \rho$	K_h——定额计算系数； L_h——焊件焊缝长度，m； P_t——每米焊缝焊接材料消耗量，g/m；
定额计算系数	$K_h = 1/(1 - \alpha_{sf} - \alpha_j)$	F_h——焊缝熔敷金属横截面积，m²； ρ——熔敷金属的密度，g/m³；
焊接材料的烧损、飞溅损耗率	$\alpha_{sf} = (P_r - P_f)/P_r$	α_{sf}——焊接材料的烧损、飞溅损耗率，%； α_j——焊接材料的烬头损耗率，%； P_r——每米焊缝熔化焊接材料质量，g/m；
焊接材料的烬头损耗率	$\alpha_j = P_j/P_h$	P_j——焊接材料的烬头质量，g； P_h——焊接材料的质量，g

表 3-3　不开坡口对接焊缝双面自动焊工艺焊接材料用量的计算

焊缝截面计算公式			$F_h = \delta b + 1.333ch$
板厚 δ/mm	坡口间隙 b/mm	焊缝宽度 c/mm	焊缝余高 h/mm
4	1	10	2
5	1.5	10	2.5
6～8	2	12～14	2.5
10～12	2.5～3	16	2.5

表 3-4　不封底双边 V 形坡口对接焊缝单面 CO_2 半自动焊
工艺焊接材料用量的计算

焊缝截面计算公式			$F_h = \delta b + (\delta - p)^2 \tan(\beta/2) + 0.667ch$		
板厚 δ /mm	坡口间隙 b /mm	坡口钝边 p /mm	焊缝宽度 c /mm	焊缝余高 h /mm	坡口角度 β
6～8	1	1	12～14	1～1.5	70°
10～14	2	2	16～20	1.5	60°
16～18	2	2	22～26	2	60°
20～30	2	2	28～40	2	60°
32～40	2	2	42～50	2	60°

3.3.4.2 编制焊接生产工时定额

(1) 焊接生产工时定额 焊接生产工时定额是指在一定的生产技术和合理的生产组织条件下，充分利用生产工具、合理组织劳动和推广先进经验，为生产一定量的合格产品或完成一定量的工作所规定的工作时间标准，简称为工时定额。工时定额还可以细分为试行定额、正式定额、追加定额等类型。凡是能够采用工时定额量化考核的工作都应尽量创造条件制订工时定额。

(2) 焊接生产工时定额编制依据

① 根据焊接结构的全套零部件设计图样及零部件明细表

② 根据焊接生产工艺路线、焊接零部件工艺工序卡、装配焊接工艺卡、焊接工艺规程等工艺文件。

③ 企业劳动定额标准等技术标准。

(3) 焊接生产工时定额的计算方法

① 焊接生产工时定额一般由基本时间、辅助时间、工作地点服务时间、休息时间和准备终结时间组成。

基本时间是指备料、装配、焊接各工序的直接作业时间，如改变零件形状、尺寸或焊接操作所需要的时间，基本时间取决于生产设备、工人操作熟练程度等生产条件因素。

辅助时间是指工人为完成主要作业施工而进行的各项辅助工作所需要的时间，如吊运和摆放工件、操作设备和工具的准备等。

工作地点服务时间分为技术服务时间和组织服务时间，技术服务时间是指工作开始时分配工具和工艺文件、结束时收拾工具和清理工作现场、擦拭设备和工具等工作所需要的时间，组织服务时间是指为保持工作状态所需要的时间，如进行切割火焰调整、焊接规范参数调节等。

休息时间是指工人在工作期间必需的休息和身体调整时间。

准备终结时间是指一批焊接零部件生产开始和结束阶段消耗时间，如熟悉设计图样和工艺文件、领料、调试设备、检验等工作时间。对于一批焊接零部件，需要的准备终结时间仅有一次，批量越大，分摊到每个零部件的时间越少。

② 焊接生产工时定额计算以工序为基本计算单元，批量生产的某一工序的单件焊接生产工时定额公式如下：

$$T_n = T_j + T_f + T_{fw} + T_x + T_z/n$$

式中　T_n——单件产品的焊接生产工时定额；

　　　T_j——基本时间；

　　　T_f——辅助时间；

　　T_{fw}——工作地点服务时间；

　　　T_x——休息时间；

　　　T_z——准备终结时间；

　　　n——零部件数量。

(4) 焊接生产工时定额编制注意事项

① 焊接生产工时定额编制必须先进合理，充分考虑设计图样和工艺要求、设备性能、工艺胎夹具、切削加工余量、材料类型及热处理状态、生产批量、劳动组织形式等因素。

② 焊接生产工时定额编制，尽量采用计算机等设备计算工时定额，提高工作效率。

③ 焊接生产工时定额汇总，应按一定数量的产品，分生产单位、工种进行统计汇总。

3.4　焊接工艺评定

3.4.1　焊接工艺评定简介

3.4.1.1　焊接工艺评定的定义

焊接工艺评定是为验证所拟定焊接工艺的正确性而进行的试验过程及结果评价。为了保证焊接构件的制造质量，针对焊接构件上的每种焊接接头，都要制订合理的焊接工艺，并且在产品正式焊接前进行模拟实际生产条件的验证性试验及质量检测。焊接工艺评定的目标就是要确定焊接工艺在产品生产过程的可实施性，选用焊接方法和焊接材料的正确性，焊接工艺措施的有效性，焊接规范参数的合理性，焊接质量无损检测方法的可靠性，焊接接头力学性能满足设计要求的符合性，最终达到焊接工艺的合理优化。

3.4.1.2　焊接工艺评定的意义

焊接工艺评定是焊接质量保证体系中的重要环节，焊接工艺评定报告是编制焊接工艺规程的主要依据，同时可以有效评估生产企业的焊接生产能力。国内外焊接技术标准都明确焊接工艺评定的程序和要求，所有焊接企业应以实际生产条件为基础，对焊接工艺评定工作和试验结果负责，只有焊接工艺评定合格的焊接工艺规程才能应用于生产制造过程，如果焊接工艺评定的某个检查项目不合格，那么焊接工艺就不允许用于实际生产，需要重新编制焊接工艺，再次进行焊接工艺评定。

焊接工艺评定分为锅炉压力容器等法规性产品焊接工艺评定和普通焊接结构焊接工艺评定，锅炉压力容器等法规性产品焊接工艺评定的力学性能试验应包括拉伸试验、冲击试验、弯曲性能试验以及产品供货合同要求的其他试验。普通焊接结构焊接工艺评定试验项目可以由根据产品开发、技术进步、技术标准制（修）订等方面的技术要求自行确定。

焊接工艺评定技术标准规定了锅炉压力容器焊接工艺评定规则和常规焊接接头试验方法。明确了焊接工艺评定的程序和各种工艺因素影响，制订焊接工艺评定的对接焊缝、角焊缝、耐蚀堆焊等评定规则，以及焊接接头的试验项目、焊接规范参数、取样方法、注意事项等基本要求。

3.4.2　焊接工艺评定文件

3.4.2.1　焊接工艺评定基本流程

根据设计图样、产品要求、技术标准、企业生产条件等因素编制焊接工艺评定任务书；拟定焊接工艺评定指导书；通过各项技术准备和各种物质条件准备，组织施焊试件并做好原始记录；制取试样、检验试件和试样；测定并评价焊接接头是否具有所要求的使用性能；归纳焊接工艺评定报告；制订焊接工艺评定规程。焊接工艺评定的所有试验项目须按相关试验标准进行，完成后填写相关的工艺文件。

3.4.2.2　焊接工艺评定文件

焊接工艺评定文件包括焊接工艺评定任务书、焊接工艺评定指导书、焊接工艺评定原始记录、焊接工艺评定报告书、焊接工艺评定规程。一般焊接工艺评定文件中应注明焊接工艺评定文件名称、文件类型、试验年度、项目序号、试验内容的主要特征、评定单位及人员等内容，便于焊接工艺评定文件的管理、检索和查询，焊接工艺评定项目数量较多时，应尽量采用计算机进行文件管理，建立焊接工艺评定项目数据库。

（1）焊接工艺评定任务书

① 焊接工艺评定任务书应由生产单位焊接工艺人员提出，主要反映产品情况及对焊接

工艺评定的技术要求。

② 焊接工艺评定任务书的内容有文件名称、编号；产品使用时的压力、温度、介质、设备类别等产品基本资料；母材牌号、规格、热处理状态及符合标准；焊接接头的连接形式及坡口形式；推荐的焊接方法、焊接材料；产品中焊接接头的力学性能要求及质量检测要求；以及其他试验目标等。

(2) 焊接工艺评定指导书

① 焊接工艺评定指导书（也称焊接工艺评定方案）由工艺人员或焊接试验人员根据有关焊接技术标准、试验条件及焊接工艺评定任务书选择确定。

② 焊接工艺评定指导书的内容有文件编号，项目主要技术特征，焊接工艺评定目的，试验母材牌号、规格、数量、热处理状态及符合标准，试验采用的焊接方法、焊接设备及工具、焊接材料型号及烘干要求，产品图样中的焊接坡口形式及制备方法，主要技术措施及试验步骤，焊道分布示意图及焊接规范参数，探伤方法及要求，力学性能试验的项目、试件数量及技术要求。

③ 开焊接工艺评定指导书是试板焊接、试样加工的依据，必须具有可操作性。焊接工艺评定中不同焊接方法使用的焊接规范参数，可参考本单位现有的焊接工艺评定、生产实际情况、查询技术手册等方式确定。

(3) 焊接工艺评定试验原始记录　焊接工艺评定试验原始记录的内容包括焊接工艺评定指导书的提出的各种工艺要素，并记录试验过程中的基本情况，如试验人员、试板编号、场地、时间、设备、仪器、工具、环境条件等。

焊接工艺评定的试验原始记录应真实、准确地记录焊接试板、加工试样的各种条件和数据，如文件编号、母材、焊接材料、坡口形式、焊道分布、焊接规范参数、焊缝外观检查、焊接过程采用的技术措施，为试验结果分析提供依据。

焊接工艺评定报告是按照规定的格式记载验证性试验结果，对拟定焊接工艺的正确性进行评价的记录报告。既是焊接工艺评定要素的全面汇总，也是焊接工艺评定的最终结论性文件，是编制焊接工艺规程的主要依据。所有焊接工艺评定文件应装订成册，并存档于焊接工艺评定的完成单位。常见的焊接工艺评定报告见表3-5。

焊接工艺评定报告内容有焊接工艺评定报告的名称、编号；母材的牌号、执行标准、规格、热处理状态、材料追踪号；母材执行的技术标准、原材料材质书、复验化学成分和力学性能试验报告；焊接材料的牌号、型号、执行标准、规格、烘干情况、焊接材料材质书、焊接材料复验报告、焊接材料追踪号；坡口形式、试件尺寸及加工方法；焊道分布示意图；焊接方法类型；焊接位置；焊接设备型号及接线极性；焊接环境温度；焊接规范参数；焊前及焊接过程中的工艺措施；焊接预热、后热、焊后热处理的温度、时间及运行曲线等焊接技术措施；焊缝外观质量检查方法、结果；焊缝射线探伤或超声波探伤的检查方法、执行标准、合格等级；对接焊缝焊接接头拉伸试验、冲击试验、冷弯试验的执行标准、合格情况；角焊缝焊接接头宏观金相检查的合格情况；耐蚀堆焊试件表面金属化学成分、冷弯试验检测结果。

3.4.3　焊接工艺评定原则

3.4.3.1　焊接工艺评定总则

① 焊接工艺评定应以可靠的材料焊接性能为依据，并在产品焊接之前完成。材料焊接性分析可采用碳当量计算、低合金钢焊接冷裂纹敏感指数计算、焊接连续冷却组织转变图（CCT图）法等间接估算法，也可通过 GB/T 4675.1《斜 Y 型坡口焊接裂纹试验方法》、GB/T 4675.5《焊接热影响区最高硬度试验方法》等焊接性试验进行确定。

表 3-5　常见的焊接工艺评定报告

焊接工艺评定报告		文件编号		PQR-××××-××							
		共 2 页		第 1 页							
接头形式及坡口尺寸简图											
焊接方法			焊接位置				焊接方向				
环境温度		℃	设备				电源极性				
预热温度		℃	预热方法				测温仪型号				
母　材				焊接材料							
牌号				牌　号							
规格				规格							
供货状态				烘干情况							

材料的化学成分及力学性能

牌号	类别	化　学　成　分						力　学　性　能						报告编号
		C	Mn	S	P	Si	Cr	R_m /MPa	R_{eL} /MPa	A /%	Z /%	α	A_{kV} /J	
	标准													
	合格证													
	标准													
	合格证													
	标准													
	合格证													
	标准													
	合格证													

| 编制 | | 审核 | | | 批准 | | | 日期 | | |
| 焊前准备 | | | | | | | | | | |

焊接工艺评定报告			文件编号		PQR-×××× -××		
			共 2 页		第 2 页		
焊接规范参数	焊层(道)	焊接方法	焊接电流/A	焊接电压/V	焊接速度/(cm/min)	层间温度/℃	备　注

后热处理		焊后保温	
焊后热处理			

焊接接头力学性能试验结果			报告编号:		
焊接接头拉伸试验			弯曲试验 $d=4S$　$\alpha=180°$		
R_m/MPa	R_{eL}/MPa	断裂位置	面弯	背弯	侧弯

V 形缺口冲击试验		硬度试验		
焊缝:	热影响区:			
无损探伤方法		报告编号	标准	合格等级

分析及结论:

② 评定对接焊缝焊接工艺时，采用对接焊缝试件。板材对接焊缝试件评定合格的焊接工艺适用于管材的对接焊缝，反之亦可。评定角焊缝焊接工艺时，采用角焊缝试件。管与板角焊缝试件评定合格的焊接工艺适用于板材的角焊缝，反之亦可。对接焊缝试件评定合格的焊接工艺亦适用于角焊缝，焊件厚度的有效范围不限。角焊缝试件评定合格的焊接工艺用于非受压角焊缝焊件时，焊件厚度的有效范围不限。对于截面全焊透的 T 形接头和角接接头，当无法检测内部缺陷，又不能保证焊透时，可以增加形式试验件进行焊接工艺评定，经解剖试验确认后才能进行产品的焊接。焊接工艺评定试件形式见图 3-3。

③ 对接焊缝焊接工艺因素分为重要因素、补加因素和次要因素。其中重要因素是指影响焊接接头抗拉强度和弯曲性能的焊接工艺性能；补加因素是指影响焊接接头冲击韧性的焊接工艺因素，当规定进行冲击试验

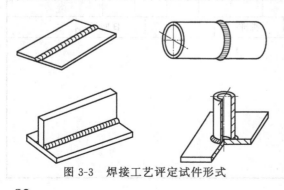

图 3-3　焊接工艺评定试件形式

时，需增加补加因素；次要因素是指对要求测定的力学性能无明显影响的焊接工艺因素。

④ 焊接试验使用设备、仪表应按规定周期进行检定，检定合格并保持正常工作状态，使用钢材、焊接材料必须符合相应标准或技术协议，由本单位技能熟练的焊接人员使用本单位焊接设备焊接试件

3.4.3.2　对接焊缝和角焊缝焊接工艺评定规则

（1）焊接方法对焊接工艺评定影响　改变焊接工艺评定中焊接方法（焊条电弧焊、埋弧焊、熔化极气体保护焊、钨极氩弧焊、电渣焊）时，需重新评定。

当同一条焊缝使用两种或两种以上焊接方法或重要因素、补加因素不同的焊接工艺时，推荐使用两种或两种以上焊接方法进行组合评定；也可按每种焊接方法或焊接工艺分别进行评定。

1）当变更任何一个重要焊接因素需重新评定。

① 焊条电弧焊改变焊条牌号。

② 埋弧焊、熔化极气体保护焊、钨极氩弧焊改变实心焊丝或药芯焊丝牌号。

③ 埋弧焊、电渣焊改变焊剂牌号。

④ 钨极氩弧焊添加或取消填充金属。

⑤ 埋弧焊、熔化极气体保护焊添加或取消附加的填充金属。

⑥ 熔化极气体保护焊、钨极氩弧焊的实芯焊丝改为药芯焊丝或相反；改变保护气体种类或混合保护气体配比。

⑦ 焊条电弧焊、埋弧焊、熔化极气体保护焊、钨极氩弧焊的预热温度比已评定合格值降低 50℃以上；反之，可不重新评定，但应考虑补加因素影响。

⑧ 熔化极气体保护焊从喷射弧、熔滴弧或脉冲弧改变为短路弧，或反之。

2）当变更任何一个补加因素，需相应进行冲击韧性试验。

① 焊条电弧焊用非低氢型药皮焊条代替低氢型药皮焊条。

② 焊条直径改为大于 $\phi 6mm$，反之，应重新评定。

③ 熔化极气体保护焊用具有较低冲击功的药芯焊丝代替具有较高冲击功的药芯焊丝。

④ 焊条电弧焊、熔化极气体保护焊、钨极氩弧焊从评定合格的焊接位置改变为向上立焊。

⑤ 焊条电弧焊、埋弧焊、熔化极气体保护焊、钨极氩弧焊最高层间温度比原始记录值高 50℃以上。

⑥ 焊条电弧焊、埋弧焊、熔化极气体保护焊、钨极氩弧焊改变电流种类或极性。

⑦ 焊条电弧焊、埋弧焊、熔化极气体保护焊、钨极氩弧焊增加线能量或单位长度焊道的熔敷金属体积超过已评定合格值。

⑧ 埋弧焊、熔化极气体保护焊、钨极氩弧焊由每面多道焊改为每面单道焊；多丝焊改为单丝焊。

3）当变更焊接方法中任何一个次要因素，需相应地重新编制焊接工艺规程。

① 焊条电弧焊、埋弧焊、熔化极气体保护焊、钨极氩弧焊改变坡口形式或坡口根部间隙；增加或取消非金属或非熔化的金属焊接衬垫。

② 焊条电弧焊、埋弧焊、熔化极气体保护焊、钨极氩弧焊改变焊接位置；改变电流值或电压值；改变不摆动焊或摆动焊。

③ 焊条电弧焊、埋弧焊、熔化极气体保护焊、钨极氩弧焊改变焊前清理和层间清理方法；改变清根方法；有无锤击焊缝的改变；手工操作、半自动操作或自动操作之间的改变。

④ 焊条电弧焊、埋弧焊、熔化极气体保护焊取消单面焊时的钢垫板。施焊结束后至焊

后热处理前，改变后热温度范围和保温时间。

⑤ 钨极氩弧焊增加钢垫板；在同组别号内选择不同钢板作垫板；改变填充金属横截面积；改变钨极的种类或直径；在直流电源上叠加或取消脉冲电流。

⑥ 焊条电弧焊用低氢型药皮焊条代替非低氢型药皮焊条；改变焊条直径（不大于 $\phi 6mm$）。

⑦ 熔化极气体保护焊、钨极氩弧焊用具有较高冲击功的药芯焊丝代替具有较低冲击功的药芯焊丝；改变保护气体流量；改变喷嘴尺寸。

⑧ 埋弧焊、熔化极气体保护焊改变焊丝直径；改变焊丝摆动幅度、频率和两端停留时间；改变导电嘴至工件的距离。

⑨ 焊条电弧焊、熔化极气体保护焊、钨极氩弧焊需作清根处理的根部焊道改变向上立焊或向下立焊的焊接位置。

⑩ 埋弧焊、熔化极气体保护焊、钨极氩弧焊由单丝焊改为多丝焊，或反之。

（2）母材对焊接工艺评定影响

① 焊接工艺评定用的母材应与产品使用的母材相同。为了减少焊接工艺评定项目数量，避免不必要的重复工作量，依据母材化学成分、力学性能等基本特性，将母材分为各自的类、组。常用钢号分类分组情况见表3-6。

表 3-6　常用钢号分类分组情况

母材类别号	母材组别号	钢号举例
Ⅰ	Ⅰ-1	Q235,10(管),20,20g,20R
Ⅱ	Ⅱ-1	Q345(16Mn),16MnR
	Ⅱ-2	15MnVR,15MnNbR,20MnMo
Ⅲ	Ⅲ-1	13MnNiMoNbR,18MnMoNbR,20MnMoNb
	Ⅲ-2	07MnCrMoVR
Ⅳ	Ⅳ-1	12CrMo,12CrMoG,15CrMo,15CrMoG,15CrMoR,14Cr1Mo,14Cr1MoR,12Cr1MoV,12Cr1MoVG
	Ⅳ-2	12Cr2Mo,12Cr2MoG,12Cr2Mo1,12Cr2Mo1R
Ⅴ	Ⅴ-1	1Cr5Mo
Ⅵ	Ⅵ-1	09MnD,09MnNiD,09MnNiDR
	Ⅵ-2	16MnD,16MnDR,15MnNiDR,20MnMoD
	Ⅵ-3	07MnNiCrMoVDR,08MnNiCrMoVD,10Ni3MoVD
Ⅶ	Ⅶ-1	1Cr18Ni9Ti,0Cr18Ni9,0Cr18Ni10Ti,00Cr19Ni10
	Ⅶ-2	0Cr17Ni12Mo2,0Cr18Ni12Mo2Ti,00Cr17Ni14Mo2,0Cr19Ni13Mo3,00Cr19Ni13Mo3
Ⅷ	Ⅷ-1	0Cr13

② 不同类号、组号母材的焊接工艺评定，必须采用相应类号、组号的母材组合进行。尽管各类号、组号母材的自身焊接工艺评定已经合格，也仍须进行该组合的焊接工艺评定。

③ 对于Ⅰ、Ⅱ、Ⅲ类号的母材，某一钢号评定合格的焊接工艺，在重要因素、补加因素条件相同时，可以用于同组别号的其他钢号；当较高类组号的母材评定合格的焊接工艺，在重要因素、补加因素的条件相同时，可以用于该类组号母材与较低类组号母材之间。

④ 对于未列入表3-6范围的碳素钢、耐热钢、低合金钢，应单独进行焊接工艺评定。

（3）焊后热处理对焊接工艺评定影响 奥氏体和铁素体不锈钢焊后热处理分为：不进行焊后热处理；进行焊后固溶或稳定化热处理。碳素钢、耐热钢、低合金钢钢材焊后热处理分为：不进行焊后热处理；低于下转变温度进行焊后热处理（如焊后消应力热处理）；高于上转变温度进行焊后热处理（如正火）；先高于上转变温度，继之在低于下转变温度进行焊后热处理（如正火或淬火后继之回火）；在上、下转变温度之间进行焊后热处理等类型。

当改变焊后热处理类型，需重新评定。试件的焊后热处理应与焊件在制造过程中的焊后热处理类型相同。

（4）对接焊缝焊接工艺评定试件厚度与适用的焊件厚度 对接焊缝试件厚度应充分考虑适用于焊件厚度的有效范围。焊接工艺评定合格的对接焊缝试件的焊接工艺适用于焊件厚度有效范围：试件母材标准抗拉强度下限值大于 540MPa 的强度型低合金钢按表 3-7、表 3-8 规定；除此之外，按表 3-9、表 3-10 规定。当焊件规定进行冲击试验时，试件焊接工艺评定合格后当 $T \geqslant 8mm$ 时适用于焊件母材厚度的有效范围最小值一律为 $0.75T$，如试件经高于上转变温度的焊后热处理时仍按原规定执行。试件经超过上转变温度的焊后热处理适用于焊件的母材最大厚度为 $1.1T$。

表 3-7 试件母材厚度与焊件母材厚度规定 单位：mm

试件母材厚度 T	适用于焊件母材厚度的有效范围	
	最小值	最大值
$T<1.5$	T	$2T$
$1.5 \leqslant T<8$	1.5	$2T$,且不大于 12
$T \geqslant 8$	$0.75T$	$1.5T$

表 3-8 试件焊缝金属厚度与焊件焊缝金属厚度规定 单位：mm

试件焊缝金属厚度 t	适用于焊件焊缝金属厚度的有效范围	
	最小值	最大值
$t<1.5$	不限	$2t$
$1.5 \leqslant t<8$	不限	$2t$,且不大于 12
$t \geqslant 8$	不限	$1.5t$

注：t 指同一种焊接方法（或焊接工艺）在试件上所熔敷的焊缝金属厚度。

表 3-9 试件厚度与焊件厚度规定（试件进行力学性能
试验和横向弯曲试验） 单位：mm

试件母材厚度 T	适用于焊件母材厚度的有效范围		适用于焊件焊缝金属厚度的有效范围	
	最小值	最大值	最小值	最大值
<1.5	T	$2T$	不限	$2t$
$1.5 \leqslant T \leqslant 10$	1.5	$2T$	不限	$2t$
$10<T<38$	5	$2T$	不限	$2t$
$\geqslant 38$	5	200[①]	不限	$2t(t<20)$
$\geqslant 38$	5	200[①]	不限	200[①] $(t \geqslant 20)$

① 限于焊条电弧焊、埋弧焊、钨极气体保护焊、熔化极气体保护焊的多道焊。

（5）对接焊缝焊接工艺评定试验要求 对接焊缝试件和试样检验项目包括：外观检查、无损检测、力学性能和弯曲性能试验。外观检查不得有裂纹、严重咬边及焊缝尺寸超差，并执行 GB/T 3323《钢熔化焊对接接头射线照相和质量分级》和 JB 4730《压力容器无损检测》进行无损检测。

表 3-10　试件厚度与焊件厚度规定（试件进行力学性能试验和纵向弯曲试验）　　　　　　　　　　　　单位：mm

试件母材厚度 T	适用于焊件母材厚度的有效范围		适用于焊件焊缝金属厚度的有效范围	
	最小值	最大值	最小值	最大值
<1.5	T	$2T$	不限	$2t$
$1.5 \leqslant T \leqslant 10$	1.5	$2T$	不限	$2t$
>10	5	$2T$	不限	$2t$

力学性能和弯曲性能试验项目包括：拉伸试验、冲击试验和弯曲试验。力学性能和弯曲性能试验项目和取样数量应符合表 3-11 的规定。

表 3-11　力学性能和弯曲性能试验项目和取样数量

试件母材的厚度 T /mm	试验项目和取样数量（件）					
	拉伸试验		弯曲试验[2]		冲击试验	
	拉伸[1]	面弯	背弯	侧弯	焊缝区	热影响区
$T<1.5$	2	2	2	—	—	—
$1.5<T\leqslant10$	2	2	2	—	3	3
$10<T\leqslant20$	2	2	2	3	3	3
$T\geqslant20$	2	—	—	4	3	3

① 可以用 4 件横向侧弯试样代替 2 件面弯和 2 件背弯试样。

② 当焊缝两侧母材的钢号不同时，每侧热影响区都应取 3 件冲击试样。

当试件采用两种或两种以上焊接方法时，拉伸试样和弯曲试样的受拉面应包括每一种焊接方法的焊缝金属；当规定做冲击试验时，对每一种焊接方法的焊缝区和热影响区都要做冲击试验。

焊接工艺评定试件上试样的制取位置与试件形式有关，板材对接焊缝试件上试样的位置见图 3-4，管材对接焊缝试件上试样的位置见图 3-5。

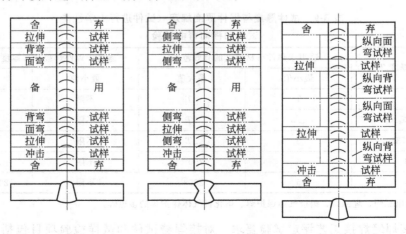

图 3-4　板材对接焊缝试件上试样的位置

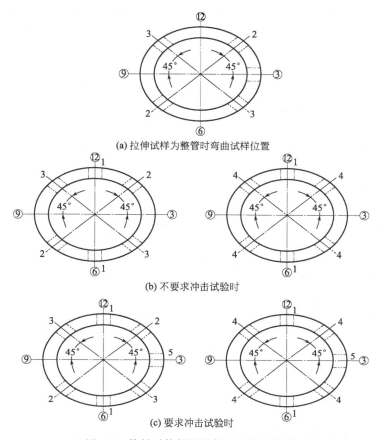

(a) 拉伸试样为整管时弯曲试样位置

(b) 不要求冲击试验时

(c) 要求冲击试验时

图 3-5　管材对接焊缝试件上试样的位置

　　焊接工艺评定拉伸试验试样加工要求试件的余高应以机械方法去除，使之与母材齐平。试样厚度应等于或接近试件母材厚度 T；厚度小于或等于 30mm 的试件，采用全厚度试样进行试验；当试验机受能力限制不能进行全厚度的拉伸试验时，则可将试件在厚度方向上均匀分层取样，等分后制取试样厚度应接近试验机所能试验的最大厚度，等分后的两片或多片试样试验代替一个全厚度试样的试验。

　　拉伸试验试样形式采用紧凑型板接头带肩板形试样示意见图 3-6，适用于所有厚度板材的对接焊缝试件。拉伸试验按 GB/T 228《金属拉伸试验方法》和 GB/T 2651《焊接接头拉伸试验方法》规定的试验方法测定焊接接头的抗拉强度。

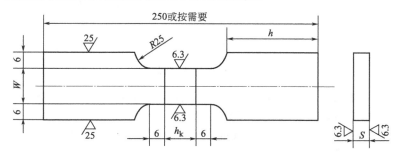

图 3-6　紧凑型板接头带肩板形试样示意

拉伸试验合格指标要求试样母材为同种钢号时，每个试样的抗拉强度应不低于母材标准规定值的下限值；试样母材为两种钢号时，每个试样的抗拉强度应不低于两种钢号标准规定值下限的较低值；同一厚度方向上的两片或多片试样拉伸试验结果平均值应符合上述要求，且单片试样如果断在焊缝或熔合线以外的母材上，其最低值不得低于母材钢号标准规定值下限的95%（碳素钢）或97%（低合金钢和高合金钢）。

焊接工艺评定 V 形缺口冲击试验的试样加工要求，试样纵轴方向应垂直于焊缝轴线，缺口轴线垂直于母材表面。冲击试验试样位置见图 3-7，焊缝区试样的缺口轴线至试样的轴线与熔合线交点的距离大于零，且应尽可能多的通过热影响区。V 形缺口冲击试验的试样形式、尺寸和试验方法应符合 GB/T 229《金属夏比缺口冲击试验方法》和 GB/T 2650《焊接接头冲击试验方法》的规定。焊缝区或热影响区的 V 形缺口冲击试验各有三个试样。

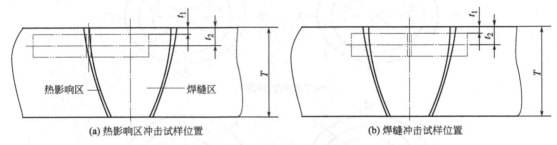

(a) 热影响区冲击试样位置   (b) 焊缝冲击试样位置

图 3-7　冲击试验试样位置

V 形缺口冲击试验合格指标要求在确定温度下的冲击吸收功平均值应符合图样或相关技术文件规定，且不得小于 27J，至多允许有一个试样的冲击吸收功低于规定值，但不低于规定值的 70%。

焊接工艺评定弯曲试验试样加工要求试样的焊缝余高应采用机械方法去除，面弯、背弯试样的拉伸表面应齐平。当试件厚度 $T \leqslant 10mm$ 时，试样厚度 S 与 T 相等或接近；当 $T > 10mm$ 时，$S = 10mm$，从试样受压面加工去除多余厚度。横向侧弯试样示意见图 3-8，板材试样宽度为 38mm。当试件厚度 T 为 10~38mm 时，试样宽度等于试件厚度；当试件厚度 T 大于 38mm 时，允许沿试件厚度方向分层切成宽度为 20~38mm 等宽的两片或多片试样的试样代替一个全厚度侧弯试样的试验。弯曲试验按 GB/T 232《金属弯曲试验方法》、GB/T 2653《焊接接头弯曲及压扁试验方法》和表 3-5 规定的试验方法测定焊接接头的完好性和塑性。

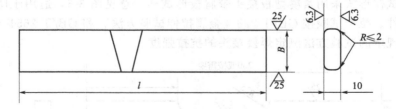

图 3-8　横向侧弯试样示意

弯曲试验合格指标要求试样弯曲到规定角度后，其拉伸面上沿任何方向不得有单条长度大于 3mm 的裂纹或缺陷，试样的棱角开裂一般不计，但由夹渣或其他焊接缺陷引起的棱角开裂长度应计入。若采用两片或多片试样时，每片试样都应符合上述要求。

（6）角焊缝焊接工艺评定试验要求

角焊缝焊接工艺评定试件形式包括板材角焊缝试件和管材角焊缝试件。板材角焊缝试件及试样示意见图 3-9，板材角焊缝试件尺寸见表 3-12。管板角焊缝试件示意见图 3-10。

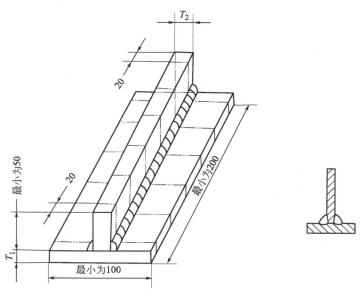

图 3-9　板材角焊缝试件及试样示意

表 3-12　板材角焊缝试件尺寸

翼板厚度 T_1	腹板厚度 T_2
≤3	T_1
>3	≤T_1，但不小于 3

注：1. 焊脚为 T_2，且不大于 20mm。

2. 金相试样尺寸：只要包括全部焊缝、熔合区和热影响区即可。

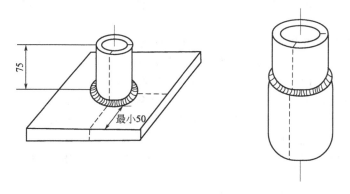

图 3-10　管板角焊缝试件示意

　　角焊缝焊接工艺评定试样加工要求如下：板材角焊缝试件的两端各去除 20mm，然后沿试件纵向等分切取五块试样，每块试样取一个面进行金相检验，任意两个检验面不得为同一切口的两个侧面。管材角焊缝试件沿圆周方向等分切取四块试样，焊缝的起始和终结位置应位于试样焊缝的中部，每块试样取一个面进行金相检验，任意两个检验面不得为同一切口的两个侧面。

　　角焊缝焊接工艺评定试件和试样检验项目有外观检查、宏观金相检验，角焊缝焊接工艺评定合格指标要求焊缝根部应焊透，焊缝金属和热影响区不得有裂纹、未熔合。角焊缝的两侧焊脚尺寸差值不宜大于 3mm。

角焊缝焊接工艺评定所用的试件厚度可以代表任意的焊件厚度。焊接工艺评定试件焊脚尺寸与焊件焊脚尺寸规定见表 3-13。

表 3-13　焊接工艺评定试件焊脚尺寸与焊件焊脚尺寸规定　　　　　　单位：mm

焊接工艺评定试件焊脚尺寸 K	焊件焊脚尺寸
≤20	＞(0.75～1.5)K
＞20	＞15

3.4.3.3　耐蚀堆焊工艺评定规则

耐蚀堆焊采用预保护堆焊方式制造复合金属层，通过具有耐蚀性能的表面金属强化层，发挥高合金金属强化层的优异性能，提高结构使用寿命，降低生产成本，为循环经济、可持续发展提供良好的技术途径。

（1）耐蚀堆焊工艺评定的影响因素

① 改变耐蚀堆焊焊接方法（焊条电弧焊、埋弧焊、熔化极气体保护焊、钨极氩弧焊、电渣焊、气焊）时，需重新评定。

② 当试件基层厚度 T＜25mm 时，评定合格的焊接工艺适用于焊件基层厚度≥T；试件基层厚度 T≥25mm 时，评定合格的焊接工艺适用于焊件基层厚度≥25mm。

③ 当变更任何一个耐蚀堆焊焊接条件需重新评定。

焊件堆焊层厚度小于已评定的最小厚度。

改变母材基层钢材的类别号，参见表 3-6。

焊条电弧焊改变焊条牌号或堆焊首层时改变焊条直径。

埋弧焊、熔化极气体保护焊、电渣焊增加或取消附加的填充金属；改变同一熔池的电极数量。

埋弧焊、熔化极气体保护焊、钨极氩弧焊、电渣焊改变焊丝（焊带）型号；增加或取消电极摆动。

埋弧焊、电渣焊改变焊剂牌号或改变焊剂的混合比例。

熔化极气体保护焊、钨极氩弧焊改变实心焊丝为药芯焊丝，或反之。

焊条电弧焊、熔化极气体保护焊、钨极氩弧焊改变评定合格的焊接位置。但需注意横焊、立焊、仰焊位置评定合格适用于平焊位置，不需要重新评定。

焊条电弧焊、埋弧焊、熔化极气体保护焊、钨极氩弧焊、电渣焊预热温度比评定值降低50℃以上，或超过评定记录的最高层间温度。

焊条电弧焊、埋弧焊、熔化极气体保护焊、钨极氩弧焊、电渣焊改变焊后热处理类别，或在焊后热处理温度下的总时间增加超过评定值的 25％。

熔化极气体保护焊、钨极氩弧焊改变保护气体种类，或改变混合气体配比比例，或取消保护气体。

焊条电弧焊、埋弧焊、熔化极气体保护焊、钨极氩弧焊、电渣焊改变电流的种类或极性。

焊条电弧焊、埋弧焊、熔化极气体保护焊、钨极氩弧焊、电渣焊堆焊首层时，线能量或单位长度焊缝熔敷金属的体积增加超过评定值的 10％。

焊条电弧焊、埋弧焊、熔化极气体保护焊、钨极氩弧焊、电渣焊多层堆焊改变为单道堆焊，或反之。

（2）耐蚀堆焊工艺评定试验要求

① 耐蚀堆焊工艺评定试件尺寸应不小于 150mm×150mm，堆焊宽度≥38mm，长度应

满足切取试样要求。耐蚀堆焊工艺评定检验项目有渗透检测、弯曲试验和化学成分分析。

② 渗透检测可采用着色法和荧光法，执行 JB 4730 的有关规定，检测结果不得有裂纹。

③ 弯曲试验采用四个弯曲试样，可在平行和垂直于焊接方向各切取两个，也可在垂直于焊接方向制取四个试样。弯曲试样应包括堆焊层全部、熔合线和基层热影响区。弯曲试验执行 GB/T 232，试样厚度 10mm，弯轴直径 40mm，弯曲角度 180°。弯曲试验后试样拉伸面的堆焊层不得有大于 1.5mm 的任一裂纹或缺陷；熔合线上不得有大于 3mm 的任一裂纹或缺陷。

④ 耐蚀堆焊表层化学成分分析试样取自耐蚀堆焊表层，采用焊缝表面检测或切削加工金属屑化验分析，检测方法根据图样和技术标准要求确定，合格指标执行技术标准和合同约定。

3.5　焊接工艺规程

3.5.1　焊接工艺规程简介

焊接工艺规程是典型的焊接工艺文件之一，通常根据焊接工艺评定报告，并结合实践经验而制订的直接指导焊接生产的技术细则文件，只有焊接工艺评定合格的焊接工艺规程才能应用于生产制造过程，例如，JB/T 4709《钢制压力容器焊接规程》就是指导钢制压力容器生产的主要技术文件。

焊接工艺规程中对焊接接头、母材、焊接材料、焊接位置、预热、电特性、操作技术等内容进行详细的规定，以保证焊接质量的再现性。焊接工艺规程经过编制、审核、批准等，分发到焊接工艺评定的完成单位、生产施工单位、质量检查部门等相关单位。

3.5.2　焊接工艺规程的编制要求

焊接工艺规程的编制应根据不同的产品、不同焊接工艺条件进行编制，JB/T4709《钢制压力容器焊接规程》规定了钢制压力容器产品焊接的基本要求，适用于焊条电弧焊、埋弧焊、熔化极气体保护焊、钨极氩弧焊、电渣焊、气焊等焊接方法。其中要求对受压元件焊缝；与受压元件相焊的焊缝；熔入永久焊缝内的定位焊缝；受压元件母材表面堆焊、补焊；上述焊缝的返修焊缝均应进行焊接工艺评定，并且评定合格。对施焊受压元件焊缝；与受压元件相焊的焊缝；熔入永久焊缝内的定位焊缝；受压元件母材表面耐蚀堆焊的焊工必须组织考试，考试合格并取得证书才可以进行产品施工。

3.5.2.1　焊接材料的相关要求

焊接材料包括焊条、焊丝、焊带、焊剂、气体、电极和衬垫等焊接填充材料。

（1）焊接材料的选用原则　应根据母材的化学成分、力学性能、焊接性能，并结合压力容器的结构特点、使用条件及焊接方法综合考虑选用焊接材料，也可以通过试验确定。

焊缝金属的性能应高于或等于相应母材标准规定值的下限或满足图样规定的技术条件要求。此时应注意强度指标一般多选用焊接材料熔敷金属抗拉强度保证值为依据，而不是设计人员计算材料许用应力采用的屈服极限。

① 相同钢号的碳素钢或低合金钢进行焊接时，应保证焊缝金属力学性能不低于母材标准规定值的下限，同时其抗拉强度不应超过母材标准规定值的上限值加 30MPa。耐热型低合金钢的焊缝金属还应保证化学成分要求。高合金钢的焊缝金属应保证力学性能和耐腐蚀性能。

② 不同强度钢号的碳素钢、低合金钢之间进行焊接时，应保证焊缝金属力学性能不低于较低强度母材标准规定值的下限，同时其抗拉强度不应超过较高强度母材标准规定值的上

限值。

奥氏体高合金钢与碳素钢或低合金钢之间的焊缝金属应保证抗裂性能和力学性能，多采用铬镍含量比奥氏体高合金钢母材铬镍含量更高的焊接材料。

③ 常用钢号推荐选用的焊接材料见表 3-14，不同钢号之间焊接推荐选用的焊接材料见表 3-15。

表 3-14　常用钢号推荐选用的焊接材料

钢　　号	焊条电弧焊	CO_2 气体保护焊	埋弧焊	钨极氩弧焊
Q235,10,20	E4303,E4316,E4315	ER49-1,ER50-6	H08A,H08MnA,HJ401-H08A	H08A,H08MnA
Q345,16MnR	E5016,E5015	ER49-1,ER50-6	H10MnSi,H10Mn2,HJ401-H08A,HJ402-H10Mn2,HJ404-H08MnA	H10MnSi
13MnNiMoNbR 20MnMoNb	E6015-D1	—	H08Mn2MoA,HJ250G	—
15CrMoR	E5515-B2	—	H13CrMoA,HJ402-H10Mn2,HJ404-H08MnA	H13CrMoA
0Cr18Ni9	E308-16,E308-15	—	H0Cr21Ni10,HJ260	H0Cr21Ni10
0Cr18Ni10Ti 1Cr18Ni9Ti	E347-16,E347-15	—	H0Cr21Ni10Ti,HJ260	H0Cr21Ni10Ti

（2）焊接材料的储存与保管要求

① 新购买的焊接材料必须包装完好，外包装标记（焊接材料的型号、牌号、规格、重量、制造厂家等）应与订货单相符。同时产品说明书、合格证和质量保证书等供货文件齐全，并符合相应的技术标准。必要时施焊单位按质量保证体系规定依据相关的国家标准或订货技术协议进行复验，检验手续齐全后方可办理入库手续。

② 在仓库管理中各种焊接材料必须分类、分牌号堆放，定置管理，避免造成混乱。仓库内应做到干燥通风良好，不允许放置有害气体和腐蚀性介质，并保持清洁。焊接材料应存放在架子上，放置部位离地面高度距离不小于 300mm，离墙壁距离不小于 300mm。架子下应放置干燥剂，防止焊接材料受潮。仓库内应设置温度计、湿度计，一般温度应在 10℃ 以上，相对空气湿度低于 60%。

③ 一般焊接材料从生产日期起 6 个月内可以保证使用，所以焊接材料最好逐批顶替，减少库存时间，及早投入使用。一般焊接材料一次出库量不能超过两天的用量，已经出库的焊接材料，焊工必须保管好。

3.5.2.2　焊前准备的相关要求

（1）焊接坡口选择与制备

① 焊接坡口选用应根据图样要求或工艺条件尽量选择标准规定的坡口形式，也可自行设计。一般应考虑以下因素：与焊接方法相适应，减少焊缝填充金属量，有利于避免或减少焊接缺陷，降低焊接变形和残余应力，有利于焊接安全防护，焊工操作方便，减少母材对焊缝金属的稀释，易于实现自动化焊接。

② 焊接坡口加工方法分为以切削加工为主的冷加工方法和热切割为主的热加工方法。对于碳素钢和抗拉强度下限值不大于 540MPa 的强度型低合金钢，如果采用冷加工方法，可以保证较高的坡口尺寸精度；如果采用热加工方法，可以实现较高的生产效率。对于耐热型低合金钢和高合金钢、抗拉强度下限值大于 540MPa 的强度型低合金钢，宜采用冷加工方

法，如采用热加工方法会形成影响焊接质量的表层金属，应采用冷加工方法去除。

表 3-15　不同钢号之间焊接推荐选用的焊接材料

被焊钢材类别	接头母材类别号或组别号	焊条电弧焊	埋弧焊	钨极氩弧焊
碳素钢之间焊接	Ⅰ＋Ⅰ	E4303,E4315	H08A,HJ401-H08A	H08A
碳素钢与强度型低合金钢焊接	Ⅰ＋（Ⅱ-1）	E4303,E4315	H08A,H08MnA,HJ401-H08A	H10MnSi
	Ⅰ＋（Ⅱ-2）	E4315,E5015	H08MnA,HJ401-H08A	H10MnSi
	Ⅰ＋（Ⅲ-1）Ⅰ＋（Ⅲ-2）	E4315,E5015	H08A,H08MnA,HJ401-H08A	H10MnSi
碳素钢与耐热型、低温型低合金钢焊接	Ⅰ＋Ⅳ	E4315	H08A,H08MnA,HJ401-H08A	H10MnSi
	Ⅰ＋Ⅴ			
	Ⅰ＋Ⅵ			
强度型低合金钢之间焊接	Ⅱ＋Ⅱ	E5015,E5515-G	H08MnA,HJ401-H08A,H10MnSi,HJ402-H10Mn2	H10MnSi
	Ⅱ＋（Ⅲ-1）Ⅱ＋（Ⅲ-2）	E5015	H08MnA,HJ401-H08A,H10Mn2,HJ402-H10Mn2	H10MnSi
	（Ⅱ-2）＋（Ⅲ-1）（Ⅱ-2）＋（Ⅲ-2）	E5015,E5515-G	H10Mn2,HJ401-H08A,H10MnSi,HJ402-H10Mn2	—
强度型低合金钢与耐热型低合金钢焊接	Ⅱ＋Ⅳ Ⅲ＋Ⅳ	E5003,E5015	—	—
	Ⅱ＋Ⅴ Ⅲ＋Ⅴ	E5015,E5515—G	—	—
耐热型低合金钢之间焊接	（Ⅳ-1）＋（Ⅳ-2）	E5515-B1,E5515-B2	—	—
	Ⅳ＋Ⅴ	E5515-B1,E5515-B2,E5515-B2—V,E6015-B3	—	—
珠光体钢与奥氏体不锈钢焊接	Ⅰ＋（Ⅶ-1）	E309-16,E309-15,E309Mo-16	H1Cr24Ni13,HJ260	H1Cr24Ni13
	Ⅱ＋（Ⅶ-1）	E309-16,309Mo-16	H1Cr24Ni13,HJ260	H1Cr24Ni13
	Ⅲ＋（Ⅶ-1）	E310-16,E310-15	—	H1Cr26Ni21
	Ⅳ＋（Ⅶ-1）Ⅴ＋（Ⅶ-1）	E309-16,E310-16,E310-15		H1Cr24Ni13 H1Cr26Ni21
	Ⅵ＋（Ⅶ-1）	E309-16,E309-15		H1Cr24Ni13

③ 焊接坡口面应平整，不得有裂纹、分层、夹杂等缺陷，坡口表面及两侧母材（距离坡口边缘 20mm 范围）应将水、铁锈、油污及其他杂物清理干净。

（2）焊接材料的准备要求　焊条、焊剂应按规定或焊接材料说明书进行烘干、保温，焊丝应去除油、锈、灰尘，焊接保护气体应保持干燥、洁净。

焊接材料使用前的烘干主要指焊条、焊剂和散装的焊丝，出厂的焊接材料一般都经过高温烘干，并用防潮材料（如塑料袋、纸盒等）加以包装，在一定程度上可以防止焊接材料的吸潮，但为确保焊接质量，一般在焊接材料使用前仍需要进行再烘干。

① 一般焊接材料的烘干可以根据产品说明书进行，如果产品说明书无特殊规定，酸性焊接材料视受潮情况在75～150℃，烘干1～2h；碱性焊接材料应在350～400℃，烘干1～2h，使用时注意保持干燥，一般烘干后的焊条应放在100～150℃的保温筒（箱）内随用随取。常见焊条烘干规范见表3-16。

表3-16　常见焊条烘干规范

焊条类别	药皮类型	烘干温度/℃	保温时间/min	烘后允许存放时间/h
碳钢焊条	纤维素型	70～100	30～60	6
	钛型 钛钙型 钛铁矿型	70～150	30～60	8
	低氢型	300～350	30～60	4
低合金焊条（含高强度钢、耐热钢、低温钢）	非低氢型	75～150	30～60	4
	低氢型	350～400	60～90	0.5～4
铬不锈钢焊条	低氢型	300～350	30～60	4
	钛钙型	200～250		
奥氏体不锈钢焊条	低氢型	250～300	30～60	4
	钛型、钛钙型	150～250		
堆焊焊条	钛钙型	150～250	30～60	4
	低氢型（碳钢芯）	300～350		
	低氢型（合金钢芯）	150～250		
	石墨型	75～150		
铸铁焊条	低氢型	300～350	30～60	4
	石墨型	70～120		
铜、镍及其合金焊条	钛钙型	200～250	30～60	4
	低氢型	300～350		
铝及铝合金焊条	盐基型	150	30～60	4

② 低氢型焊接材料一般在常温下超过4h，应重新烘干。重复烘干次数不宜超过三次。

③ 烘干焊条时，焊条不应成堆或成捆地堆放，应铺放成层状，每层焊条堆放不能太厚（一般为1～3层），避免焊条烘干时受热不均和潮气不易排除。

（3）预热

① 根据母材的化学成分、焊接性能、厚度、焊接接头的拘束度、焊接方法和焊接环境等综合因素考虑是否采用预热措施，必要时通过焊接性试验确定。

② 不同钢号焊接时，预热温度按焊接性较差钢号选取，碳素钢、低合金钢应按预热温度要求较高的钢号选取。

③ 预热方式可以采取整体预热、局部预热等方式，当采用局部预热时，预热范围应达到焊缝周围不小于焊件厚度的3倍，且不小于100mm。

④ 需要预热的焊件在焊接过程中应不低于预热温度，层间温度可根据具体情况确定。

⑤ 当母材具有一定的淬硬倾向时，采用热切割、碳弧气刨操作前，也应考虑进行预热。

3.5.2.3　焊接

（1）焊接环境

① 焊接环境出现下列任一情况时，须采取有效防护措施，否则禁止施焊。

气体保护焊时风速大于 2m/s，其他焊接方法风速大于 10m/s；相对湿度大于 90%；雨雪环境；焊件温度低于 −20℃。

② 当焊件温度在 0～−20℃ 之间时，应在始焊处 100mm 范围内预热到 15℃ 以上。

（2）焊接设备

① 焊接设备及辅助装备应处于正常工作状态，安全可靠，仪器仪表应定期校验。

② 合理可靠布置地线，选择正确的极性，防止地线、电缆线、焊钳与焊件非焊接部位引燃电弧，保持焊接回路电参数稳定。

（3）焊接工艺措施

① 要根据焊接坡口形式，合理安排焊道分布和焊接顺序，一般选择窄焊道，多层多道焊时，每条焊道的接头应尽量错开，接弧处应保证焊透与熔合。

② 双面焊须清根处理，显露出正面打底的焊缝金属。采用单面焊双面成形工艺时，打底焊道质量特别关键。

③ 应在引弧板或坡口内引弧，禁止在非焊接部位引弧。纵焊缝应在引出板上收弧，弧坑应填满。

④ 电弧擦伤处的弧坑需要修磨，实现均匀过渡到母材表面，修磨深度应不大于该部位母材厚度的 5% 且不大于 2mm，否则应予以补焊。

⑤ 采用锤击消除焊接应力时，打底层焊缝和盖面层焊缝不宜进行锤击。

（4）焊接规范参数

① 焊接规范参数应根据焊接工艺评定报告允许的范围和焊工操作习惯，确定具体数值。

② 正式产品焊接前，应在现场先调试焊接规范参数，试焊正常后进行产品焊缝的焊接，并作好焊接记录。

③ 对有冲击性能要求的焊件应控制线能量，每条焊道的线能量都不高于焊接工艺评定的合格数值。

（5）焊接过程热参数的控制

① 当焊件要求预热时，焊接预热过程完成后，应尽快进行焊接操作。

② 施焊过程中，应控制层间温度不超过规定的范围。当焊件要求预热时，应控制层间温度不低于要求的规定值。

③ 如果中断焊接施工过程，对冷裂纹敏感的焊件应及时采取后热、缓冷等措施。重新焊接时，仍然需要按规定进行预热。

④ 后热处理适用于冷裂纹敏感性较大的低合金钢和拘束度较大的焊件，后热处理要求在焊后立即进行，后热温度一般为 200～350℃，后热保温时间与焊缝厚度有关。后热处理不可代替焊后热处理。

（6）焊后热处理

① 根据母材的化学成分、焊接性能、厚度、焊接接头拘束度、产品使用条件和有关标准确定是否需要进行焊后热处理。焊后热处理应在压力试验前进行。

② 常见钢号的焊后热处理温度见表 3-17。调质钢焊后热处理温度应低于调质处理时的回火温度。不同钢号焊接的焊后热处理温度按焊后热处理温度要求较高的钢号执行，但温度不应超过其中任一钢号的下临界点 A_{c1}。采用电渣焊方法时，焊后应进行正火＋回火的热处理。焊后热处理温度以在焊件上直接测量为准，在整个热处理过程中应当连续记录。

③ 焊后热处理的保温时间与焊缝厚度有关，全焊透对接接头焊缝厚度是指从焊缝正面到焊缝背面的距离（余高不计），一般采用钢材厚度进行计算。焊后热处理的保温时间以焊

缝厚度除以 25mm/h 进行计算。

表 3-17　常见钢号的焊后热处理温度

钢　号	电弧焊/℃	电渣焊/℃
Q235,10,20,20G,20R,20g	600～650	—
09MnD	580～620	—
16MnR	600～640	900～930 正火＋600～640 回火
Q345,16MnD,16MnDR	600～640	
15MnVR,15MnNbR	540～580	
20MnMo,20MnMoD	580～620	
13MnNiMoNbR,18MnMoNbR	600～640	950～980 正火＋600～640 回火
20MnMoNb	600～640	
07MnCrMoVR,07MnNiCrMoVDR,08MnNiCrMoVD	550～590	
09MnNiD,09MnNiDR,15MnNiDR	540～580	
12CrMo,12CrMoG	≥600	
15CrMoR	≥600	890～950 正火＋≥600 回火
12Cr1MoV,12Cr1MoVG,14Cr1MoR,14Cr1Mo	≥640	
12Cr2Mo,12Cr2Mo1,12Cr2Mo1G,12Cr2Mo1R	≥660	
1Cr5Mo	≥660	

　　④ 焊后热处理工艺要求焊件进炉时炉内温度不得高于 400℃。焊件升温过程中升温速度为 50～200℃/h，温差不得大于 120℃。焊件保温期间温差不得大于 65℃。焊件冷却过程中降温速度为 50～260℃/h。焊件出炉时，炉温不得高于 400℃，出炉后应在静止的空气中冷却。

　　⑤ 奥氏体高合金钢制压力容器一般不进行焊后消除应力热处理。

　　(7) 焊缝返修

　　① 对需要焊接返修的缺陷应当分析产生原因，提出改进措施，根据返修焊接工艺评定，编制返修焊接工艺。

　　② 返修前需将缺陷清除干净，必要时可采用表面探伤检验确认。返修部位坡口应达到表面平整、宽度均匀，且两端有一定的坡度过渡。

　　③ 焊缝同一部位返修次数不宜超过两次。

思　考　题

1. 什么叫焊接工艺?
2. 焊接工艺的基本要素有哪些?
3. 焊接产品工艺性审查的主要内容是什么?
4. 编制焊接工艺卡的注意事项有哪些?
5. 焊接工艺评定试验的目的是什么?
6. 焊接工艺评定的步骤是什么?

第4章 焊接工程质量管理

4.1 焊接工程质量管理

4.1.1 焊接工程概念

焊接工程是指以某组设想的目标为依据，应用焊接知识和技术手段，通过一群人的有组织活动将某个现有实体转化为具有预期使用价值的人造产品的过程。

在一个工程项目中可能由一个或多个作业活动和各种技术加工手段来完成。焊接技术只是工程建设的一部分，焊接工程质量管理的主要内容包括以保证焊接能力为目的所进行的质量管理、质量管理体系的建立、统计方法的应用，而不涉及产品结构本身以及与焊接技术没有关系的其他作业活动。在以焊接技术为主要加工手段的工程项目中，其他作业活动的质量控制也可采用质量管理方法来进行整个系统工程的质量管理及控制。

4.1.2 质量的基本概念

4.1.2.1 质量

质量是指一组固有特性满足要求的程度。固有特性是指在某事或某物本身具有的特性，尤其是那些永久的特性。固有特性属于非赋予范畴。质量是事物的本质特性之一，是质量管理的主要对象。

4.1.2.2 质量的内涵

（1）特性的含义 特性是指事物所特有的性质，它反映了实体满足要求的能力。如焊机的外特性、负荷持续率、额定电流等，这些特性是在购买焊机时，其本身所特有的性质，而且这些特性不会因为购买行为发生变更（除非升级），因此上述特性即为焊机的固有特性和永久特性，而焊机的价格则是购买双方赋予的，不属于焊机质量特性。

（2）要求的含义 要求是指明示的、通常隐含的或必须履行的需求或期望。明示要求的含义是指技术规范、质量标准、产品图样、合同等加以明确规定的内容，通常指产品的技术特性等。通常隐含要求的含义是指企业、顾客和其他相关方的惯例或一般做法，所考虑的需要或期望是不言而喻的，如可信度、使用寿命、安全性、经济性、适应性、交货期、交货数量等。必须履行要求的含义是指法律法规、行业规则所规定的。

事物的固有特性满足上述要求的能力，即为质量的好坏程度。满足要求程度高，质量就好；满足要求程度低，质量就差。因此质量可以用形容词差、好、优秀来修饰。

（3）质量的广义性 质量不仅是指产品质量，还包括某项活动或过程的工作质量以及质量管理体系的运行质量。

产品质量是指产品或服务符合规定要求的程度。过程或活动的工作质量是指操作人员在作业过程中行为、动作符合规定要求的程度，要求操作人员在任何作业活动中，必须按照规定的程序、规范、规程等进行操作。质量管理体系的运行质量是指建立的质量管理体系的充分性，运行效果是否满足质量目标的实现及体系文件规定要求的程度。过程或活动质量以及质量管理体系运行质量是产品质量实现的基础和保证。

（4）质量特征 质量具有动态性、相对性、经济性和周期性等特征。质量并非等级越高越好，成本越高越好，而满足要求程度才是反映质量好坏的指标。

4.1.3 焊接工程质量的主要内容

4.1.3.1 焊接工程质量

焊接工程质量是指焊接工程的固有特性满足要求的程度，即以焊接技术为主要加工手段的某项工程或某个焊接结构能否满足焊接质量有关规定的要求。焊接工程质量内容包括焊接产品质量、焊接过程质量、焊接工程质量管理体系运行质量。

4.1.3.2 焊接产品质量

焊接产品质量是指焊接产品固有特性满足要求的程度。焊接产品就是以焊接技术为主要加工方法形成的各种金属结构，如锅炉汽包、压力容器、起重机械、建筑钢结构等，在焊接结构形成后，焊接接头本身就具备了一定的固有特性，如强度、冲击韧性、硬度、金相组织、接头形式、外观形状等。这些特性就是以焊接技术为主形成的焊接产品固有特性。

焊接产品质量应满足以下要求：设计图样的技术规定，如焊接接头形式、位置，焊缝的厚度、高度、强度、外观尺寸等；产品质量标准要求的规定，如焊缝允许存在的缺陷、探伤比例、理化试验结果等；国家及行业法律法规要求的规定；合同中明确规定的要求；人们不言而喻的需求，如焊接产品的安全性、可靠性、经济性、交货周期等。

4.1.3.3 焊接过程质量

焊接过程质量是指形成焊接产品各作业活动或过程的固有特性满足要求的程度。焊接产品的形成依赖于与焊接有关的各项活动或过程来完成。它是由施工人员、原材料、焊接设备、焊接材料、焊接工艺、工作环境、检验检测手段以及其他辅助的要素来完成，贯穿于各项焊接活动。因此，在焊接产品形成过程中，要开展人员（焊工、焊接技术人员、检验检测人员）资格培训活动；设备维修、保养活动；原材料和焊接材料的合理采购活动；焊接工艺评定、工艺文件编制活动；工作环境（通风设备、环境温度）、基础设施（厂房、场地）配备活动；适宜的检测设备、检测方法的活动；生产计划的组织活动；以及其他配套活动等。这些活动或过程的有效开展以及对文件的执行能力形成了焊接过程的固有特性，这些固有特性满足焊接产品质量符合性的要求，焊接过程质量是焊接产品质量形成的基础。

4.1.3.4 焊接工程质量管理体系运行质量

焊接工程质量管理体系运行质量是指焊接工程质量管理体系运行的固有特性满足要求的程度。焊接产品的形成离不开上述活动和要素，每一个环节的工作质量都对产品的形成起着至关重要的作用。这些要素在焊接产品形成过程中既是一个独立的过程，又是相互关联和相互作用的。只有有计划地组织、指挥和控制这些活动和要素，建立以保证焊接产品质量为目标的质量管理体系，并使之有效运行，才能保证焊接产品的最终质量满足要求。因此，焊接工程质量管理体系运行质量的固有特性就是各质量目标的实现能力、活动之间的协调能力和实现焊接产品质量特性的保证能力，质量管理体系运行的有效性能力满足产品质量符合性的要求。

4.1.4 质量管理概述

4.1.4.1 质量管理

质量管理是指在质量方面指挥和控制企业的协调活动。这些活动包括质量方针和质量目标的制订以及为达到质量目标所进行的质量策划、质量控制、质量保证和质量改进。

质量方针和质量目标由企业的最高管理者根据顾客、产品、企业本身追求的目标及相关要求进行制订。

质量策划是指制订质量目标并规定必要的运行过程和相关资源以实现质量目标。质量策划包括质量管理体系的策划、产品实现过程的策划、体系运行的策划。

质量控制是为了满足质量要求所采取的措施。质量控制的范围涉及产品质量形成全过程的各个环节。质量控制的目的使各个环节处于受控状态，才能确保产品质量。质量控制的作业活动是根据质量策划的结果，对每项质量活动制订文件化的程序，对活动内容、活动目标、工作方案、执行人员、作业时间、作业地点作出明确的规定和要求。

质量保证是通过满足质量要求，从而得到相应的信任。质量保证是质量控制的实施结果和见证，必须提供质量控制的客观证据，才能得到顾客及相关各方的信任。

质量改进是通过进行质量相关工作，增强满足质量要求的能力。

4.1.4.2　质量管理内涵

质量管理的目标是使产品质量满足或符合要求的能力。质量管理的对象是质量，包括形成产品质量所必须的职责、权限和相互关系得到安排的一组人及设施；通过这一组人及设施的活动实现产品形成的全过程。

质量管理贯穿于计划、组织、控制、协调等产品实现全过程的各项活动。

成功地领导和运作一个企业，需要采取系统和透明的方式进行管理。一个企业的管理活动涉及多个方面，如质量管理、环境管理、职业健康和安全管理、财务管理等。质量管理是企业的各项管理内容之一，而且具有重要地位。

4.1.5　焊接工程质量管理概述

4.1.5.1　焊接工程质量管理的基本概念

焊接工程质量管理是指某项工程在焊接质量方面指挥和控制、焊接产品形成的职责权限和相互关系、得到安排的焊接人员及设施协调的活动。这些活动包括某项工程为达到焊接结构质量满足要求的目标、所进行的焊接质量方针和质量目标的制订，焊接质量策划、焊接质量控制、焊接质量保证及焊接质量改进。

4.1.5.2　焊接工程中各种质量管理活动

（1）焊接质量方针和质量目标的制订　焊接工程的最高管理层应根据焊接产品的结构特点、顾客的需求及组织自身发展的需求，制订在焊接技术方面追求的质量宗旨和质量目标。焊接工程质量管理目标是使焊接工程质量满足顾客及相关各方的要求。

（2）焊接质量的策划　质量策划由焊接工程的最高管理层，通过识别焊接产品特性及结构特点、识别顾客的需求，对达到焊接质量目标所必须的作业活动或过程。它包括焊接产品质量管理体系的策划、焊接产品实现的策划、焊接质量管理体系运行的策划。

焊接产品质量管理体系策划的内容包括制定可测量的质量目标；确定焊接质量形成所需要的活动或过程；确定这些活动或过程的顺序和相互作用；确定所需的准则和方法，以确保这些过程的运行和控制有效；确保获得必要的资源和信息，以支持这些过程的运作和和监视。选择建立质量管理体系模式；制定质量管理体系建立计划。

焊接产品形成活动或过程的策划包括：市场调研、合同签定、设计和开发、生产技术准备、采购供应、焊接制造、质量检验、产品销售、用户服务等各项作业活动。对某项工程的焊接产品实现过程可根据产品的结构特点及产品的技术特性、质量标准的要求、顾客的需求进行合理的选择和控制。

焊接质量管理体系运行的策划是为确保焊接质量管理体系的有效运行，实现质量方针和质量目标，需要对质量体系的运行进行评价、管理评审、体系审核等活动。

（3）焊接质量控制　根据质量策划结果，编制质量体系文件，每项控制活动应明确规定焊接内容、焊接目标、焊接工艺、焊接人员、生产工序、生产场地，并确保其严格实施、实现控制。

（4）焊接质量保证　记录焊接质量体系文件的实施过程，为焊接质量控制过程实施提供客观证据，以增强顾客和监管部门对生产企业和焊接产品的信任。

（5）焊接质量改进　在焊接技术方面寻求改进的机会，采用新技术、新材料、新工艺、新装备等现代焊接技术手段，以增强焊接结构的生产能力和使用效果。

4.1.5.3　焊接质量管理体系

建立和实施焊接质量管理体系，是实现质量管理各项活动的载体。目前焊接方面的质量管理体系有很多类型，企业应根据自身发展目标、产品特点、行业要求，建立适宜的质量管理体系，选择适用的质量管理方法，并加以实施和有效运行。我国常用建立质量管理体系的标准有 ISO 9001、ISO 3834、EN 729、EN 15085、DIN 6700、DIN 18800、ISO 9000 族标准。其中，ISO 9000 族标准适用与各个领域的质量管理，是通用质量管理方法。而 ISO 9001 标准适用于质量管理体系的建立和认证，是目前国际上普遍采用的质量管理标准。

4.1.5.4　焊接工程质量管理重要意义

焊接生产过程的特殊性决定焊接工程质量管理的必要性，在 ISO 9000 族质量标准中，焊接作业被视为"特殊过程"，明确规定对影响焊接的各个过程必须加以控制和确认。因此，ISO 又对焊接专业质量控制提出专门的质量要求，即 ISO 3834 系列质量要求标准。

焊接工艺被广泛应用于工业生产和民用机械设备中的许多工程结构，成为生产制造的关键环节。焊接结构件涉及压力容器、起重机械、桥梁、船舶、轨道、车辆、建筑等领域，这些产品的可靠性、安全性关系到国家财产和人们的生命安全。一旦焊接质量出现问题，将造成不可估量的损失，因此加强焊接工程质量管理就显得更为重要。

4.2　焊接工程质量管理体系

企业为了实现焊接工程质量管理的方针、目标，有效地开展各项质量管理活动，必须建立相应的质量管理体系。ISO 9000 族国际标准是国际上通用的质量管理体系建立和实施标准。

4.2.1　ISO 9000 族标准简介

4.2.1.1　国际标准化组织简介

国际标准化组织简称 ISO，下设 219 个技术委员会（TC）。国际标准化组织是目前世界上最大的、最权威的国际性标准化专门机构，是由各国标准化团体组成的世界性联合组织，现有成员国 100 余个，我国于 1979 年正式加入。国际标准化组织的宗旨是在世界上促进标准化及其相关活动的发展，以便于商品和服务的国际交换；在智力、科学、技术和经济领域开展合作。国际标准化组织负责除电工、电子领域以外的所有其他领域的标准化活动，主要是制订国际标准、协调世界范围的标准化工作、组织各成员国和技术委员会（TC）进行情报交流和合作。

4.2.1.2　ISO 9000 族标准构成

ISO 9000 族标准是由国际标准化组织的质量管理与质量保证技术委员会（ISO/TC 176）所制订，国际标准化组织正式颁布的国际标准。ISO 9000 族标准于 1987 年首次发布，是开展认证认可工作、管理体系建立、管理体系审核工作的基础。主要由四部分标准构成，ISO 9000 族标准构成见表 4-1。

表 4-1　ISO 9000 族标准构成

第一部分 核心标准	第二部分 支持标准	第三部分 技术报告或技术规范或技术协议	第四部分 小册子
ISO 9000:2005《质量管理体系基础和术语》；ISO 9001:2008《质量管理体系要求》；ISO 9004:2009《质量管理体系业绩改进指南》；ISO19011:2000《质量和环境管理体系审核指南》	ISO10012《测量管理体系》ISO10019《质量管理体系咨询师选择和使用指南》	ISO/TS 10005《质量计划指南》；ISO/TS 10006《项目质量管理指南》；ISO/TS 10007《技术状态管理指南》；ISO/TR 10014:1998《质量经济性管理指南》；ISO/TR 10013:2001《质量管理体系文件》；ISO/TR 10017《统计技术在 ISO 9001 中的应用指南》；ISO/TR 10018《顾客投诉》技术协议	《质量管理原则》；《选择和使用指南》；《小型组织实施指南》

4.2.1.3　ISO 9000 族核心标准简介

（1）GB/T 1900/ISO 9000《质量管理体系　基础和术语》　该标准表述了质量管理体系的基础知识，并规定了质量管理术语。它包括质量管理体系建立的八项基本原则和十二个基础管理说明，规定了质量管理体系的术语共十类八十四个词条，是组织建立质量管理体系的理论基础和基本准则。

适用于所有需要了解质量管理体系理论知识及术语的人员。如初步建立质量管理体系的组织、质量保证体系内部审核人员、外部审核人员等。

（2）ISO 9001《质量管理体系　要求》　该标准以八项质量管理原则为基础，规定了质量管理体系的要求，标准的结构采用符合管理逻辑的过程模式，形成质量管理体系各个阶段、以顾客满意为核心的过程导向。内容包括质量管理体系的要求和管理职责、资源管理、产品实现、测量、分析和改进五个方面。是质量管理体系建立与实施的主要依据标准。允许对标准内容有条件的剪裁，但对剪裁的规则作出了明确的规定。

该标准的目标在于证实企业具有保证和稳定地提供满足顾客要求和适用法律法规要求产品的能力，增强顾客满意程度。是第三方认证唯一的质量管理体系要求标准。本标准规定的要求具有通用性，适用于各种类型、不同规模和提供不同产品的企业。

（3）ISO 9004《质量管理体系　业绩改进指南》　该标准为企业追求更高目标，实现可持续发展，提供了业绩改进的指南，但不是 ISO 9001 的实施指南，全面、系统地应用了质量管理的八项质量管理原则。

其目标是帮助企业进行改进过程，完善质量管理体系，提高企业业绩，使企业和相关各方均受益。适用于各种类型、不同规模和提供不同产品的企业。

（4）ISO 19011《质量管理体系　质量和环境管理体系审核指南》　该标准遵循不同管理体系，可以有共同管理和审核要求的原则，规定了质量管理体系审核和环境管理体系审核的要求：内容包括审核原则、审核方案的管理、审核活动、审核员能力与评价四个方面。

该标准为审核方案的管理、内部和外部质量、环境管理体系审核的实施及审核员的能力和评价提供了指南。适用于广泛的潜在使用者，包括审核员、实施质量和环境管理体系的组织、因合同原因需要对质量和环境管理体系实施审核的组织以及合格评定领域中与审核员注册及培训、管理体系认证及注册、认可或标准化有关的组织。

4.2.1.4　ISO 9000 族标准与我国国家标准的关系

基于 ISO 9000 族标准的广泛使用，我国也制订相关质量标准 GB/T1900 族标准，并与 ISO 9000 族质量管理体系四个核心标准采用。GB/T1900 族标准与 ISO 9000 族核心标准等同采用对照见表 4-2。

表 4-2　GB/T 1900 族标准与 ISO 9000 族核心标准等同采用对照

标准号		标准名称	一般书写格式
中国	ISO		
GB/T 1900-2008	ISO 9000:2005	《质量管理体系　基础和术语》	GB/T 1900-2008/ISO 9000:2005
GB/T 19001-2008	ISO 9001:2008	《质量管理体系　要求》	GB/T 19001-2008/ISO 9001:2008
GB/T 19004-2009	ISO 9004:2009	《质量管理体系　业绩改进指南》	GB/T 19004-2009/ISO 9004:2009
GB/T 19011-2003	ISO1901:2002	《质量管理体系　质量和环境管理体系审核指南》	GB/T 19011-2003/ISO 19011:2002

4.2.2　ISO 9000 族标准质量管理体系简介

4.2.2.1　质量管理体系

质量管理体系是指在质量方面指挥和控制组织的管理体系。其中体系是指若干有关事物相互联系、互相制约而构成的一个有机整体，具有系统性、协调性。管理体系是指建立方针和目标并实现这些目标的相互关联或相互作用的一组要素。

质量管理体系就是把影响质量的技术、人员、管理、和资源等因素都综合在一起，为了达到质量目标而相互配合、努力实现。质量管理体系包括硬件和软件两个部分，企业在建立质量管理体系时，首先根据实现质量目标的需要，准备必要的条件（人员素质、试验方法、加工方法、检测设备等资源），然后通过设置组织机构，开展各项质量活动，分配、协调各项活动的职责和接口，制订各项活动的工作方法，使各项活动能经济、有效、协调地进行，从而形成企业的质量管理体系。

4.2.2.2　质量管理原则

质量管理原则是 ISO/TC 176 在全面总结世界各国质量管理实践经验的基础上，科学提炼和高度概括了质量管理活动中最基本、最通用的一般性规律。质量管理原则表现为八项基本原则。

（1）以顾客为关注焦点的原则　企业依存于顾客，必须及时了解顾客当前和未来的需求，满足顾客要求并争取超越顾客期望。将顾客满意或不满意信息的监控作为评价质量管理体系业绩的一种重要手段。

（2）发挥领导作用的原则　质量管理的主要职责由最高管理者承担，领导者确立企业的宗旨及方向，营建实现企业目标的内部环境。对质量方针和质量目标的制订，质量管理体系的建立、完善、实施和保持承担主要责任。

（3）全员参与的原则　企业全体员工是创造财富和质量保证的根本，只有强化企业全体员工的参与及培训，才能确保员工素质能够满足工作要求，并使每个员工有较强的质量意识，为企业带来收益。

（4）选择合理过程方法的原则　将企业质量活动和相关的资源作为过程进行管理，可以更高效的得到期望的结果。通过对各部门的职责权限进行明确的划分、计划和协调，从而使企业有效地、有秩序地开展各项活动，保证工作顺利进行。

（5）系统管理的原则　将相互的关联的过程作为系统加以识别、理解和管理，有助于企业提高实现目标的有效性和效率。实现系统化、科学化的管理，克服人治管理的弊端，在最佳工作途径下达到企业内部法制化管理，减少被动管理引起的内耗。建立计划、实施、评价、改进的循环机制，实现企业的可持续发展。

（6）持续改进的原则　持续改进整体业绩应当是企业的一个永恒目标。通过质量管理工作的持续改进，提高质量管理体系的有效性，满足顾客不断变化的要求，达到顾客的满意要求。

（7）基于事实的决策原则　在统计数据和信息分析的基础上，尊重客观事实，避免主观臆断，才能进行有效决策。应以预防为主，消除不合格项目产生的潜在原因，防止不合格项目的发生，从而降低成本。质量管理体系的重点是质量问题的预防，而不应依赖于事后的检验。

（8）与供方互利的原则　企业与供方相互依存，保持互利的关系，可以增强双方创造价值的能力。企业应以最佳成本达到和保持所期望的质量，经济性及质量成本也是质量管理体系的重要因素。

4.2.3　建立质量管理体系的过程方法

4.2.3.1　过程

过程是指一组将输入转换为输出的相互关联或相互作用的活动，过程是构成质量活动的基本单元。一个过程的大小取决于过程的性质、识别过程的原则、目标及所希望达到的结果。

4.2.3.2　过程方法

过程方法是指系统地识别和管理企业内所应用的过程。过程方法是质量管理体系活动的基本方法，分解过程和子过程，研究过程的基本特征，为识别和管理每一个过程，提供一个基本原则和途径，进而对研究过程之间的相互关联和相互关系提出了指导方法。

4.2.3.3　过程方法的主要操作步骤

过程方法的主要操作步骤分为识别过程、明确过程的输入和输出、掌握将输入转化为输出所需要的资源、确定将输入转化为输出所必须的活动、明确活动程序。

4.2.3.4　过程方法的事例

（1）企业生产的采购过程　企业生产的采购过程是企业生产组织经常进行的活动，采购过程示意见图 4-1。其中将采购过程分为若干子过程，明确过程的输入和输出，确定将输入转化为输出所必须的各项活动，从而最终得到满足要求的供方产品，完成采购过程。

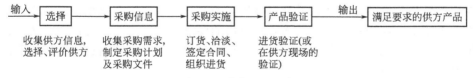

图 4-1　采购过程示意

（2）焊接过程　对于焊接结构件的某条焊缝进行焊接操作，可以认为焊接操作过程是一个简单的过程。而对于焊接质量要求较高的焊接结构件生产过程，则可视为一个复杂焊接过程，还需要识别焊接生产过程中的子过程。如原材料和焊接材料的采购过程、工艺文件编制过程、焊接生产备料过程、焊件装配过程、施焊操作过程、热处理工艺过程、焊缝质量无损检测过程等子过程。

4.2.3.5　采用过程方法的质量管理体系模式

ISO9000：2005 标准对质量管理体系的建立也是采用过程方法，以过程为基础的质量管理体系模式见图 4-2。输入是顾客及相关方的要求，输出是它们的满意。资源与活动包含四个过程，分别为资源管理、管理职责、产品实现、测量分析和改进。在四个过程中还有针对每个子过程的活动及要求。

ISO9001：2008 和 ISO9004：2009 标准也是采用过程方法建立质量管理体系要求和业绩指南，不同之处是 ISO9001：2008 建立的是以满足顾客需求为目的，ISO9004：2009 标准建立的是以满足顾客及相关方需求为目的。

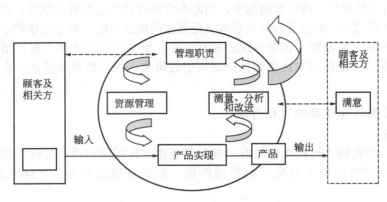

图 4-2　以过程为基础的质量管理体系模式

4.2.4　建立企业质量管理体系的主要步骤

4.2.4.1　确定顾客和其他相关方的需求和期望

基于以顾客为关注焦点的原则，企业营销活动应及时掌握顾客的需求，企业不仅需要生产适销的产品满足顾客的当前需求，还要通过市场调研和预测，不断开发新产品，满足顾客和市场的未来需求。

4.2.4.2　建立企业的质量方针与质量目标

企业的质量方针与质量目标不仅应与企业的宗旨和发展方向相一致，而且应能体现顾客的需求和期望。质量方针应能体现企业在质量上的追求，对顾客在质量方面的承诺，也是规范全体员工质量行为的准则。

4.2.4.3　确定实现质量目标必需的过程和职责

企业应系统识别并确定为实现质量目标所需的过程，包括一个过程应包括哪些子过程和活动，在此基础上，明确每一过程的输入和输出的要求。用网络图、流程图或文字、科学而合理地描述这些过程或子过程的逻辑顺序、按产品或相互关系。明确这些过程的责任部门和责任人，并规定其职责。

4.2.4.4　确定实现质量目标必需的资源

企业应确定实现质量目标必需的资源，这些资源包括人力资源、基础设施、工作环境、技术和管理信息、财务资源、自然资源和供方及合作者提供的资源，为各种活动的有效进行创造条件。

4.2.4.5　选择测量评价方法

选择测量评价每个过程的方法，测量评价方法能够反映完成策划的活动和达到策划结果的程度，为了保证过程在受控状态下进行，应规定过程的输入、转换活动和输出的监视和测量方法。这些方法包括检验、验证、数据分析、管理评审、内部审核和各种统计技术等。

4.2.4.6　确定每个过程的有效性和效率

应用这些测量方法确定过程的有效性和效率，评价质量管理体系的适宜性、充分性和有效性。

4.2.4.7　确定改进措施

确定改进措施通常是指纠正措施和预防措施，包括防止不合格现象并消除其产生原因两方面内容。防止不合格现象包括防止已发现的不合格和潜在的不合格，质量管理体系的主要作用是防止功能，对不合格不仅要进行纠正，更为重要的作用是要针对不合格产生的原因进行分析，确定所采取的措施，杜绝已发现过的不合格现象再次发生。

4.2.4.8　确定持续改进的过程

持续改进是质量管理体系过程中一个 PDCA 循环的终点，也是质量管理体系过程中又一个 PDCA 新循环活动的起点。以过程为基础的质量管理体系模式运行在不断的 PDCA 循环中，呈现持续改进的过程状态。

4.2.5　企业质量管理体系的文件要求

质量管理体系的建立和实施是通过文件形式得以体现和描述，是质量管理体系各种信息的载体，用以描述质量管理体系的策划和结果。质量管理体系文件要保证质量管理体系的过程得到有效的运作和实施，其作用表现为传递信息、沟通意图、统一行动。

质量管理体系文件包括质量方针和质量目标、质量手册、质量计划、规范、指南、程序、作业指导书和图样、记录等类型。企业质量管理体系文件种类、数量及详略程度取决于企业活动的复杂性、过程接口的数量、人员的技能水平等诸多因素。

4.2.6　建立企业质量管理体系的工作内容

4.2.6.1　策划企业质量管理体系

策划企业质量管理体系是企业最高管理者的职责，其工作内容包括：制订质量方针和质量目标，并向顾客提供在质量方面的承诺；确定质量管理体系负责人，并规定其职责和权限；确定质量管理体系组织机构；识别和确定所需的过程，以及它们的顺序和相互关系；确定必须的资源和信息；确定质量管理体系适用的范围；确定对过程的实施控制的准则和方法。

策划企业质量管理体系应坚持质量管理的八项基本原则，采用过程方法和质量管理系统的方法，策划质量管理工作。

4.2.6.2　编制企业质量管理体系文件

编制企业质量管理体系文件一般在策划和准备阶段完成后进行，主要包括制订质量方针和质量目标、编制质量手册和程序文件等内容。

（1）制订企业质量方针与质量目标　企业的质量方针与质量目标不仅应与企业的宗旨和发展方向相一致，而且应能体现顾客的需求和期望。质量方针应能体现企业在质量上的追求，对顾客在质量方面的承诺，也是规范全体员工质量行为的准则。

企业质量目标应具有以下特点。

① 适应性：质量目标必须能全面反映质量方针要求和企业产品特点。

② 可测量性：质量目标必须具体，可测量性不仅包括事物大小或质量参数的测定，也包括对质量目标的测评。

③ 具有必要的层次：企业的质量方针和质量目标实质上是一个目标体系，质量方针依靠企业的质量目标予以支持，企业的质量目标应由各个职能部门的具体目标或举措予以支持。

④ 可实现性：企业制订的质量目标，应结合自身条件，必须在某个时间期间内，经过努力能够实现的目标。

⑤ 具有全面性：企业制订的质量目标应该具有全面性，应包括组织管理、技术、资源及为满足产品要求所需的内容。

（2）编制企业质量手册　企业质量手册是规定企业管理体系的文件，即用文件的形式规定企业质量管理体系或阐述企业质量管理体系的要求。质量手册应根据企业的规模和复杂程度，在其详略程度和编排格式方面可以有所不同。编写企业质量手册的应与 GB/T 19001—

2008/001：2008 标准条款相对应，坚持质量管理八项原则。

　　企业质量手册的内容一般包括质量手册封面，目次，企业基本情况，最高管理者对质量管理体系文件的发布和管理者的任命，组织机构图及各级人员的隶属层次关系，质量管理体系要求和职责，对顾客的承诺及质量方针和质量目标的展开解释，目的和适用范围，引用标准及文件，术语和定义，质量手册应描述的质量管理体系要求内容，质量管理体系要求和涉及的形成文件的质量管理体系程序的描述或对其应用，质量管理体系过程之间的相互作用，质量手册的管理及质量手册的修改记录等内容。

　　（3）编制企业程序文件

　　① 程序文件的概念。程序是指为进行某项活动或过程所规定的途径，程序可以形成书面文件，也可以不形成书面文件。在企业质量管理体系中包含许多活动过程，企业必须根据自身的特点，确定程序化的过程或活动，并根据过程或活动的特殊性，识别需要形成程序书面文件的过程或活动。程序文件是企业质量手册的支持性文件。

　　② 程序文件的内容要素。质量管理体系的每一个作业程序内容都要求具有"5W1H"的内容要素，即工作内容（What）、工作时间（When）、工作地点（Where）、工作人员（Who）、工作原因（Why）、工作步骤（How），还包括依据文件、使用设备、记录要求等。

　　③ 程序文件的主要内容。质量管理体系的每一份程序文件应具有文件编号和标题、目的和适用范围、引用文件和术语、职责、工作流程或控制要求、报告或记录。其中编号可以根据活动的层次进行编排，同一层次的程序文件应统一编号，以便识别。标题应明确说明开展的活动及其主要特征，如不合格品控制程序、焊接过程控制程序、热处理控制程序等。报告或记录应明确使用该程序时所产生的记录或报告，保存方式和期限。

　　④ 基本程序文件。依据 GB/T 19001—2008/ISO 9001：2008 标准建立质量管理体系，就必须建立六个基本程序文件，即文件控制程序、记录控制程序、内部审核控制程序、不合格品控制程序、纠正措施控制程序、预防措施控制程序，以确保质量管理过程的有效策划、运行和控制。

4.2.6.3　企业质量管理体系的试运行

　　企业质量管理体系文件编制完成、批准后，开始下发实施进入试运行阶段，其目的是通过试运行，检验质量管理体系文件的有效性和协调性，试运行阶段应做好以下工作。

　　（1）进行培训工作　组织企业员工学习编制的质量管理体系文件，并使员工了解建立和实施质量管理体系的重要意义、企业的质量方针和质量目标、工作责任、质量管理体系程序文件、作业指导书、操作规程等，并在过程中加以实施。

　　（2）合理组织检查和指导实施过程　由质量管理部门负责，对质量管理体系文件实施过程，进行监督、检查和指导，以使质量管理体系顺利实施。

　　（3）汇总过程记录　要求员工在质量管理体系试运行过程中认真做好记录，为论证质量管理验证体系运行的有效性，提供准确的依据。

　　（4）检测实施效果　客观分析上述过程记录，对质量管理体系运行过程进行监督检查，对发现的不适应问题，进行协调、改进，直至符合要求为止。

4.2.6.4　企业质量管理体系的评价

　　企业质量管理体系的评价包括质量管理体系过程评价、质量管理体系审核、质量管理体系评审、企业自我评定四个方面。

　　（1）质量管理体系过程的评价　因为质量管理体系是由许多相互关联和相互作用的过程构成，所以对各个过程的评价是质量管理体系评价的基础。在评价质量管理体系时，应对每一个被评价的过程，提出以下四个问题：过程能否被识别并确定相互关系？职责能否被分配？程序能否得到实施和保持？过程能否有效实现所要求的结果？

（2）质量管理体系审核 质量管理体系审核就是评价质量管理体系的符合性和满足质量要求和目标的符合性。审核分为第一方审核、第二方审核和第三方审核三种类型。审核依据GB/T 19001—2008/ISO 9001：2008 标准、质量手册、程序文件及适用的法律法规。

第一方审核是指企业对质量管理体系运行的审核，是一种自我诊断的方式。第二方审核是指由企业的顾客或由其他人以顾客的名义进行的审核。第三方审核是指由外部独立的机构组织进行，这类审核必须经过有关权威机构认可，并得到符合要求的认证或注册。

（3）质量管理体系评审 质量管理体系评审是由企业的最高管理层，针对质量方针和质量目标对质量管理体系的适宜性、充分性、有效性和效率进行定期、系统的评价，也称为管理评审，管理评审也是自我评价的一种方式。

（4）企业自我评定 当企业为改进业绩，评价企业自身是否需要采用改进措施时，可以使用的一种方法，它是 ISO 9004 标准建议的一种活动。

4.2.6.5 质量管理体系的完善和改进

对于企业质量管理体系评价过程发现的问题，如过程识别不准确、质量方针和质量目标不适宜、管理体系设计不合理等，需要进一步的完善。并在此基础上进行持续改进的活动，以使企业建立的质量管理体系能够稳定的提供满意顾客和法规要求的产品。

4.2.7 企业质量管理体系认证

企业质量管理体系认证通常是由第三方（即国际或国家权威的认证机构）对按 ISO 9001 标准建立的质量管理体系是否符合要求进行的审核检查。一般包括认证申请、认证审核、问题改进验证、认可证书发放四个程序。

企业质量管理体系认证的目的是促进企业更加完善质量管理体系，确保提供满足顾客要求的产品质量，同时可以提高企业在市场的竞争力。

4.2.8 质量管理体系改进

4.2.8.1 质量改进的概念

质量改进就是通过各项有效措施提高现有质量水平，使其达到一个新的水平，其目标是增强产品、质量管理体系或过程满足质量要求的能力。

4.2.8.2 质量管理体系改进的方法

质量管理体系改进的方法通常采用 PDCA 循环法，任何一个质量改进活动都要遵循PDCA 循环的基本原则，即策划（Plan）、实施（Do）、检查（Check）、处置（Action），简称为 PDCA 循环。策划阶段主要制订方针、目标、计划书、管理项目等；实施阶段要求根据计划，进行实践活动，落实具体措施；检查阶段应检查对策或计划的实施效果；总结阶段主要总结成功的经验，形成标准化、制度化。对于没有解决的问题，转入下一轮 PDCA 循环加以解决，为制订下一轮改进计划提供资料。PDCA 循环的表现形式见图 4-3。

图 4-3 PDCA 循环的表现形式

4.3 焊接工程质量管理体系的建立和实施

4.3.1 建立焊接工程质量管理体系的依据

4.3.1.1 GB/T 19001—2008/ISO 9001：2008 标准

ISO 9000 族标准适用于各个领域的不同产品及不同规模的企业，也适用焊接工程质量管理体系的建立。建立焊接工程质量管理体系和认证工作，可以执行 ISO 9001《质量管理体系要求》标准。

4.3.1.2 ISO 3834 系列标准

由于焊接技术的特殊性和重要性，国际标准化组织专门制订 ISO 3834 焊接质量管理体系认证系列标准。GB/T 12467 与 ISO 3834 焊接系列标准等同采用对照表 4-3。

表 4-3 GB/T 12467 与 ISO 3834 焊接系列标准等同采用对照表

中国标准	ISO 标准	标准名称
GB/T 12467-1：1998	ISO 3834-1：2005	焊接质量要求　金属材料的熔化焊　第 1 部分：选择及使用指南
GB/T 12467-2：1998	ISO 3834-2：2005	焊接质量要求　金属材料的熔化焊　第 2 部分：完整质量要求
GB/T 12467-3：1998	ISO 3834-3：2005	焊接质量要求　金属材料的熔化焊　第 3 部分：一般质量要求
GB/T 12467-4：1998	ISO 3834-4：2005	焊接质量要求　金属材料的熔化焊　第 4 部分：基本质量要求
—	ISO 3834-5：2005	焊接质量要求　金属材料的熔化焊　第 5 部分：确认符合 ISO 3834-2、ISO 3834-3、ISO 3834-4 质量要求所需的文件

4.3.1.3 ISO 9000 族标准与 ISO 3834 系列标准的关系

ISO 3834 系列标准的制订根据 ISO 9000 族标准的质量管理原则，结合焊接技术的特殊要求，规定了金属材料熔化焊焊接方法的质量要求，相关质量要求仅涉及产品质量中受熔化焊影响的方面，而不受产品结构、种类的限制。符合 ISO 9001 标准在产品实现过程中，对特殊过程进行确认在焊接质量方面的展开规定，是评价制造商焊接能力的基础标准。

4.3.1.4 采用标准的选择

焊接工程可根据下列情况，进行采用标准的选择，建立焊接质量管理体系。

合同要求采用 ISO 9001 标准认证时，建立依据 ISO 9001：2008《质量管理体系要求》的质量管理体系模式。合同要求采用 ISO 3834 标准认证时，根据工程产品需要选择 ISO 3834-2：2005、ISO 3834-3：2005、ISO 3834-4：2005 之一，建立质量管理体系模式。没有具体要求时，焊接工程可根据自身需求建立 ISO 9001 或 ISO 3834 或其他标准要求的质量管理体系，以达到焊接质量控制和保证的目的。

随着国际经济贸易的发展，目前我国焊接企业质量管理体系认证工作，除采用 ISO 9001 和 ISO 3834 标准外，还采用 DIN6700（德国铁道车辆焊接质量标准）、DIN 18800（德国钢结构件焊接质量标准）、EN 729（欧洲标准化组织制定的焊接质量标准等同采用 ISO 3834）、EN 15085（欧洲标准化组织制定的轨道车辆焊接质量标准，将代替 DIN 6700 标准）。

4.3.2 焊接工程质量管理体系的建立

无论采用何种质量管理体系模式，因为使用相同的焊接技术，影响焊接质量的要素就相同，因此对焊接质量要素的控制也就相同，不同之处在于产品的不同，具体控制的要求不同而已。

根据焊接结构、焊接要求和目的不同，ISO 制订了三种焊接质量要求模式，即 ISO 3834-2：2005 的完整质量要求；ISO 3834-3：2005 的一般质量要求；ISO 3834-4：2005 的基本质量要求；并制订了使用指南 ISO 3834-1：2005 标准。本节仅介绍根据 ISO 3834-2：

2005 焊接过程完整质量要求，建立的质量管理体系模式。

4.3.2.1　合同评审

合同评审（也称要求评审）是在焊接作业开展前，应对各项质量标准及合同附加的质量要求进行识别和确认，如产品质量、焊接工艺评定、焊接工艺规程、焊后热处理、无损检测人员资格、焊工资格、焊接材料、焊接返修、焊接试验及检验等活动执行的标准。明确这些要求，才能开展焊接质量的其他工作。必要时制订合同评审程序。

4.3.2.2　焊接产品工艺性审查

焊接产品工艺性审查（也称技术评审）是对焊接结构、焊缝位置、材料焊接性等焊接技术要求，在设计阶段进行合理性审查。必要时，制订焊接产品工艺性审查程序。

4.3.2.3　分供方质量控制

分供方质量控制（也称分承包方的质量控制）是针对部分焊接活动由分供方进行实施时，应对分供方的焊接过程进行控制。必要时制订分供方质量控制程序。

4.3.2.4　对焊接人员的要求

对焊接人员的要求是指焊工、焊接技术人员、无损检测人员、焊接检验、测量人员等，参与焊接过程人员的能力培训及资格取证。使其能够胜任焊接生产的工艺编制、施工操作及监督检测等工作。应制订焊接人员控制程序。

4.3.2.5　对设备管理的要求

对焊接生产中的起重机械、电气设备、备料器材、装配胎夹具、焊接设备等操作设备的定期检查、审验进行规定，使其满足焊接质量要求，排除安全隐患。应制订设备管理控制程序。

4.3.2.6　对生产计划的质量要求

对焊接实施过程所进行的活动进行计划和安排。必要时制订焊接生产控制程序。

4.3.2.7　焊接工艺要求

应进行焊接工艺评定及试验，编制装配焊接工艺、焊接工艺规程、关键工序作业指导书等工艺文件。并制订焊接工艺文件控制程序。

4.3.2.8　原材料和焊接材料质量控制要求

根据原材料和焊接材料标准要求，制订材料控制程序，明确规定原材料和焊接材料采购、储存管理等要求。

4.3.2.9　焊后热处理质量控制要求

根据标准要求编制焊后热处理工艺规程，作好热处理过程记录，必要时制订热处理控制程序。

4.3.2.10　焊接检验及质量检查控制要求

焊接质量检查包括焊前检查、焊接过程检查、焊后检查三个过程。应制订焊接检验控制程序、无损检测控制程序和理化试验控制程序。

4.3.2.11　测量设备控制要求

对所有用于焊接结构质量评定的检验、测量和试验设备应做适宜的控制，并按规定的期限进行校准。必要时制订监视和测量设备控制程序。

4.3.2.12　标识和可追踪性的质量控制要求

对焊接生产标识，如生产令号、焊工钢印、焊缝探伤标记进行控制，实现焊缝的可追踪性。应对标识和可追踪性作出明确规定，必要时编制标识和可追踪性控制程序。

4.3.2.13　焊接返修的质量控制要求

当焊缝出现不合格时，应按标准规定进行返修、矫正，并进行确认。应制订不合格品控制程序。

4.3.2.14　形成的焊接质量报告或记录的要求

质量记录至少应包括合同评审记录、焊接产品工艺性审查记录、原材料合格证及复验记录、焊接材料合格证及复验记录、焊接工艺评定报告、焊接工艺规程、焊接作业记录、焊工或焊接操作者考核证书、无损检验人员证书、热处理工艺规程及记录、无损检验及破坏性试验报告、尺寸检测报告、修复记录及其他不符合项的报告。

在无任何其他规定的要求时，质量记录应至少保持五年。

4.3.3　编制企业质量管理体系文件

企业焊接工程质量管理体系的建立后，应结合企业质量方针与质量目标、企业质量手册，编制企业各种作业的程序文件，因企业类型不同、产品差异，对程序文件涉及的作业内容、文件数量也可能并不相同，但对焊接过程一般都要进行控制，都需要制订焊接过程控制程序，典型的焊接过程控制程序见表4-4。

表4-4　典型的焊接过程控制程序

| ××××公司 | 文件编号： |
| 焊接过程控制程序 | 版 本 号： |

1　目的与范围
1.1　目的：通过对影响焊接质量的因素进行控制，确保产品焊接质量满足规定要求。
1.2　范围：适用于××××公司产品的焊接过程。
2　规范引用文件：国家法律、法规、产品技术制造条件等（略）。
3　术语和定义
　　焊缝返修：系指法规及行业用语，实为"返工"（举例）。
4　职责和权限
4.1　工艺部负责焊接工艺试验及评定、焊接工艺文件编制和存档、焊工培训、考核和焊工档案管理（根据组织机构确定，有些企业可由人劳部或培训部负责）。
4.2　质检部负责原材料、焊接材料的检验、焊工资格有效性的监督检查、产品过程检验的控制及最终检验确认。
4.3　采购部负责原材料、焊接材料的定购、接受、保管、防护、发放（一级发放）。
4.4　生产部负责生产过程的组织、焊接设备管理。
4.5　生产车间负责焊接实施、焊接过程的控制、焊接材料烘干、发放（二级发放）、使用和回收。
5　工作流程或控制要求
5.1　焊接人员
5.1.1　焊接技术人员培训和管理。
5.1.1.1　新入厂从事焊接工作的技术人员，须经岗前安全、技能培训，合格方可上岗。
5.1.1.2　持续从事焊接技术的工作人员，须不定期进行焊接新技术、新标准等知识的培训学习，并进行岗位资格考核，鼓励学习并取得有关国内、国外焊接工程技术人员资格证。
5.1.1.3　焊接技术人员培训和管理执行×××《人力资源管理程序》。
5.1.2　焊工培训和管理
5.1.2.1　焊工须经培训合格，并持有操作人员资格证上岗，且从事其具有资格的焊接项目。
5.1.2.2　焊工的培训和管理执行×××《焊工考试及持证焊工管理规定》。
5.2　焊接材料控制
5.2.1　工艺部负责提供产品用焊接材料定额，文件须经焊接责任工程师审签。采购单应阐明焊接材料的规格、牌号及符合的标准、其他技术要求等。
5.2.2　供应部根据焊接材料采购单，采购符合标准及采购单技术要求的焊接材料。
5.2.3　质检部依据采购单、标准要求、组织入厂材料复验规定，验收及检验焊接材料。
5.2.4　焊接材料管理库负责焊接材料的接受、储存、烘干、发放和回收。
5.2.5　焊接材料使用部门（车间）负责焊接材料的使用过程。

5.2.6　焊接材料的采购、验收、检验执行×××《焊接材料管理制度》，焊接材料的储存执行×××《焊材一级库管理制度》，焊接材料的烘干、使用和回收执行×××《焊材二级库管理规定》。

5.3　焊接设备

　　　焊接设备的采购、使用、维护管理执行×××《设备管理规定制度》。

5.4　焊接工艺试验

5.4.1　任务来源

5.4.1.1　新材料、新焊接工艺试验。

5.4.1.2　焊接工艺评定试验任务书。

5.4.2　试验程序

5.4.2.1　焊接责任工程师负责组织编制试验方案，并提出试验过程的工装、设备要求，重大试验项目经质保工程师审批。

5.4.2.2　焊接试验课题负责人负责组织焊接试验工作。

5.4.2.3　试验工作完成后进行产品工艺试验。

5.4.2.4　课题负责人编制焊接工艺试验报告，并做工艺评审的技术准备工作。

5.4.2.5　焊接责任工程师组织工艺评审，并纳入正常工艺工作程序。

5.5　焊接工艺评定

5.5.1　因新产品开发需要，由焊接工程师提出并编制焊接工艺评定任务书，经焊接责任工程师审核，质保工程师批准。

5.5.2　工艺评定应依据行业评定标准进行，工艺评定试件由熟练焊工施焊，试验人员做好施焊记录，试验部门负责各项检验检测，并出具报告。焊接工程师根据各项检测结果，编制焊接工艺评定报告，该报告需经焊接责任工程师审核，质保工程师批准。

5.5.3　焊接工艺评定报告、相关检验检测报告、工艺评定施焊记录及焊接工艺评定试样由工艺部保存，直至该评定失效。试样保存要求有防锈措施。

5.6　焊接工艺文件编制

　　　焊接工程师根据工艺试验及焊接工艺评定结果，编制焊接工艺规程（或焊接作业指导书）及其他工艺文件。焊接工艺文件需经焊接责任工程师审核，质保工程师批准。并下发操作者。焊接工艺文件的编制应执行×××《工艺控制程序》。

5.7　焊接过程控制

5.7.1　焊前准备

　　　操作者应按图纸、工艺文件、技术标准做好焊前准备，并经检验员检查确认方可施焊，主要应保证以下几个方面：

5.7.1.1　原材料、焊接材料正确。

5.7.1.2　焊接设备、仪表、工艺装备完好并符合要求。

5.7.1.3　焊接坡口、装配及表面清理符合要求。

5.7.1.4　焊工资格确认。

5.7.1.5　焊接工艺文件齐全、完整、正确。

5.7.2　施焊过程控制

　　　操作者应按设计图样、工艺文件、技术标准施焊，检验员对施焊过程实施监控，监控主要内容有以下几个方面：

5.7.2.1　焊前预热是否符合工艺文件要求（有要求时）。

5.7.2.2　焊接规范参数是否符合工艺文件要求（如焊接电流、焊接电压、焊接速度、层间温度等）。

5.7.2.3　施焊过程由施焊人员做好施焊记录（填写产品施焊/返修检验记录表）。

5.7.2.4　焊接工艺、标准、图样其他技术要求执行情况。

5.7.3　焊后控制

5.7.3.1　施焊后焊工应清理焊接表面焊渣、飞溅等，并在产品规定位置打上焊工代号钢印，具体执行×××《焊缝标记管理规定》。

5.7.3.2　检验员应对焊缝外观质量及尺寸进行检查，检查焊工代号钢印是否清晰、正确。并记入施焊检验记录中，经操作者、检验员共同签字确认后，交由检质部归入产品档案。

5.7.3.3　无损检测　依据图样、标准、工艺及合同要求，按规定比例及方法对焊缝进行无损检测。

5.7.3.4　需要焊接产品试件时，其施焊接过程控制同于产品焊接过程控制。

5.7.3.5　施焊部门及工艺部门须定期对焊接质量进行统计，并对统计数据进行分析，提出质量改进措施及计划，并填写"焊工业绩记录表"。

5.7.4 焊缝质量确认

5.7.4.1 压力试验：水压试验或气压试验按标准规定合格，并做试验记录。

5.7.4.2 致密性试验：煤油渗漏或其他试验按规定合格，并做试验记录

5.7.4.3 理化检测试验：力学性能试验、宏观、微观金相检测等破坏性试验由试验部门根据委托出具试验报告单。

5.8 焊缝返修控制

5.8.1 焊缝在外观检查、无损探伤、压力试验、理化检测过程中，发现不合格时，应进行焊缝返修；

5.8.2 焊缝返修应根据行业规定进行，一般应制订焊缝返修工艺，并经焊接责任工程师审核，必要时经质保工程师批准。

5.8.3 焊缝返修必须由合格焊工担任。

5.8.4 焊缝返修应在检验员监督下进行，并填写返修施焊检验记录。

6 相关支持文件

×××《人力资源管理程序》

×××《焊工考试及持证焊工管理规定》

×××《焊接材料管理制度》

×××《焊材一级库管理制度》

×××《焊材二级库管理制度》

×××《设备管理规定制度》

×××《工艺控制程序》

×××《焊缝标记管理规定》

7 记录

产品施焊/返修检验记录表　　表码：×××-×××

4.4 焊接工程质量管理统计方法

统计技术在建立、保持、改进质量管理体系中已成为开展数据分析活动不可缺少的组成部分。国内大量质量管理实例表明，排列图、因果法、分层法、检查表法、相关图法、直方图法和控制图法等七种质量管理工具的应用对各企业的管理人员十分重要，通过对产品质量和服务质量的统计分析，及时发现问题、解决问题、了解生产质量状况，对企业实现持续改进、提高工作效率、提高经济效益十分有利，因而鼓励各类人员将其应用于实践中，以便进一步促进质量管理体系的有效运行。

4.4.1 分层法

4.4.1.1 分层法的概念

分层法称为分类法或分组法，也叫层别法。所谓分层法就是将收集来的数据，按不同的情况和不同的条件分组，每组就叫做一层，用以调查分析质量问题的关键的方法。

4.4.1.2 分层法的基本原理

由于影响工程质量的因素有很多，如原材料、机器设备、操作人员、操作方法等。因此，对工程质量状况的调查和质量问题的分析，必须分门别类地进行，以便准确有效地找出问题及其原因，这就是分层法的基本原理。

4.4.1.3 分层法的层次划分

分层法层次的划分应根据管理需要和分层的目的进行划分，利用检查表收集数据，进行分析和改进问题。常用的分层法的层次划分见表4-5。

4.4.1.4 使用分层法的注意事项

在收集数据之前，应根据分析的目的，认真考虑数据的条件背景，即层别的正确划分，再进行数据收集。这是使用分层法的关键。否则将事倍功半，浪费时间和人力劳动。

表 4-5　常用的分层法的层次划分

类　　别	层次划分	类　　别	层次划分
按时间分	月、日、上午、下午、白天、晚间、季节	按作业分	工法、班组、工长、工人、分包商
按地点分	地域、城市、乡村、楼层、外墙、内墙	按工程分	住宅、办公楼、道路、桥梁、隧道
按材料分	产地、厂商、规格、品种	按合同分	总承包、专业分包、劳务分包
按测定分	方法、仪器、测定人、取样方式		

4.4.1.5　分层法在焊接工程质量管理示例

某工程一个焊工班组有 A、B、C 三位工人实施焊接作业，共抽检 150 条焊缝进行 X 射线探伤，结果发现有 45 条焊缝不合格，占焊缝总数量的 30%，焊工与不合格焊缝数量的关系见表 4-6。根据分层法调查的统计数据表，可知主要是焊工 C 的焊接质量影响总体焊接质量水平。

表 4-6　焊工与不合格焊缝数量的关系

焊工	A	B	C
不合格焊口数	7	8	30

4.4.2　排列图

4.4.2.1　排列图的概念

排列图又称帕累托（Pareto）图法。它是意大利经济学家帕累托博士所发明的。是根据"关键的少数和次要的多数"的基本原理，根据对产品质量的影响程度大小，将产品质量的影响因素按主次排列，找出主要因素，采取相应措施，保证质量。在进行数据分析时，通过绘制排列图来寻找影响产品质量的主要问题，并确定质量改进项目。

4.4.2.2　排列图的基本原理

采用 ABC 分析法确定重点项目。ABC 法就是把问题项目按其重要程度分为三级，以排列曲线的累积百分数为划分指标：累积百分数在 0～80% 为 A 类，是累积百分数在 80% 以上的因素，它是影响质量的重要因素，是需要解决的重点问题；累积百分数在 80%～90% 为 B 类，是次要因素；累积百分数在 90%～100% 为 C 类，是一般因素。

4.4.2.3　排列图的结构形式

排列图由两个纵坐标，一个横坐标，N 个柱型条和一条曲线组成，左边纵坐标表示频数（件数、金额、时间），右边的纵坐标表示频率（以百分比表示）。横坐标表示影响质量的各个因素，按影响程度的大小从左到右排列，柱型条的高度表示某个因素的大小，曲线表示各影响因素大小的累积百分数，这条曲线叫帕累托曲线（排列线）。

4.4.2.4　排列图的作图步骤

（1）列出需要比较的原因类别　首先列出原因类别清单，如需要分析的错误、步骤、原因等，如焊缝超标缺陷的类别。

（2）确定比较变量　确定用来比较各组原因类别的标准，如频次（特定问题、错误、原因等出现的频繁程度）、成本（差错的成本）、时间（每一种原因引起多长时间的延误）。

（3）收集数据　先设计一种数据收集方法，度量各组原因类别的频次、时间等，然后统计某个项目在该期间的记录数据。

（4）计算总数及排列数据顺序　按频数大小顺序排列，并计算累积百分比，画成排列图用计算表。

（5）画排列图　画出纵坐标、横坐标、柱形图及排列曲线，要求左侧纵坐标的合计总频数与右侧纵坐标 100% 平齐。可用计算机辅助软件 Excel，结合统计数据进行制作。

（6）数据分析　依据排列图原理进行数据分析找出 A、B、C 类问题。

（7）排列图标注　在排列图下侧标注标题、数据收集时间、检查方法、检查人员、检查个数、不合格总数等说明。

4.4.2.5　使用排列图的注意事项

在选择确定排列图需要显示的要素时，要始终清楚质量改进的目标。正确地选择纵坐标变量和横坐标原因类别至关重要。

运用排列图进行"关键的少数原因"分析时，应注意"关键少数"的选择，最高的一个条块未必是最主要的原因类别，从"关键少数"中选择应考虑可控制和有利于改进的那个因素或对控制目的影响最大的那个因素。如在分析焊接缺陷时，虽然裂纹属于"多数"中的因素，但由于它的焊接质量影响很大，也应分析产生的原因，并采取措施加以解决。

4.4.2.6　排列图在焊接工程质量管理示例

① 缺陷分类统计。借助分层法统计结果，对焊工 C 施工的不合格焊缝存在的缺陷进行统计分析，找出主要存在的问题，并寻找主要原因，寻求改进。采用 X 射线探伤方法进行焊缝质量检查，焊工 C 施工的不合格焊缝存在的缺陷分类统计表见表 4-7。

表 4-7　焊工 C 施工的不合格焊缝存在的缺陷分类统计表

缺陷类别	频次	累计频次	累计百分数/%	缺陷类别	频次	累计频次	累计百分数/%
气孔	15	15	42	裂纹	1	35	97
未焊透	10	25	69	其他	1	36	100
未熔合	6	31	86	合计	—	36	—
夹渣	3	34	94				

② 绘制焊缝存在的缺陷分类排列图（图 4-4）。

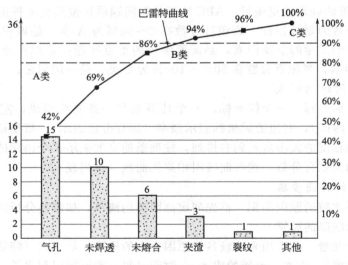

图 4-4　焊缝存在的缺陷分类排列图

数据收集时间：年/月/日　　焊工：C　　　　　制图时间：年/月/日
检查方法：X 射线　　　　　焊缝总数：50 条　　制图人：×××
检查人：×××　　　　　　不合格焊缝数：30 条

③ 数据分析。焊工 C 施工的不合格焊缝存在的缺陷类型中，影响焊接质量的重要因素是气孔、未焊透两类缺陷，虽然仅有两个品种，但影响焊接质量的比例很大，即为"关键少数"，应采取措施加以解决。

4.4.3　因果图

4.4.3.1　因果图的概念

因果图又称特性要素图，它是表示原因与结果关系的图形，因其形状酷像"树枝"或"鱼刺"，所以又称树枝图或鱼刺图。

4.4.3.2　因果图的基本原理

因果图主要用于寻找质量问题产生的原因。所谓原因是指对工作结果有影响的因素，可分为大原因、中原因、小原因。通过原因的一次或多次展开，可以对影响质量的要素加以分析和分类，并且由大到小，由粗到细，直到能够采取有效措施，解决出现的质量问题。

4.4.3.3　因果图的结构形式

因果图主要由问题特性、产生问题的原因、枝干等三部分组成。大原因、中原因、小原因与中枝干、小枝干、细致干等分别对应。

4.4.3.4　因果图的作图步骤

① 确定质量问题特性，就是指要明确需要解决的质量问题，即需要改善和控制的对象，一般可以通过排列图进行确认，如气孔缺陷。

② 画出质量特性与主干，将问题特性画在主干箭头右侧，将各类因素放在主干箭头左侧。

③ 确定主要原因类别，基于对各种原因的层次要求，一般先找出影响质量的大原因，将大原因画在中枝上，且置于方框内标注。大原因与主干的角度一般为45°。通常大原因常用人员、机器设备、材料、工艺方法、测量方法和环境等因素进行分类。

④ 确定影响质量的中原因和小原因，进而在主干上画出小枝和细枝等。大原因、中原因、小原因的层次之间必须具备因果关系。直到原因分析准确并能采取措施改进为止。通常用圆圈标注确定的主要原因，主要原因可以有一个或几个。

⑤ 对主要原因的影响因素进行分析，找出解决问题的对策，并确定执行对策的顺序。

⑥ 原因确定方法：根据质量管理原则中全员参与的原则，组织有关人员一起讨论，集思广益，并由一名人员现场绘图，在讨论过程中绘制因果图。

⑦ 在因果图中加注标记，增添标题、制图者、时间及其他内容。

4.4.3.5　使用因果图的注意事项

因果图只能用于单一目的研究分析；因果图关系的层次要分明，且要具备因果关系；影响质量特性的主要原因一定确定在末端因素上，不应确定在中间过程上；对确定的主要原因一定进行技术论证，而不能主观确定。

因果图的应用重点是解决质量问题，并依据结果提出对策，其方法可根据这些原则进行：有何必要、目的何在、在何处做、何时做、由谁来做、方法如何、费用多少等。

4.4.3.6　因果图在焊接工程质量管理示例

借助排列图分析结果，焊工 C 施工的质量问题主要是气孔缺陷。将气孔缺陷作为问题特性，因果图分析产生气孔的原因，确定生产环境、焊接工艺、焊接材料、焊接设备、操作人员等大原因，逐步分析，气孔缺陷的因果图见图 4-5。

4.4.4　直方图法

4.4.4.1　直方图的概念

直方图又称柱状图，是频数直方图的简称，主要反映数据分布状态的直观图形。

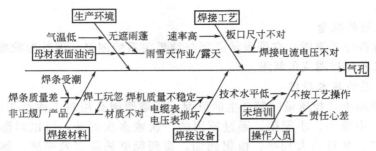

图 4-5　气孔缺陷的因果图

4.4.4.2　直方图的基本原理

直方图的原理就是整理统计数据，了解和观察看似无序的质量统计数据的分布特征，即数据分布的集中或离散状况，从中掌握质量能力状态。其作用就是观察分析生产过程质量是否处于正常、稳定和受控状态以及质量水平是否保持在公差允许的范围内。直方图显示质量的波动分布状态，直观地传递有关过程质量状况的信息，可以借此确定质量改进的关键点。

4.4.4.3　直方图的结构形式

它是由一个纵坐标、一个横坐标和一系列宽度相等而高度不同的矩形组成。纵坐标表示数据频数，横坐标表示质量特性值，间隔相等的矩形表示数据范围的间隔和给定间隔的数据频数。

4.4.4.4　直方图的作图步骤

① 收集数据。以总数 N 表示。

② 确定组数。一般根据数据量大小，确定组数，数据量与组数关系见表 4-8。

表 4-8　数据量与组数关系

数据量 N	组　数	数据量 N	组　数
50～100	6～10	100～250	10～20
250 以上	10～20		

③ 确定最大值 L 和最小值 S，并计算极差或全距 R，$R＝L－S$。

④ 确定组距 C。$C＝R/$组数，通常取整数。

⑤ 确定组界。数值最小组的下组界＝S－数据测定单位×0.5（也称为组界精密度），数值最小组的上组界＝最小组的下组界＋组距，数值次小组的下组界＝数值最小组的上组界，依次类推。

⑥ 确定各组的中心值。各组的中心点＝（上组界＋下组界）/2。

⑦ 统计次数分布表。依照数值大小计入各组的组界内，然后计算各组出现的次数。

⑧ 制作直方图。

⑨ 在直方图中加注标记。增加次数、规格、平均值、数据来源、日期等。

4.4.4.5　直方图的分析与使用

直方图的形状分析是指将绘制好的直方图形状与正态分布图的形状进行比较分析。直方图的位置分析是指将直方图的分布位置与质量控制标准的上、下限范围进行比较分析。

从上述两种分析找出存在的问题。常见直方图形态及特征见表 4-9。

4.4.5　检查表法

4.4.5.1　检查表的概念

检查表又称核对表，是为了便于收集和整理数据而设计制成的一种空白统计表，用于将收集的数据进行规范化，即把产品可能出现的情况及分类预先列成表，在检验产品时只需在相应分类中进行统计，并可从检查表中进行粗略的整理和简单的分析，为下一步的统计分析与判断质量状况创造良好的条件。

4.4.5.2　检查表的分类

一般有质量特性检查表、缺陷项目检查表、缺陷产生原因检查表、不合格品项目检查表、成品质量检查表等。

4.4.5.3　使用检查表的注意事项

在设计检查表时，应注意便于工人记录，把文字部分尽可能列入检查表中，工人只需选择并简单标记，即可完成记录过程，而不影响操作为宜。

4.4.5.4　使用检查表的注意事项

① 在确定调查目的基础上，进一步确定使用哪一种检查表进行检查。

② 确定调查项目，绘制检查表。

③ 根据检查表显示的结果，可采用因果图进行原因分析，制订改进方案，实施方案，确认改进效果。

表 4-9　常见直方图形态及特征

图　形	名　称	意　义　剖　析
	正态分布图（对称分布）	形状:过程质量处于正常、稳定状态
	偏向分布图（右畸变或左畸变）	直方图平均分布中心,其左侧或右侧的频数下降很快,而另一侧的频数下降缓慢,左右不对称。理论上由规定的上限或下限受到限制引起,即某值以上或以下数值不能得到而发生的现象
	锯齿形分布图	此形状是由于分组过多或测量器(千分尺等)使用不当引起的。如对每 10g 所分的级只能用 50g 单位的称具测量时所引起的现象。另外,测量者的刻度读法不当也会引起此类现象
	平顶分布图	生产过程可能受到缓慢变化因素的影响,如刀具磨损或设备振动越来越大等原因,应采取调整措施改进
	双峰分布图	分布的中心部分频数较少,而左右出现了两座山。这是平均值稍微有差异的几个分布相混时出现的现象,数据应该来自不同的总体。如两个操作工或两台机器加工的产品混在一起等
	孤岛分布图	右端或左端有与其分离的小岛。这可能是有少量的数据混入统计数据中。或有异常现象发生要调查分析,测量是否有误,是否有其他工序的数据混入或设备是否出现异常等

4.4.6 控制图

4.4.6.1 控制图的概念

控制图又称质量管理图，它是反映生产工序随时间变化而发生的质量变动动态，即反映生产过程各阶段质量波动状态的图形，控制图结构形式见图4-6。

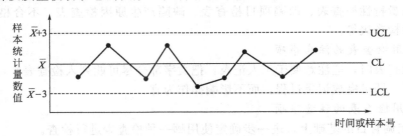

图 4-6　控制图结构形式

CL—中心线；UCL—上控制界限；LCL—下控制界限；$\overline{X}$—平均值

质量波动一般有两种情况：一种是偶然性引起的波动，属正常波动；一种是系统因素引起的波动，则属异常波动。控制图是区分由异常原因引起的波动和事物过程固有的偶然波动的一种工具。并对发现的异常采取措施，进行改进，确保工序质量处于受控状态。

4.4.6.2 控制图的基本原理

生产处于受控状态时，产品总体的质量特征一般服从正态分布规律，其质量特征落在 $\mu \pm 3\sigma$ 范围之内的概率是 99.73%，如超出该范围。则说明生产已不稳定，一定有由于系统因素引起的问题存在，应寻找原因，找出对策。使生产工序重新处于受控状态。

4.4.6.3 控制图的分类

控制图种类很多，按统计量可分为计量值管理图和计数值管理图；按用途可分为分析用管理图和控制用管理图；一般常用的通用控制图和累计和图。最常用的有 $X\text{-}R$ 图（即平均值与极差管理图）。

4.4.6.4 控制图分析

控制图中的描点在 UCL 和 LCL 之内，且排列处于随机状态，说明工序处于受控状态。若在 UCL 和 LCL 之外，且排列处于非随机状态，则表示工序出现了异常，处于不稳定状态。应寻找不合格原因，采取措施，及时改进，使其处于受控状态。达到质量控制的目的。

控制图有一套完整的统计技术理论，使用时必须进行数理统计技术培训。

4.4.7 散布图

4.4.7.1 散布图的概念

散布图也叫散点图或相关图，它是表示两个变量之间变化关系的图。散布图就是将两个相互关联的变量数据对应列出，用描点画在坐标图上，来观察它们之间的关系，即进行相关分析。其目的在于确定变量之间是否存在相关及其相关的密切程度，以判断各种因素对产品质量有无影响及影响程度的大小。从而确定控制影响产品质量因素的有效措施。

4.4.7.2 散布图的作图步骤

① 选定分析对象，分析对象可以是质量特性值与因素的关系，也可是质量特性值与质量特性值之间的关系，或因素与因素之间的关系。

② 收集对应关系的数据，填入数据表　做散布图的数据一般应收集 30 组以上。数据太少，相关性不明显，判断不准确；数据太多，计算工作量大，也不方便。

③ 建立直角坐标系。

④ 描点：把各组对应的数据按坐标点表示出来。

⑤ 特殊数据处理。当散布图上出现明显偏离其他数据点时，应查明原因，以便决定是否删除或校正。

4.4.7.3　散布图的数据分析

散布图的形状多种多样，六种典型散布图的形态与分析见表 4-10。对照典型图例法，就是把绘制的散布图与表 4-9 中六种散布图进行对照，以判断两个变量是否相关及属于哪种相关类型。

表 4-10　六种典型散布图的形态与分析

图　　形	X 与 Y 的关系	说　　明
	强正关系，X 变大 Y 变大	X、Y 之间可以用直线表示，因此，一般控制能 X 因素，Y 因素也得到相应的控制
	强负关系，X 变大 Y 变小	
	弱正关系，X 变大时，Y 大致变大	除 X 因素影响 Y 因素外，还要考虑其他的因素（一般可进行分层处理，寻找 X 因素以外的因素）
	弱负关系，X 变大时，Y 大致变小	
	不相关，X 与 Y 无任何关系	不需要计算其相关系数 r
	X 和 Y 不是线性关系	

4.4.7.4 使用散布图的注意事项

① 相关的判定只限于散布图上所用的数据范围之内，不能主观随意延伸判定范围。

② 将具有不同性质的数据分开制作散布图，否则易引起误判。

③ 当散布图上出现个别偏离分布趋势的异常点时，要对相关分析的结果通过相关的经验与专业知识加以鉴别，以防止被表面现象所蒙蔽。

思 考 题

1. 简述焊接工程质量的主要内容？

2. 焊接工程质量管理的目标是什么？

3. 焊接质量主要包括哪些方面，都是通过什么方法来检验？

4. 建立焊接工程质量管理体系的意义是什么？

5. ISO 9000 族标准质量管理体系的原则是什么？

6. 简述建立企业质量管理体系的主要步骤？

7. 焊接工程质量管理统计方法有哪些？

8. 为什么要建立质量管理体系，建立质量管理体系的过程是怎么样？

第5章 焊接生产组织管理

5.1 焊接生产管理

5.1.1 焊接生产管理的基本内容

生产是企业一切活动的基础，生产管理的任务就是运用组织、计划、控制的职能，把投入生产过程的各个要素有效地组织起来，形成合理的生产体系，以经济高效的模式，制造价格合理、质量优良的产品，满足社会需要，提高企业的竞争能力和产品市场占有率。

生产管理的主要原则应包括追求较高的经济效益、以市场需求为导向、实行科学管理、组织均衡生产、实施可持续发展战略。通过合理组织生产过程、有效利用资源，实现企业经营目标，全面完成生产计划中产品品种、质量、产量、成本控制及交货周期等生产任务要求。同时争取不断降低生产成本，缩短生产周期，减少在制品占用的生产资金，提高企业经济效益和市场竞争能力。

焊接生产管理依据焊接产品销售合同、设计图样、工艺文件，采用合理的生产计划和组织形式，将各种金属坯料，采用焊接装备、通过人员操作进行备料、装配、焊接、安装等施工，得到质量可靠、满足使用要求的焊接产品，制造各种机械装备、完成建设工程项目。

5.1.2 生产形态类型

5.1.2.1 根据生产工艺特点分类

机电产品根据生产工艺特点分为加工装配型生产模式、流程型生产模式。

（1）加工装配型生产模式 在加工装配型生产过程中，产品是由离散的零部件集中装配而成，物料呈离散状态向装配中心集合。零部件是构成产品的不同元件，它可以在不同的地方制造、采购。零部件的不同组合可以构成不同的产品，不同产品的生产工艺会产生一定的变化。典型产品包括大型压力机、挖掘机、切削加工机床等机械装备。

（2）流程型生产模式 在流程型生产过程中，要求产品具有相对固定或相似的工艺流程，物料按照一定的工艺顺序保持均匀、连续的运动，生产过程呈现连续进行状态。典型产品包括厂房钢结构立柱生产线、火车轴精密锻造坯料生产线、钢板连铸成形生产线等。

（3）加工装配型生产模式与流程型生产模式的对比 基于加工装配型生产与流程型生产的模式不同，导致生产管理的难度差异较大。加工装配型生产的零部件加工与产品装配可以在不同的地区甚至在不同的国家进行，通常零件种类繁多，加工工艺复杂多样，涉及许多加工单位、人员和设备，致使生产过程中协作关系复杂，生产计划、组织协调、质量控制等方面的工作量很大，使得生产管理非常复杂，加工装配型生产更应重视生产管理工作。流程型生产多体现为固定产品的生产线，生产过程自动化程度高，只要生产设备正常运行、工艺参数控制正确，就可以生产出合格产品，生产过程中的组织协调工作较少，但要求设备和控制系统具有较高可靠性，增加了保养维修工作量。

5.1.2.2 根据生产组织特点分类

根据企业生产组织和产品现货供应能力分为备货型生产方式、订货型生产方式。

（1）备货型生产方式　备货型生产方式是企业根据销售战略、市场需求分析、技术改造项目等因素，在没有接到用户订货合的同时，按现行技术标准进行产品的提前生产，以补充成品现货库存，保证用户对产品的急需要求，缩短通用产品供货周期。流程型生产模式一般都采用备货型生产方式，如常用的电焊机、焊条、焊丝等焊接器材。

（2）订货型生产方式　订货型生产方式首先通过技术谈判和商务谈判等活动，将用户对产品的各种要求体现在订货合同或协议中，明确产品性能、质量标准、数量和交货期等要求。其次按照与用户的订货合同进行技术准备、物资采购、组织生产，一般大型专用设备都采用订货型生产方式，如大型船舶、起重机械、压力容器等。

订货型生产方式又分为订货组装型生产方式、订货制造型生产方式、订货工程型生产方式等类型。

① 订货组装型生产方式要求零部件标准化程度较高，通常将产品分为若干个模块，并分别进行系列化的模块设计，并可提前进行模块单元的生产，当接到订货合同后，直接将匹配的相关模块单元进行装配，形成用户所需要的产品。这种生产方式有利于缩短交货期，也便于设备的维修更换。

② 订货制造型生产方式一般生产周期较长，要求企业具有较强的生产管理水平、生产加工能力，并通过科学管理，尽量缩短生产周期。

③ 订货工程型生产方式一般为非重复的单项任务，常用于单件、小批新产品的研制，要求企业具有较强的技术开发能力，设计、制造等工作都需要重新开始，以保证实现理想的技术性能指标。

5.1.2.3　根据产品生产批量分类

根据企业产品生产批量分为大量生产、单件生产、成批生产等生产类型。制造业一般依据产品生产的专业化程度划分生产类型，产品生产的专业化程度表现为产品的品种多少、同一品种的产量大小和生产的重复性。产品品种越少，同一品种的产量越大，生产的重复性越强，则产品生产的专业化程度就越高。

（1）大量生产类型　大量生产单一产品，产量很大，生产重复程度极高，为了提高生产效率，降低生产成本，多使用专用设备进行生产，焊接导电嘴、焊接面罩、焊钳等产品的生产属于大量生产类型。

（2）单件生产类型　每次安排生产的产品数量较少，一般只生产一件或几件，生产重复程度低，大型冶金设备、矿山采掘设备和重型机械装备的生产多属于单件生产类型。

（3）成批生产类型　成批生产类型介于大量生产与单件生产之间，即有一定的品种和批量要求，生产有一定重复性。焊接电源、焊接辅机的生产多属于成批生产类型。

5.1.3　生产过程组织

生产过程组织是对生产系统内所有要素进行合理的安排，以最佳的方式将各种生产要素结合起来，使其形成一个合理协调的系统，系统目标要实现作业行程最短、时间最少、成本最低，而且能够满足市场的要求，提供优质的产品和服务。

5.1.3.1　组织生产过程的基本要求

（1）生产过程的连续性　生产过程的连续性是指在生产过程各阶段物料处于不停的运动中，而且流程尽量缩短。生产过程的连续性包括时间连续性和空间连续性，时间连续性是指物料在生产过程的各个环节的运动，始终保持连续状态，没有或极少产生不必要的流转停顿与等待现象。空间连续性要求生产过程各个环节在空间布置上合理紧凑，使物料的流程尽可能短，避免出现往返移动轨迹。

　　增强生产过程的连续性可以缩短产品的生产周期、降低在制品库存、加快资金的周转、提高资金利用率。为了保证生产过程的连续性，必须做好厂房设施及生产设备的规划、合理布置各个生产单位的生产能力，才能使物料具有合理的工艺流程。

　　（2）生产过程的比例性　　生产过程的比例性是指基本生产过程与辅助生产过程之间、各个生产单位和不同生产工序之间，在生产能力上保持符合产品制造数量和质量要求的合理比例关系。如果生产过程失去合理的比例关系，就会产生某些环节的能力不足或能力过剩。

　　生产过程的比例性并不是恒定不变的，当企业技术改造、产品设计工艺改进、工人操作熟练程度等生产条件发生变化时，某些环节的生产能力就会发生变化，从而改变原有的比例关系。因此生产管理工作的任务就是及时发现各种因素对生产能力的影响，将不平衡的生产能力重新调整到平衡状态，使生产过程仍然保持合理的比例性。

　　（3）生产过程的均衡性　　生产过程的均衡性是指产品在生产过程中从备料到完工检验各个阶段，都能保证按一定的生产速度均衡地进行，在相同的时间内，生产相同数量的产品，以便充分利用企业各个生产工序的生产能力。

　　保持生产过程的均衡性应加强生产组织管理，从原材料供应、设备管理、生产计划与控制，落实岗位责任制和职工考核方法。

　　（4）生产过程的准时性　　生产过程的准时性是指生产过程的各个阶段、各个工序都能及时完成生产计划，并满足后续阶段和工序的需要。生产过程的准时性保证产品的供货时间，同时减少生产过程中的库存量。

　　（5）生产过程的可调节性　　生产过程的可调节性是指生产过程中根据市场需求，及时调整生产计划安排的能力。要求生产工艺、加工设备应具备一定的调整能力，以满足不同加工对象的要求，保证多品种、小批量的生产条件。

5.1.3.2　企业基本生产单位的组织形式

　　企业基本生产单位包括工艺专业化和对象专业化的两种基本组织形式，企业基本生产单位组成及其空间布置情况决定了生产形式的空间组织。

　　（1）工艺专业化形式　　工艺专业化形式就是按照生产工艺或生产设备的共同特点设置生产单位，在工艺专业化形式的生产单位内，汇集了相同类型的生产设备和相同工种的操作工人，该生产单位只完成某种工艺方法的施工操作。如机械企业中的焊接车间、锻造车间、铸造车间、热处理车间、金工车间、装配车间等，焊接车间中的切割小组、矫平小组、装配小组、气体保护焊焊接小组、埋弧焊焊接小组、涂装小组等。

　　① 工艺专业化形式的优点。对产品变化有较强的适应性，当产品设计因素发生变化时，生产单位的工艺流程、加工设备、组织机构均不需要重新调整，就能较好地适应不同产品品种的变化，有利于提高设备使用效率。相同类型的生产设备布置较为集中，有利于生产任务的合理安排和临时调剂，也便于实施设备的检修和维护，保证生产计划的组织落实。有利于提高操作工人的生产技能，相同工种的操作工人之间可以更方便进行技术交流、组织学习，掌握更多的专业知识和操作技能。

　　② 工艺专业化形式的缺点。一般工艺专业化形式的生产单位不能独立完成产品或部件的全部加工任务，因此产品往往根据工艺流程，需要经过许多生产单位才能完成，因此产品的运输工作量较大，运输线路长。产品在加工过程中各个生产单位的停放、等待时间增加，延长了产品生产周期，同时生产过程中的在制品也大量占用企业流动资金。产品在各生产单位之间往来调度，增加了各生产单位之间的协作，也增加生产计划管理和协调的难度，大型产品各个部件的进度和成套性工作比较复杂。

　　（2）对象专业化形式　　对象专业化形式就是以产品或部件为对象进行生产单位的设置。

在对象专业化形式的生产单位内,集中了制造某种产品所需要的各种资源,包括不同类型的生产设备和不同工种的操作工人等生产条件。而每个对象专业化形式的生产单位能够独立完成某种产品的全部或大部分工艺过程,因此也称为封闭式生产单位。如机械企业中的起重机厂、减速机厂、钢结构厂等。

① 对象专业化形式的优点。具有较高生产效率和质量稳定性,由于生产对象比较固定,可采用专用设备和工艺胎夹具,就可以提高生产速度和产品制造精度。同时有利于提高操作工人的熟练程度,改进产品制造工艺措施;有利于采用先进的生产组织形式,如自动生产线、流水生产线、大型加工中心等装置。运输工作量较少,可以缩短产品在加工过程中的运输距离,节省运输费用,减少占用的仓库面积和生产场地。可以减少了产品加工周期,从而保证了产品交货期,有利于加快流动资金的周转速度,提高资金使用效率。减少生产单位之间的互相协作,简化生产作业计划,降低生产控制难度。同时有利于强化质量责任意识,准确统计产品生产成本。

② 对象专业化形式的缺点。由于大量采用专用工艺胎夹具和设备,对产品变动的应变能力较差。部分专用设备利用率较低,有时某台设备出现故障,会影响整个生产单位的生产工作。

5.1.3.3　企业生产过程的时间组织

焊接生产过程不仅要选择合理的空间组织形式,而且要在时间组织形式上科学安排,企业生产过程的时间组织的目标就是通过生产时间的合理安排,使生产对象尽可能保持连续,节约时间,提高劳动生产率、设备利用率,缩短产品生产周期。生产周期包括产品、部件或零件在整个生产过程或其中某个生产阶段、生产环节,从投入到产出所需要的全部时间。在离散型生产过程中,生产周期与工件在工序间的移动方式有密切关系。生产对象的移动方式包括顺序移动方式、平行移动方式、平行顺序移动方式。

(1) 顺序移动方式　顺序移动方式是指一批工件只有在上道工序全部加工完成后,才整批地转移到下道工序继续加工。顺序移动方式的组织和计划工作比较简单,对于设备使用、工人操作均为连续进行,不存在间断的时间,整批工件集中加工、集中运输,有利于减少设备的调整时间。但对于大多数工件都没有做到立即向下一个工序转移并达到连续加工的效果,而处于等待加工或等待运输的状态,因此生产周期较长。这种生产方式适宜于产品批量不大、工序单件作业时间较短的情况。

(2) 平行移动方式　平行移动方式是指一批工件中,每一个工件在上道工序加工完成后,就立即单独转移到下道工序继续加工,工件在工序之间传递是独立进行的,而不呈现以整批的形式,工件各自在不同的工序上做平行作业、逐个运送,停歇时间短,所以整批工件生产周期最短,此时也会形成工件运输次数频繁的情况。如果相邻工序的单件加工时间不相等时,工件会出现等待加工或停歇的现象,设备和操作工人会形成次数多而时间短的空闲时间,影响设备和操作工人有效工时的利用。

(3) 平行顺序移动方式　平行移动方式虽然缩短了生产周期,但某些工序不能保持连续进行。顺序移动方式虽然保持工序的连续性,但会延续较长的生产周期。如果要发挥两者的优点,就必须将两种移动方式结合起来,称为平行顺序移动方式。

平行顺序移动方式就是一批工件的每道工序都必须保持既连续,又与其他工序平行地进行作业的移动方式。采用平行顺序移动方式的工件在工序间移动时分为以下两种情况处理。

① 当上道工序的单件作业时间大于下道工序的单件作业时间时,则上道工序完工的工件要积存至一定的数量,并不是立即转移到下道工序,而等到工件积存数量能够保证下道工序连续工作时,才将工件迅速转移到下道工序,并开始下道工序的加工。

② 当上道工序的单件作业时间小于或等于下道工序的单件作业时间时，则上道工序完工的每一个工件应立即单独转移到下道工序继续加工，下道工序开始加工后，就可以保持加工的连续性，即采用平行移动方式传递。

（4）选择移动方式应考虑的因素　以生产周期对比，平行移动方式最短，平行顺序移动方式次之，顺序移动方式最长。这三种移动方式是工序衔接的基本形式，且各有特点，实际生产情况比较复杂，不仅要考虑生产周期，还要根据生产特点，综合考虑生产类型、批量大小、加工对象尺寸大小及结构复杂程度、企业基本生产单位的组织形式、专业化生产程度及设备调整难度等因素。

对于批量不大、工序加工时间短、工件尺寸较小、企业基本生产单位按照工艺专业化形式组织时，多采用顺序移动方式。而对于批量大、工序加工时间长、工件尺寸较大或结构比较复杂、企业基本生产单位按照对象专业化形式组织时，多采用平行移动方式或平行顺序移动方式。

5.1.4　现代生产管理方法简介

5.1.4.1　生产计划

（1）生产计划分类　生产计划分为长期生产计划、中期生产计划和短期生产计划。长期生产计划的主要任务是进行产品开发决策、生产能力决策及市场竞争力决策。中期生产计划的任务是根据市场需求预测，充分利用现有资源和生产能力，尽量均衡地组织生产活动，并控制库存水平，满足市场需求，获取一定的经济效益。短期生产计划的任务是根据签定的销售合同，合理安排生产活动的每一个细节，达到高效、省时、节能、环保的综合要求，满足用户期望的质量、数量和交货期等方面的要求。生产计划是组织和控制企业生产活动的依据，企业的所有生产活动都应纳入计划考核。

（2）长期生产计划　长期生产计划应反映企业的基本目标和组织方针，制订企业的产品战略、生产战略、综合投资战略、销售和市场占有率增长战略等。制订长期生产计划要应用财务、生产和销售的宏观模型，一般以五年或更长时间为周期，而且每年要进行滚动调整。

生产资源计划是对未来五年的工厂库存和资金需求情况进行定量描述，涉及人力资源计划、工厂建设计划、长期资金保障计划的制订，必须与同时期的销售计划与市场预测保持一致。

（3）中期生产计划　中期生产计划又称为生产计划大纲或年度生产计划，计划周期一般为一年，年度生产计划根据产品销售合同和市场预测组织制订，主要指标有产品品种、产品质量、产品产量与产值等。在制订年度生产计划过程中要及时核定企业生产能力及其与生产任务的平衡。

流程型生产模式企业可以比较准确的测定其生产能力，中期生产计划的重点是尽可能提高生产能力的利用率。而加工装配型生产模式企业的生产能力是一个动态概念，所以中期生产计划的作用更为重要。

（4）短期生产计划

① 主生产作业计划（亦称为主生产计划）是一般加工装配型生产模式企业生产计划系统的核心，成为所有短期生产活动，包括材料采购、零部件外协、制造和装配等活动的依据。主生产作业计划的期限一般为季度或月度，有些企业也称为季度、月度投入产出计划。主生产作业计划的对象是产品，按照生产计划规定的任务和实际的销售合同制订作业计划，确定生产的品种、数量、加工进度和完工时间，确定每个生产单位（一般为分厂或车间）的任务和投入产出进度。

② 材料计划是依据产品结构，将主生产作业计划展开为详细的材料需求、零部件生产及外购外协计划。

③ 能力计划是针对短期零部件生产计划进行生产任务与加工能力的详细对比和平衡处理。

④ 短期作业计划是根据零部件生产计划，具体规定每种零件的投入时间和完工时间，以及每台设备加工零件的操作顺序。

⑤ 生产运行部门要及时掌握各个生产单元的状态，反馈生产过程的各种信息，如加工进度、库存情况、设备故障、质量问题等状况，以便生产运行部门及时采取措施，保证生产计划的实现。

5.1.4.2 库存控制

库存是指制造企业对完工产品或零部件的存储情况，是生产组织管理的重要组成部分。库存可以有效地缓解供需矛盾，通过正常的产品存储量，合理安排生产计划，使生产过程尽量保持均匀稳定，但是库存也大量占用企业流动资金，降低资金使用效率和收益，还容易掩盖企业管理不善存在的各种问题。

(1) 库存的分类　根据库存的作用可以分为周转库存、安全库存、运输库存、预期库存等类型。

① 周转库存是批量生产方式形成的库存，此时每次生产组织或销售合同都具有一定批量要求，而不是采用每次一件的组织方式。批量生产组织可以获得规模经济效益，提高操作工人熟练程度，稳定产品质量，降低不同品种产品生产时的生产设备调整成本。增加批量规模可以享受数量因素的折扣，如价格方面、运输成本方面的优惠。周转库存的大小与订货的频率有关，决策时应比较订货成本与库存成本等因素。

② 安全库存又称为缓冲库存，生产单位为了应对市场需求的不确定性，避免因为缺货造成的不必要的损失而设置的一定数量的存货。如果企业能够预判未来市场的需求变化或者掌握供货时间和数量，就不需要设立安全库存。安全库存不仅与市场需求的不确定性有关，还与企业希望达到的产品服务水平有关。

③ 运输库存是产品在不同工序之间移动形成的库存，包括在运输过程中形成的库存和停留在各自工序中形成的库存，与产品运输时间和此期间的需求有关。

④ 预期库存是由于需求的季节性差异，所以在销售的淡季为旺季准备的存货，预期库存的设立除了季节性原因，还考虑生产的均衡性因素。所以决定预期库存时，不仅要考虑脱销的机会成本，还要考虑生产不均衡的额外成本，如生产设备和工人闲置时必须支出的固定成本以及加班的额外支出费用。

(2) 库存控制的必要性　由于库存占用大量资金，如物品本金及利息、场地费、管理费等各种库存维持费用，物品过期损耗、报废等，减少了企业利润。同时不适当的库存也会掩盖企业生产经营中存在的严重问题。

① 库存可能会掩盖经常性的产品或零部件的制造质量问题。当废品率和返修率很高时，有些企业就采用加大生产批量方式，导致在制品或成品大量库存。

② 库存可能会掩盖工人的缺勤、操作技能差、劳动纪律松弛和现场管理混乱等生产管理方面的问题。

③ 库存可能会掩盖供应商的原材料质量、外协厂家的外协件质量问题以及交货不及时等问题。

④ 库存可能会掩盖生产计划安排不合理、生产控制制度不健全、市场需求预测不准确、产品成套性差等问题。

　　此外，产品设计和制造工艺不合理、生产过程组织不利等问题，都可以被高库存量掩盖。总之，当生产与作业管理不善时，会最终导致库存量处于较高的水平，所以也必须进行有效的库存控制。

5.1.4.3　工业工程

　　(1) 工业工程基本概念　工业工程 (Industrial Engineering) 是研究人、物料、设备等生产资料组成的整体系统，对该系统进行设计、改进和组成配置的科学。它运用数学、物理和社会科学等方面的专业知识和技术，使用工程分析与设计的原理，对系统所得到的功能进行说明、预测和评估。

　　工业工程是建立在泰勒科学管理原理基础上的一门应用性工程技术学科，其本质以永不满足的精神，挖掘企业内部潜力，倡导全面协作精神，努力提高生产率，从全局利益出发追求系统的最大经济效益。

　　(2) 工业工程主要内容　工业工程继承了科学管理的原理、思想和全部方法，强调综合提高劳动生产率、降低生产成本、保证产品质量、使生产系统能够处于最佳运行状态而获得整体效益，其研究内容分为狭义和广义两大部分。

　　狭义工业工程是以加工作业研究为主体，主要包括产品或零部件加工的操作方法研究和操作时间研究。操作方法研究主要采用工艺过程分析和每一个加工操作动作研究，操作时间研究通常采用定额方法制订和工作抽样确定等形式。

　　广义工业工程不仅包括加工作业研究，而且还拓展到工厂设计、计划协调技术、生产计划与控制、质量控制、技术经济分析、信息系统工程等领域。

5.1.4.4　成组技术

　　(1) 成组技术基本概念　成组技术 (Group Technology) 是组织多品种、中小批量生产的一种科学方法，将企业生产的各个品种的产品及组成产品的各种零部件，按结构形式和加工工艺上的相似性原则进行分类编组，并针对不同组类对象进行技术准备和生产管理。

　　(2) 成组技术主要内容　成组技术的早期应用始于工艺过程典型化和同类零部件组织集中生产，也称为成组工艺或成组加工。随着计算机技术和数控加工技术的迅速发展，成组技术理论研究和使用方法的逐步完善，成组技术的应用已经超出工艺制造范围，扩大到产品设计、工艺制订、生产计划、设备布置等整个生产系统，成为多品种、中小批量生产类型企业改善经济效益的重要手段。

　　成组技术应用从零件分类编码开始，经过成组零件设计、成组工艺制订、成组工装设计、成组加工设备单元布置、成组作业计划及生产等环节，形成一个相互联系、相互制约的有机整体。从信息流传递方面分析，在信息流上游作业采用成组技术，对信息流下游作业实施成组技术可以创造良好条件，而信息流下游作业采用成组技术的效果，可以反馈到信息流上游作业，以便成组技术完善。

　　成组技术的应用不仅具有缩短生产周期、减少在制品数量和产品库存、缩短零部件运输路线、简化生产管理流程等方面的作用，而且可以形成较好的经济效益。

5.1.4.5　物料需求计划

　　(1) 物料需求计划基本概念　物料需求计划 (Material Requirement Planning，简称 MRP) 是采用计算机网络工具，集中建立生产经营各部门共享的生产经营活动基本数据库，通过对企业制造资源和库存的详细计划和严格控制，使其得到有效的利用，达到企业生产经营的最佳效益。

　　(2) 物料需求计划主要内容　物料需求计划根据市场需求预测和销售合同确定主生产计划，以主生产计划、库存状态与产品结构信息为主要输入信息，然后对产品进行分解列出物料清单，并按照独立与相关需求对物料清单进行分析，赋予基本零件和原料不同的需求时间，从而确定物料的采购品种、数量和时间，其中要不断地进行信息采集和反馈，适时作出调整，使整个系统处于动态优化的状态。

企业资源计划（Enterprise Resource Planning，简称 ERP）是在物料需求计划基础上，将管理内容由物料需求计划中制造、供销、财务等内容，进一步扩展工厂管理、质量管理、实验室管理、设备维修管理、仓库管理、运输管理市场信息管理等企业管理的所有范畴，成为现代企业管理的常用手段，可以及时协调企业各管理部门围绕市场需求，更加有效地开展义务工作，提高企业的动态响应速度和市场竞争力。

5.1.4.6 计算机集成制造系统

（1）计算机集成制造系统基本概念 计算机集成制造系统（Computer Integrated Manufacting System，简称 CIMS）是利用现代信息技术、管理技术和生产技术对生产企业从产品设计、生产准备、生产管理、加工制造、产品发运及售后服务的整个生产过程信息进行统一管理、控制的生产模式。

（2）计算机集成制造系统主要内容 计算机集成制造系统依托计算机网络系统和数据库系统的支持，通常包括经营管理系统、技术信息系统、生产制造自动化系统、质量保证系统等内容。其中经营管理系统包括经营管理、生产计划与控制、采购管理等功能；技术信息系统包括计算机辅助设计、计算机辅助工艺规程编制和自动化设备操作程序编制等技术准备工作内容；生产制造自动化系统包括各种自动化加工设备，如数控机床、柔性制造系统、自动运输装置等；质量保证系统具有制订质量管理计划、处理质量信息等功能。

计算机集成制造系统将企业生产过程中的人、技术、管理等要素与信息流、物流等因素有机结合并优化，可以提高制造企业的生产效率、快速响应能力、产品质量，较低生产成本和提供优质的售后服务。计算机集成制造系统综合自动化技术、系统工程、管理科学、计算机技术、网络通信、软件工程和制造技术等技术优势，开创世界工业发展的新时代，也是我国 863 计划生产应用的重要课题，对提升我国机械工业发展水平和国际竞争力有着深远的影响。

5.2 焊接生产人员培训与资格认证

由于焊接生产的专业化和生产技术的复杂性，从事焊接生产的工程技术人员和焊工应进行焊接专业理论知识和操作技能培训，焊接工程技术人员一般需要通过系统的焊接专业理论知识学习，并在实际生产中积累经验，才能够承担焊接技术研究和焊接工艺工作。焊工应进行焊接专业理论知识和操作技能培训，具备实际操作能力，并取得相应的焊接操作资质证书，才允许进行焊接产品的施工，从而使焊接质量达到产品的技术要求。

5.2.1 焊接生产人员培训体系

5.2.1.1 国际焊接培训考试体系发展状况

在工业发达国家，一般由国家级焊接学会根据本国焊接技术的发展水平，建立焊接培训考试体系和焊接人员资格认证工作，德国、美国、日本等国家焊接学会发展历史较长，都分别建立了较为完善的焊接培训考试体系和焊接人员资格认证办法，并具有各自的特点。

随着全球经济一体化进程的快速发展，1992 年国际焊接学会（IIW）提出在世界范围内统一焊接人员培训考试体系的设想，并决定采用源于德国焊接学会的欧洲焊接人员培训考试体系，成立国际焊接学会教育与培训专业委员会，专门负责国际焊接学会资格认证体系和焊接人员培训等方面的工作。

5.2.1.2　国际焊接学会焊接生产人员培训体系

自 1998 年国际焊接学会焊接生产人员培训体系在世界范围内开始实施和推广。每个国际焊接学会成员国只能被批准成立一个"授权的国家团体（Authorised National Body，简称 ANB)"。哈尔滨焊接研究所是国际焊接学会授权的中国国内唯一机构，并按照国际焊接学会焊接生产人员培训体系在我国进行焊接人员培训与考试。

（1）国际焊接工程师（International Welding Engineer，简称 IWE）　国际焊接工程师是焊接企业中最高层的焊接监督人员，负责企业焊接技术工作和焊接质量监督，因此对国际焊接工程师的培训要求也非常严格。目前我国已开展在职焊接工程师与国际焊接工程师转化工作，并结合我国高等教育焊接专业设置情况，开展焊接专业本科学历毕业生的国际焊接工程师培训工作。

（2）国际焊接技术员（International Welding Technologist，简称 IWT）　国际焊接技术员是焊接企业中第二层次的焊接监督人员，其作用介于国际焊接工程师和国际焊接技师之间。

（3）国际焊接技师（International Welding Specialist，简称 IWS）　国际焊接技师是焊接企业中第三层次的焊接监督人员，主要适用于中、小型的焊接企业。国际焊接技师既具有一定的理论知识，又具备实际操作技能和生产实践经验，可以辅助国际焊接工程师进行焊接技术的管理工作，成为国际焊工和国际焊接工程师之间的联系纽带。

（4）国际焊接技士（International Welding Practioner，简称 IWP）　国际焊接技士是取代德国焊接学会原有焊工教师资格的焊接人员，不仅可作为焊工教师从事焊接培训工作，也可以作为企业中高层次的焊接技术工人协助焊接技师解决生产中的问题。国际焊接技士根据焊接方法分为气焊技士、焊条电弧焊技士、钨极惰性气体保护焊技士和熔化极气体保护焊技士。

（5）国际焊工（International Welder，简称 IW）　国际焊工是焊接企业的直接生产操作工人，必须具备相应实际操作技能，国际焊工根据焊接方法分为气焊焊工、焊条电弧焊焊工、钨极惰性气体保护焊焊工和熔化极气体保护焊焊工，在每类焊工中可分为角焊缝焊工、板焊缝焊工和管焊缝焊工，其中每个项目均可单独进行培训及考试。

5.2.1.3　我国焊接生产人员培训体系

（1）焊接工程技术人员的培训　我国焊接工程技术人员的技术职称分为高级工程师、工程师、助理工程师和焊接技术员，一般必须通过高等院校相关专业的理论知识学习，并通过企业生产实际活动积累经验，由省市人事部门进行资格评审，获得相应的技术职称，由企业或主管机构根据实际工作岗位需求进行聘任。随着高等院校教育体制和专业设置的改革，焊接工程技术人员主要来源于焊接技术与工程、材料成型与控制工程等专业。

（2）焊接操作技能工人的培训

① 我国的焊工资格认证机构均为颁发相关标准与规程的政府机构或部门，以及受政府机构或部门认可授权的一些企业具有培训能力与考试资格的焊接培训考试机构。由于焊工资格认证机构分别属于国家原计划经济时期的各个部委或不同行业协会，导致我国焊工培训资格证书种类较多，行业之间认可度差，缺乏统一性和通用性。

② 我国的焊工培训主要是由原国家各部、委的企业及相关行业系统的焊接培训机构承担，例如，中国焊接协会培训工作委员会的培训机构（企业和地方培训站）；各省、市劳动与社会保障厅（局）设在各企业内的培训机构；各省、市质量与技术监督局设在各企业内的培训考试机构以及船舶制造、电力安装、石油化工、冶金建筑等行业的培训考试机构。

焊接操作技能工人来自于各企事业单位以及社会上的待业人员。培训的方式一般为根据焊接操作技能工人的工作需要，选择相应的焊接方法、材料、焊接位置及资格认证等级，按照相应的培训规程及考试标准进行培训和考试。焊工培训主要以技能操作为主，理论基础知识为辅，培训时间应根据不同的培训项目要求决定，一般为 1～3 月，经培训考试合格后颁发相应的资格证书。

③ 为了提高焊接技术工人的素质和待遇，国家劳动部颁发了各个工种的职业技能鉴定规范，根据焊接技术工人的职业技能水平分为高级技师、技师、高级工、中级工、初级工五个等级，恢复了对焊工的培训及考核工作，由各省、市劳动与社会保障厅（局）组织对企事业单位原有技能水平八个等级的焊工进行培训，并按国家机械工业委员会制订的考试规则进行考评，而事业单位则由各省、市的人事部门组织培训与考试，合格者颁发相应等级的技能证书。

5.2.2 焊接生产人员考试的监督管理及组织

目前我国最具有代表性的焊接生产人员培训及考试，特别是焊工培训及考试应该属于锅炉、压力容器等特种设备的焊工培训及考试。锅炉、压力容器等特种设备的焊工培训及考试必须依照国家质量监督检验检疫总局颁布的 GB/T 28001《职业健康安全管理体系规范》、国质检锅 [2002] 109 号《锅炉压力容器压力管道焊工考试与管理规则》、《焊工技术考核规程》等技术规范要求进行培训，并取得相应项目的焊工《作业人员证》，才能在有效期间担任合格项目内的焊接工作。适用于各类钢制锅炉、压力容器和压力管道受压元件焊接的焊工考试，主要包括：受压元件焊缝，与受压元件焊接的焊缝，熔入永久焊缝内的定位焊缝，受压元件母材表面堆焊。

钢制锅炉、压力容器和压力管道的焊条电弧焊、气焊、钨极气体保护焊、熔化极气体保护焊、埋弧焊、电渣焊、摩擦焊和螺柱焊等方法的焊工考试及管理应符合《锅炉压力容器压力管道焊工考试与管理规则》要求；钛和铝材的焊工考试内容、方法和结果评定分别按 JB4745《钛制压力容器》和 JB4734《铝制压力容器》中的规定执行；铜、镍材料的焊工考试内容、方法和结果评定按 GB50236《现场设备工业管道焊接工程施工及验收规范》中的规定执行。

焊接生产人员培训与考试应依据产品所要求的行业标准，建立包括组织机构、文件档案、工作人员、设备仪器的培训体系，确保焊工培训和考核工作所必要的控制手段、过程设备、生产资源和技能水平。

5.2.2.1 焊接培训机构

焊接培训机构一般应具有独立承担焊工培训管理、考核管理、技术工艺管理、档案管理、试件加工制取、操作技能训练、试验检验的责任和能力，以满足焊工的培训与考核的需要。一般分为考试、培训、综合管理等工作，主要从事焊工技术培训、考核签证及相关工作，必须经质量技术监督部门或其他授权机构进行专业资格认可，配备有焊接专业指导教师、技术考核人员、实验检验员等工作人员；各种焊接、热处理、切削加工、检验测量、试验仪器和设备及钢材、焊接材料等耗材；各种规范行政和技术管理的程序、法规、制度的文件；相应的培训、考试场地。

5.2.2.2 考试文件

考试文件资料是质量管理的重要依据和证实文件，文件资料管理失控，会对整个焊工培训的质量水平造成重大影响。文件资料应建立分类台账或清单，有效控制接收、发放与归档。

考试文件资料可分为三个层次，第一层次文件集中阐明所建立的焊工培训和考核质量体系及其运行方式，如质量管理手册、程序文件等；第二层次文件包括各部门、人员、设备、材料的管理制度、工作标准等，是各部门相关工作的依据；第三层次文件是具体焊接项目的专业性指导文件，主要包括国家行业技术规范规程、验评标准、标准图册、焊接工艺评定报告、焊接工艺规程、培训计划、培训方案、培训记录、安全技术措施、焊工档案等，其中焊工档案必须保存焊工个人基本情况、培训过程和考试结果记录，并安排专人管理。

5.2.2.3　考试人员

从事焊接培训的人员应满足焊工培训所需的理论、操作技能指导及组织焊工考试和管理焊工档案的要求。

理论教师由焊接工程师担任，负责编写教学方案、理论教学及考核、编制焊接工艺规程及相关技术管理、签证管理等各项工作。

操作技能教师应具备焊工技师资格或同等操作技能水平，负责操作技能教学，并能进行教学场所焊工安全教育，安全文明施工管理及具体组织实施。

5.2.3　考试内容及项目

焊工考试内容包括基本知识考试和焊接操作技能考试两部分。

5.2.3.1　焊工基本知识考试资质规定

基本知识考试内容应与焊工所从事焊接工作范围相适应，在焊工考试时，属下列情况之一的，必须进行相应基本知识考试：

① 首次申请考试；

② 改变焊接方法；

③ 改变母材种类（如钢、铝、钛等）；

④ 基本知识考试合格有效期内，未进行焊接操作技能考试。

5.2.3.2　焊工基本知识考试内容

（1）焊接安全知识和相关规定　主要包括焊接过程中可能引起机械损伤、爆炸、火灾、触电、高空坠落、水下窒息等事故的不安全因素产生的原因和消除的方法，预防工伤事故、保障劳动者的安全知识，其中包括安全操作规程的规定、安全教育等安全管理措施。

（2）熔焊原理的基本知识

① 焊接的定义、分类、特点等基本概念，重点是熔焊的基本原理，主要是对焊条电弧焊知识的掌握程度。

② 焊条电弧焊、钨极氩弧焊、二氧化碳气体保护焊和自动埋弧焊的基本原理，重点是熔滴过渡和焊缝形成过程、焊接接头的组成及各区域形成特征、焊接电弧特性和影响电弧稳定燃烧的因素、熔焊冶金过程和焊缝结晶过程、焊接热循环和热输入、影响焊接质量的因素。

（3）焊接设备的基本知识

① 焊接设备电路原理、常用焊接设备的构造和使用事项；电弧对电源的要求，电源外特性、电弧静特性、空载电压及动特性等基本知识。

② 交、直流弧焊机和逆变焊机的构造和工作原理以及维护保养等电工学的基本知识。

③ 常用工具和测量仪表的种类、名称、使用事项。

（4）金属材料的基本知识

① 钢的分类，包括碳素钢、合金钢等的分类方法及其化学成分。

② 金属材料的力学性能，包括抗拉强度（R_m）、屈服强度（R_{el}）、塑性、冲击吸收功、

硬度、抗高温蠕变性能和高温持久强度等概念的含义。

③ 金属的晶格构造，包括金属的结晶机理、过程及其粒度大小对材料性能的影响。

④ 金属材料的焊接特点，常见合金元素对材料性能的影响。

⑤ 金属材料的焊后热处理知识。

⑥ 常见钢材的钢号、化学成分、力学性能、使用范围及其焊接特点。

（5）焊接材料的基本知识

① 焊条的组成、种类、表示方法及规格；焊条药皮的组成、特性、在焊接过程中的作用；酸、碱性焊条的特性和应用范围；焊条的使用、保管要求和质量鉴定方法。焊条工艺性与焊接性、焊条选用原则。

② 焊丝、焊剂。手工钨极氩弧焊、气焊和二氧化碳气体保护焊常用焊丝的成分、种类、表示方法、规格及使用、保管要求和选用原则。自动埋弧焊常用焊丝、焊剂的成分、种类、表示方法、规格及使用、保管要求和选用原则。

③ 气体及钨极。氧气、乙炔、二氧化碳、氩气的物理、化学性质，在焊接过程中的作用，气体对焊缝质量的影响及运输、存放、使用的要求。钨极的种类、化学成分、牌号，各种钨极的特点、使用时的注意事项。

（6）焊接工艺的基本知识

① 焊接接头形式、焊缝形式、坡口形式、图样标识，制备坡口的目的，选择坡口的一般要求，常用坡口的形式。

② 焊缝标注方法，焊缝代号的组成，基本符号、指引线、辅助符号、补充符号等。

③ 电源极性对焊缝的影响，根据焊接材料、焊接方法、工件情况正确选择电源极性。

④ 焊接规范对焊缝成形和焊接质量的影响，如何正确地选择焊接规范参数。

⑤ 焊条电弧焊的基本操作方法及在实际焊接操作中的运用，如焊缝的起弧、接头、运条和收弧等操作方法。

⑥ 常用的碳钢、低合金钢、耐热钢、不锈钢和异种钢的焊接工艺知识。

⑦ 焊前预热及焊后热处理等工艺措施的作用。

（7）焊接接头性能及其影响因素

（8）焊接残余应力与变形的基本知识

① 焊接残余应力产生的原因，常用消除应力的工艺方法。

② 焊接变形的种类、危害、防止措施及消除办法。

（9）焊接缺陷及质量检验的基本知识

① 焊接缺陷产生的原因，对结构承载能力的影响、危害防止措施及返修。

② 常见内部缺陷产生的原因、防止措施。

③ 常用检验方法分类、作用，焊缝外观检验方法和要求，无损检测方法特点、适用范围、级别、标志和缺陷识别。

（10）焊接技术文件的基本知识

① 了解焊接质量管理体系、规章制度、工艺文件、工艺纪律、焊接工艺评定与焊接工艺规程等基本概念。

② 认识焊工考试和管理规则基本知识、焊工资格认证的重要性、持证焊工的工作范围和合格项目焊接的规定。

③ 焊工培训、考试的方法、程序及相关要求。

（11）焊接技术操作要领

根据焊接工艺规程，焊接技能教学方案正确选用各种位置焊接操作施焊方法及焊接规范参数，预防、控制焊接缺陷。

（12）焊工基本知识考试满分为 100 分，不低于 70 分为合格。

5.2.3.3　焊接操作技能考试

焊接操作技能考试应从焊接方法、试件材料、焊接材料等方面进行考核。

① 焊接方法及其代表符号见表 5-1。

② 焊条类别、代号及适用范围见表 5-2。

③ 试件钢号分类及代号见表 5-3。

表 5-1　焊接方法及其代表符号

焊接方法	代　号	焊接方法	代　号
焊条电弧焊	SMAW	埋弧焊	SAW
气焊	OFW	电渣焊	ESW
钨极气体保护焊	GTAW	摩擦焊	FRW
熔化极气体保护焊	GMAW（含药芯焊丝电弧焊 FCAW）	螺柱焊	SW

表 5-2　焊条类别、代表符号及适用范围

焊条类别	焊条类别代号	相应型号	适用的焊条范围	相应标准
钛钙型	F1	EXX03	F1	GB/T 5117、GB/T 5118、GB/T 983（奥氏体、双相钢焊条除外）
纤维素型	F2	EXX10,EXX11,EXX10-x,EXX11-x	F1,F2	
钛型、钛钙型	F3	EXXX(X)-16,EXXX(X)-17	F1,F3	
低氢型、碱性	F3J	EXX15,EXX16EXX18,EXX48EXX15-x,EXX16-x,EXX18-x,EXX48-x,EXXX(X)-15,EXXX(X)-16,EXXX(X)-17	F1,F3,F3J	
钛型、钛钙型	F4	EXXX(X)-16,EXXX(X)-17	F4	GB/T 983（奥氏体、双相钢焊条）
碱性	F4J	EXXX(X)-15,EXXX(X)-16EXXX(X)-17	F4,F4J	

（1）焊接操作技能试件形式　试件形式主要包括对接焊缝试件、管板角接头试件、螺柱焊试件和堆焊试件。试件坡口形式及尺寸应按焊接工艺规程制备，或由焊工考试委员会按相应国家标准或行业标准制备。管板角接头试件采用板侧开 50°坡口的插入式接头形式。对接焊缝试件和管板角接头试件，分为带衬垫和不带衬垫两种。双面焊、部分焊透的对接焊缝和部分焊透的管板角接头均视为带衬垫。

试件形式、位置及代号见表 5-4。考试试件示意见图 5-1，考试试件尺寸和数量见表 5-5。其中堆焊试件首层至少堆焊三条并列焊道，总宽度 ≥38mm；堆焊管材试件最小外径应满足取样数量要求。焊机操作工采用对接焊缝试件或管板角接头试件考试时，母材厚度 T 或 S_0 自定，经焊接操作技能考试合格后，适用于焊件焊缝金属厚度不限。

（2）试件适用焊件焊接位置

试件适用焊件焊接位置的具体要求见表 5-6。

（3）试件适用范围

① 手工焊焊工采用对接焊缝试件，经焊接操作技能考试合格后，适用于焊件焊缝金属厚度范围见表 5-7。T 为该名焊工、每种焊接方法在试件上的对接焊缝金属厚度（余高不计），当某焊工用一种焊接方法考试且试件截面全焊透时，t 与试件母材厚度 T 相等。

表 5-3　试件钢号分类及代号

类　　别	代号	典型钢号示例
碳素钢	I	HP245　HP265 L175　L210 Q195　Q215　Q235　Q245R 10　15　20　25　20G　22g S205
低合金钢	II	HP295　HP325　HP345　HP365 L245　L290　L320　L360　L415　L450　L485　L555 S240　S290　S315　S360　S385　S415　S450　S480 12Mng　16Mn　Q345R　Q370R　20MnMo 10MnWVNb　13MnNiMoR　20MnMoNb　07MnCrMoVR 12CrMo　12CrMoG　15CrMo　15CrMoR　15CrMoG　14Cr1Mo 14Cr1MoR　12Cr1MoV　12Cr1MoVG　12Cr2Mo　12Cr2Mo1 12Cr2Mo1R　12Cr2MoG　12Cr2MoWVTiB　12Cr3MoVSiTiB 09MnD　09MnNiD　09MnNiDR　16MnD　16MnDR　15MnNiDR 20MnMoD　07MnNiCrMoVDR　08MnNiCrMoVD　10Ni3MoVD
马氏体钢不锈钢、铁素体不锈钢	III	1Cr5Mo　0Cr13　1Cr13　1Cr17　1Cr9Mo1
奥氏体不锈钢、双相不锈钢	IV	0Cr19Ni9　0Cr18Ni9Ti　0Cr18Ni11Ti　0Cr18Ni12Mo2Ti 0Cr23Ni13　0Cr25Ni20　0Cr18Ni12Mo3Ti　0Cr19Ni13Mo3 00Cr18Ni10　00Cr19Ni11　00Cr17Ni14Mo2　00Cr18Ni5Mo3Si2 00Cr19Ni13Mo3　1Cr19Ni9　1Cr19Ni11Ti　1Cr23Ni18

表 5-4　试件形式、位置及代号

试件形式	试件位置		代号	试件形式	试件位置		代号
板材对接焊缝试件	平焊		1G	管材对接焊缝试件	45°固定	向下焊	6GX
	横焊		2G	管板角接头试件	水平转动		2FRC
	立焊		3G		垂直固定平焊		2FG
	仰焊		4G		垂直固定仰焊		4FG
管材对接焊缝试件	水平转动		1G		水平固定		5FG
	垂直固定		2G		45°固定		6FG
	水平固定	向上焊	5G	螺柱焊试件	平焊		1S
		向下焊	5GX		横焊		2S
	45°固定	向上焊	6G		仰焊		4S

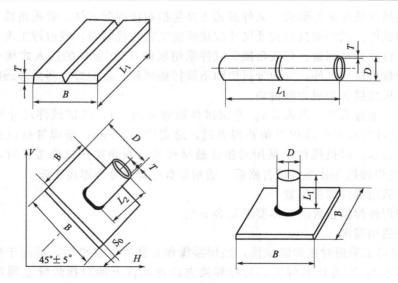

图 5-1　考试试件示意

表 5-5　考试试件尺寸和数量

试件类别	试件形式		试件尺寸						试件数量/个
			L_1	L_2	B	T	D	S_0	
对接焊缝试件	板	手工焊	≥300	—	≥200	任意厚度	—	—	1
		机械化焊	≥400	—	≥240		—	—	1
	管	手工焊机械化焊	≥200	—	—	任意厚度	<25	—	3
							25≤D<76	—	3
							≥76	—	1
		手工向下焊	≥200	—	—	任意厚度	≥300	—	1
管板角接头试件	管与板		—	手工焊≥75；机械化焊≥5	≥D+100	任意厚度	<76	≥T	2
							≥76		1
堆焊试件	板		≥250	—	≥150	任意厚度	—	—	1
	管		≥200	—	—		—	—	
螺柱焊试件	板与柱		(8~10)D	—	≥50	—	—	—	5

表 5-6　试件适用焊件焊接位置

试件		适用焊件位置			
		对接焊缝位置		角焊缝位置	管板角接头焊件位置
形式	代号	板材和外径>600mm 的管材	外径≤600mm 的管材		
板材对接焊缝	1G 2G 3G 4G	平 平、横 平、立(注1) 平、仰	平(注2) 平、横(注2) 平(注2) 平(注2)	平 平、横 平、横、立 平、横、仰	—
管材对接焊缝	1G 2G 5G 5GX 6G 6GX	平 平、横 平、立、仰 平、立向下、仰 平、横、立、仰 平、立向下、横、仰	平 平、横 平、立、仰 平、立向下、仰 平、横、立、仰 平、立向下、横、仰	平 平、横 平、立、仰 平、立向下、仰 平、横、立、仰 平、立向下、横、仰	—
管板角接头	2FG 2FRG 4FG 5FG 6FG	—	—	平、横 平、横 平、横、仰 平、横、立、仰 平、横、立、仰	2FG 2FRG、2FG 4FG、2FG 5FG、2FRG、2FG 所有位置

② 手工焊焊工采用管材对接焊缝试件，经焊接操作技能考试合格后，适用于管材对接焊缝焊件外径范围见表 5-8；适用于焊缝金属厚度范围见表 5-7。

③ 手工焊焊工采用管板角接头试件，焊接操作技能考试合格后，适用于管板角接头焊件范围见表 5-9，当某焊工用一种焊接方法考试且试件截面全焊透时，t 与试件板材厚度 S_0 相等。

表 5-7　适用于焊件焊缝金属厚度范围　　　　　　　　单位：mm

焊缝形式	试件母材厚度 T	适用于焊件焊缝金属厚度	
		最小值	最大值
对接焊缝	<12	不限	2t
	≥12	不限	不限①

① t 不得小于 12mm，且焊缝不得少于 3 层。

表 5-8　适用于管材对接焊缝焊件外径范围　　　　单位：mm

管材试件外径 D	适用管材焊件外径范围		管材试件外径 D	适用管材焊件外径范围	
	最小值	最大值		最小值	最大值
<25	D	不限	≥76	76	不限
25≤D<76	25	不限	≥300①	76	不限

① 管材向下焊试件。

表 5-9　适用于管板角接头焊件范围　　　　单位：mm

管板角接头试件管外径 D	适用焊件范围				
	管外径		管壁厚度	焊件焊缝金属厚度	
	最小值	最大值		最小值	最大值
<25	D	不限	不限	不限	当 S_0<12 时，2t 当 S_0≥12 时①，不限
25≤D<76	25	不限	不限		
≥76	76	不限	不限		

① 当 S_0≥12 时，t 应不小于 12mm，且焊缝不得少于 3 层。

（4）焊接要素及代号（表 5-10）

表 5-10　焊接要素及代号

焊　接　要　素			要素代号
手工钨极气体保护焊填充金属焊丝		无	01
		实芯焊丝	02
		药芯焊丝	03
机械化焊	钨极气体保护焊自动稳压系统	有	04
		无	05
	自动跟踪系统	有	06
		无	07
	每面坡口内焊道	单道	08
		多道	09

（5）考试项目替代的规定

① 手工焊焊工和焊机操作工采用不带衬垫对接焊缝试件和管板角接头试件，经焊接操作技能考试合格后，分别适用于带衬垫对接焊缝焊件和管板角接头焊件；反之不适用。

② 气焊焊工采用带衬垫对接焊缝试件，经焊接操作技能考试合格后，适用于不带衬垫对接焊缝焊件；反之不适用。

③ 手工焊焊工和焊机操作工采用对接焊缝试件和管板角接头试件，经焊接操作技能考试合格后，除规定需要重新考试时，适用于焊件角焊缝，且母材厚度和外径不限。

（6）耐蚀堆焊试件

① 各种焊接方法的焊接操作技能考试规定也适用于耐蚀堆焊。

② 手工焊焊工和焊机操作工采用堆焊试件考试合格后，适用于焊件的堆焊层厚度不限，适用于焊件母材厚度范围见表 5-11。

③ 焊接不锈钢复合钢的复层之间焊缝及过渡焊缝的焊工应取得耐蚀堆焊资格。

（7）焊接操作技能考试的具体要求

① 手工焊焊工的所有考试试件，第一层焊缝中至少应有一个停弧再焊接头；焊机操作

工考试时，中间不得停弧。

表 5-11　耐蚀堆焊试件适用于焊件母材厚度范围　　　　单位：mm

堆焊试件母材厚度 T	适用于堆焊焊件母材厚度范围	
	最小值	最大值
<25	T	不限
$\geqslant25$	25	不限

② 采用不带衬垫试件进行焊接技能考试时，必须从单面焊接。

③ 机械化焊接考试时，允许加引弧板和引出弧。

④ 表 5-3 第 I 类钢号的试件，除管材对接焊缝试件和管板角接头试件的第一道焊缝在换焊条时允许修磨接头部位外，其他焊道不允许修磨和返修；第 II～IV 类钢号试件第一道焊缝和中间层焊道在换焊条时允许修磨接头部位外，其他焊道不允许修磨和返修。

⑤ 焊接操作技能考试时，试件的焊接位置不得改变。管材对接焊缝和管板角接头的 45° 固定试件，管轴线与水平面间的夹角应为 45°±5°。

⑥ 水平固定试件和 45°固定试件，应在试件上标注焊接位置的钟点标记。定位焊缝不得在"6点"标记处；焊工在进行管材向下焊试件操作技能考试时，应严格按照钟点标记固定试件位置，且只能从"12点"标记处起弧，"6点"标记处收弧，其他操作应符合本条相关要求。

⑦ 手工焊焊工考试板材试件厚度＞10mm 时，不允许用焊接卡具或其他办法将板材试件刚性固定，但是允许试件在定位焊时预留反变形量；≤10mm 厚的板材试件允许刚性固定。

⑧ 焊工应按评定合格的焊接工艺规程焊接考试试件。

⑨ 考试用试件的坡口表面及两侧必须清除干净；焊条和焊剂必须按规定要求烘干，焊丝必须去除油、锈。

⑩ 焊接技能操作考试前，由焊工考试委员会负责编制焊工考试代号，并在焊工考试委员会成员、监考人员与焊工共同在场确认的情况下，在试件上标注焊工考试代号和考试项目代号。试件数量应符合表 5-5 要求，且不允许增加试件数量或挑选试件。

5.2.4　焊接操作技能考试评分规则

5.2.4.1　焊接操作技能考试检验项目

焊工焊接操作技能考试结果应通过检验进行评定。每个考试项目根据测评要求单独进行检验，完成某一考试项目所有的检验，并均达到合格时，该考试项目认定合格。

焊工焊接操作技能考试不合格者，允许在三个月内补考一次。每个补考项目的试件数量执行表 5-5 有关规定；试件的检验项目、检查数量和试样数量见表 5-12，每个试件均应进行外观检查，合格后再进行其他项目的检验。其中弯曲试验，无论一个或两个试样不合格，均不允许复验，认为本次考试结果不合格。

5.2.4.2　试件的外观检查

（1）检查方法　采用目视或 5 倍放大镜进行试件的外观检查。手工焊的试板两端 20mm 内的缺陷不计，焊缝的余高和宽度可用焊缝检验尺测量最大值和最小值，但不取平均值，单面焊的背面焊缝宽度可不测定。

（2）焊缝外观检查要求　试件的焊缝外观检查应符合下列要求，否则为不合格。

① 焊缝表面应保持焊后原始状态，没有进行表面修磨加工或返修焊。

表 5-12　试件的检验项目、检查数量和试样数量　　　　　　　单位：件

试件类别	试件形式	试件厚度或管径/mm		检验项目						
		厚度	管外径	外观检查	射线透照	断口检验	弯曲试验			金相检验
							面弯	背弯	侧弯	
对接焊缝试件	板	<12	—	1	1	—	1	1	—	—
		≥12	—	1	1	—	—	—	2	—
	管	—	<76	3	—	2	1	1	—	—
		—	≥76	1	1	—	—	—	2	—
	管向下焊	<12	≥300	1	1	—	1	1	—	—
		≥12		1	1	—	—	—	2	—
管板角接头试件	管与板	—	<76	2	—	—	—	—	—	取3个检查面
			≥76	1	—	—	—	—	—	3
堆焊试件	板或管	—	—	1	1(渗透)	—	—	—	—	—
螺柱焊试件	板与柱			5	—	—	—	—	—	—

② 焊缝外形尺寸要求见表 5-13，并同时符合下列规定：

检查焊缝边缘直线度（f），手工焊时，$f \leqslant 2mm$；机械化焊时，$f \leqslant 3mm$。管板角接头试件的角焊缝凹度或凸度≤1.5mm，管侧焊脚为 $T+(0\sim3)$ mm。不带衬垫的板材试件、不带衬垫的管板角接头试件和外径≥$\phi76mm$ 的管材试件，背面焊缝的余高≤3mm。外径小于 $\phi76mm$ 的管材对接焊缝试件进行通球检查。管材外径≥$\phi32mm$ 时，通球直径为管材内径的85%；管材外径<$\phi32mm$ 时，通球直径为管内径的75%。

表 5-13　焊缝外形尺寸要求　　　　　　　　　　　　　单位：mm

焊接方法	焊缝余高		焊缝余高差		焊缝宽度		焊道高度差	
	平焊	其他位置	平焊	其他位置	坡口每侧增宽	宽度差	平焊	其他位置
手工焊	0～3	0～4	≤2	≤3	0.5～2.5	≤3	—	—
机械化焊	0～3	0～3	≤2	≤2	2～4	≤2	—	—
堆焊	—	—	—	—	—	—	≤1.5	≤1.5

③ 焊缝表面不得有裂纹、未熔合、夹渣、气孔、焊瘤和未焊透；机械化焊的焊缝表面不得有咬边和凹坑。堆焊焊缝相邻焊道间的下凹量和搭接焊道的平面度≤1.5mm。

手工焊焊缝表面的咬边和背面凹坑要求见表 5-14。板材试件焊后变形角度≤3°，试件的错边量不得大于 $10\%T$，且≤2mm，板材试件焊后变形角度和错边量示意见图 5-2。

表 5-14　手工焊焊缝表面的咬边和背面凹坑要求

缺陷名称	允许的最大尺寸
咬边	深度≤1.5mm；焊缝两侧咬边总长度不得超过焊缝长度的10%
背面凹坑	当 $T \leqslant 5mm$ 时，深度≤25%T，且≤1mm；当 $T > 5mm$ 时，深度≤20%T，且≤2mm；除仰焊位置的板材试件不作规定外，总长度不超过焊缝长度的10%

5.2.4.3　试件的无损探伤

试件的射线透照应执行 JB 4730《压力容器无损检测》进行检测，射线透照质量不应低于 AB 级，焊缝缺陷等级不低于Ⅱ级，评为合格。

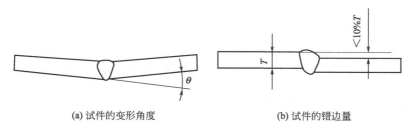

(a) 试件的变形角度　　　　　　　　(b) 试件的错边量

图 5-2　板材试件焊后变形角度和错边量示意

　　堆焊试件表面应执行 JB 4730《压力容器无损检测》进行渗透检测，缺陷评定结果不低于Ⅱ级。

5.2.4.4　管材对接焊缝试件的断口检验

　　断口检验试样采用切削加工方法在焊缝中心加工一条沟槽，然后将试件压断或折断，检查断口缺陷。试件断口检验应符合下列要求：

　　① 断面上没有裂纹和未熔合。

　　② 背面凹坑深度≤25％T，且≤1mm。

　　③ 单个气孔沿径向长度≤30％T，且≤1.5mm，沿轴向或周向长度≤2mm。

　　④ 单个夹渣沿径向长度≤25％T，沿轴向或周向长度≤30％T。

　　⑤ 在任何 10mm 焊缝长度内，气孔和夹渣≤3 个。

　　⑥ 沿圆周方向 10T 范围内，气孔和夹渣的累计长度≤T。

　　⑦ 沿壁厚方向同一直线上各种缺陷总长度≤30％T，且≤1.5mm。

5.2.4.5　弯曲试验

　　弯曲试验方法执行 GB/T 232《金属材料弯曲试验方法》。堆焊侧弯试样宽度至少应包括堆焊层全部、熔合线和基层热影响区；试样上的余高及焊缝背面的多余部分应用切削加工方法去除。面弯和背弯试样的拉伸面应平齐，且保留焊缝两侧中至少一侧的母材原始表面。

　　对接焊缝试件的试样弯曲角度见表 5-15。试样弯曲到表 5-15 规定的角度后，其拉伸面不得有长度＞3mm 的裂纹或缺陷，试样的棱角开裂不计，但确因焊接缺陷引起试样开裂的长度应进行评定；堆焊试件弯曲试样拉伸面的堆焊层区域不得有长度＞1.5mm 的裂纹或缺陷，在熔合线上不得有长度＞3mm 的裂纹或缺陷。

表 5-15　对接焊缝试件的试样弯曲角度

衬垫情况	钢种	弯轴直径 D_0	支座间距离	弯曲角度
带衬垫	碳素钢、奥氏体钢和双相不锈钢	$3S_1$	$5.2S_1$	180°
	其他低合金钢、合金钢			100°
不带衬垫	碳素钢、奥氏体钢和双相不锈钢			90°
	其他低合金钢、合金钢			50°

　　试件的两个弯曲试样试验结果均合格时，弯曲试验评为合格。两个试样均不合格时，不允许复验，弯曲试验评为不合格；若其中一个弯曲试样不合格，允许从原件上另取一个试样进行复验，复验合格评为合格。

5.2.4.6　管板角接头试件宏观检验

　　金相试样采用目视或 5 倍放大镜进行宏观检验。每个试样检查面经宏观检验应符合下列要求：

① 没有裂纹和未熔合；

② 焊缝根部应焊透；

③ 气孔或夹渣的最大尺寸不得超过≤1.5mm；当气孔或夹渣＞0.5mm，且≤1.5mm时，其数量不得多于1个；只有≤0.5mm的气孔或夹渣时，其数量不得多于3个。

5.3　焊接生产经济性分析

5.3.1　企业经济指标

5.3.1.1　企业的概念

企业是集合资本、劳动力、技术信息及其他自然资源等生产要素，并在利润动机和承担风险条件下，为社会提供产品和服务的单位。企业是商品经济和社会分工发展到一定阶段的产物，具有独立的商品生产者和经营者的身份，是现代社会的基本经济单位。

企业应有必要的生产技术设备、原材料、能源供给等基本生产条件，相应的组织机构和员工，从事法律允许的生产经营活动。同时企业是一种追求营利的社会机构，在向社会提供产品和服务时，其目的是获取相当的收入和利润。

5.3.1.2　企业经济指标

企业的各项计划任务是由多项经济指标代表指示，经济指标是通过一定的数值反映企业在一定期间内的生产经营活动目标和水平。

（1）企业生产技术指标　生产技术指标分为生产指标、劳动指标、物质指标、成本指标、财务指标等类型，其中生产成果表现为工业产品产值、产量，劳动条件表现为劳动力、劳动资料、劳动生产率，货币形式表现为生产费用、财务报表、流动资金速度、目标成本、利润和利润率等。

① 产量指标是指企业在计划内生产的符合质量标准的工业产品数量，一般以实物单位计算，产品产量包括成品及准备用于生产的半成品。

② 产值指标是指以货币形式表现的产量指标，可分为商品产值、总产值和净产值。

③ 质量指标是指产品的生产质量指标和整个生产过程的工作质量指标，如合格品等级指标及合格品率、废品率等。

④ 劳动生产率指标反映劳动者在生产过程中的效率，可用单位劳动时间完成的产品数量表示或以生产一定数量产品平均消耗的劳动时间表示。

（2）企业经济指标　企业经济指标主要包括资产、负债、所有者权益、收入、费用和利润等评价指标。

① 资产是指由企业拥有或控制的资源，而该资源预期会给企业带来经济利益。资产包括各种财产、债权和其他权利，是企业开展生产经营活动的基本条件和物质技术基础，如厂房、机器设备、现金、银行存款等。企业资产可按流动性分为固定资产、流动资产；按实物形态分为有形资产、无形资产。

② 负债是指过去的交易事项形成的现时义务，履行该义务预期会导致经济利益流出企业，如短期借款、应付账款、应付工资、应付福利费、应交税金等。

③ 所有者权益是指所有者在企业资产中享受的经济效益，其数值为资产减去负债后的余额。所有者权益主要来源于企业投资者的初始投资、按合同或公司章程追加的投资及企业在生产经营期间实现的留存收益。

④ 收入是指企业在销售产品、提供劳务及转让资产使用权等活动中形成的经济利益的总流入，包括主营业务收入和其他业务收入，工业企业的主营业务收入主要包括销售产品、

自制半成品、代制品、代修品，提供工业性劳务等取得的收入，一般在企业收入中占有较大的比例。

⑤ 费用是指企业在销售产品、提供劳务等活动所发生的经济利益的支出。企业应当将当期已销售产品或已提供劳务的成本转入当期的费用，其中包括生产成本支出等内容。

⑥ 利润是指企业在一定会计期间的经营成果，利润可以表示为营业利润、利润总额和净利润，营业利润是主营业务收入加上其他业务利润，减去主营业务成本、主营业务税金及附加、期间费用后的余额。利润总额是指营业利润加上投资收益、补贴收入、营业外收入，减去营业外支出后的金额。净利润是指利润总额减去所得税后的金额。利润率是指利润与资产的百分比，反映资产的收益大小。

在市场经济环境中，企业之间会产生激烈的竞争，一般不能通过提高产品价格的手段大幅度提高企业利润率，所以在实际生产中，企业通常会努力减少各种费用支出，降低生产成本，以获得较好的经济性。

5.3.1.3　成本

成本是企业为完成一定数量的产品生产或劳务而发生的各种费用，其数值为在一定的结算时间内所发生的费用支出与所生产的产品数量之比。成本的发生会减少企业资源和企业所有者权益，过多的成本支出甚至会引发企业亏损、破产，所以在生产活动中应该合理控制成本。

成本可以分为会计成本与机会成本、短期成本与长期成本、固定成本与可变成本、直接成本与间接成本等多种类型。

（1）会计成本与机会成本　企业会计成本通常包括生产、销售过程中发生的现金流出，如工资、原材料、动力能源、设备购置费、租金、广告、保险福利及税金等，这些成本也称为现付成本或实支成本。机会成本是一个经济学概念，也称为使用者成本或选择成本，某种产品或服务的机会成本就是为生产这种产品或服务而必须放弃的进行其他投资的最大价值。如投资生产电焊机的机会成本就是无法投资生产切割机所获得的最大价值回报，可见当采用有限的资源进行产品生产选择时，应追求投资回报的最大化。

（2）短期成本与长期成本　短期成本是指在确定的生产期间内，企业的某些投入是固定不变的，如厂房、生产机床等装备，产出只根据可变投入的增减而变化，但产出的变化幅度取决于企业现有不可变因素的数量。长期成本是指在更长期的时间内一切投入都是可变的，企业可以增减所有的投入因素，如厂房可以扩建、设备可以增添、技术工人可以组织培训等，企业有足够的时间进入或离开某个行业，并通过改变所拥有的生产要素包括工厂规模改变生产规模。

（3）固定成本与可变成本　在短期成本分析中，企业全部成本可分为固定成本和可变成本，固定成本是企业使用于所有不变要素上的支出，并且不随产品产量的变化而变化，也可以理解为即使企业暂时不进行生产，仍然需要支付的费用，如贷款利息、场地租金、设备折旧等。可变成本是指企业生产中随产品产量变化而变化的费用支出，如原材料费用、能源动力费用等，产品产量越大，可变成本就越大。将企业固定成本和可变成本结合起来就构成总成本。

（4）直接成本与间接成本　直接成本是为生产某种产品支出的工人工资、职工福利、原材料、辅助材料、外购半成品等，直接成本可依据原始凭证直接计入此种产品成本。间接成本是为了组织和管理产品生产时支出的设备折旧费、维修费、办公费、水电费、劳动保护费等，间接成本应按一定的比例分摊到各种产品成本。

5.3.2 焊接生产成本分析

5.3.2.1 单件产品的生产成本测算

当企业采用多品种单件产品生产模式时，单件产品的直接成本直接计入此单件产品的成本，而间接成本应按一定的比例分摊到此单件产品的成本。

某单件产品生产成本举例计算见表 5-16。其中直接成本包括钢材成本和工人工资成本，间接成本包括钢材运输费成本、辅助人员工资成本、设计开发成本、管理成本和销售成本。经过分类统计得到某单件产品生产成本为上述五种成本之和。当然产品生产过程中实际支出的成本类型还有很多，计算中采用的比例系数可依据生产经验或以往统计结果确定，并结合企业产品实际情况进行测算统计。

表 5-16 某单件产品生产成本举例计算　　　　　　　　单位：元/件

序号	成本名称	直接成本	间接成本	备 注
1	材料成本 C_1 1620	钢材成本 C_2 1500	钢材运输费成本 C_3 120	$C_1 = C_2 + C_3$； $C_3 = 8\% C_2$
2	工资成本 C_4 750	工人工资成本 C_5 300	辅助人员工资成本 C_6 450	$C_4 = C_5 + C_6$； $C_6 = 150\% C_5$
3	设计开发成本 C_7 118.5	—	设计开发成本 C_7 118.5	$C_7 = 5\%(C_1 + C_4)$
4	管理成本 C_8 189.6		管理成本 C_8 189.6	$C_8 = 8\%(C_1 + C_4)$
5	销售成本 C_9 142.2		销售成本 C_9 142.2	$C_9 = 6\%(C_1 + C_4)$
	某单件产品生产成本 C_{10}	$C_{10} = C_1 + C_4 + C_7 + C_8 + C_9 = 2820.3$		

5.3.2.2 不同生产班次的焊接生产设备费用对比

当生产设备价值较高时，就要考虑产品生产成本中使用设备的支出，涉及设备的费用包括设备折旧费、银行贷款利息、场地费用、能源消耗和设备维修费等，当生产班次不同时，生产设备的使用费用也会产生一定的变化。焊接生产设备费用计算方法见表 5-17。

表 5-17 焊接生产设备费用计算方法

序号	设备费用类型	计算公式
1	设备折旧费	设备购置费/(使用年限 * 使用时间)
2	银行贷款利息	(设备购置费 * 银行贷款利息率)/(银行贷款年限 * 使用时间)
3	场地费	(生产用地面积 * 场地租金)/使用时间
4	能源消耗费	能源消耗量 * 能源单价
5	设备维修费	(设备购置费 * 设备维修系数)/使用时间
6	设备台时费	以上 5 项费用之和

例如：设备购置费 200000 元，每天一个生产班次（即工作时间 8 小时/天），一年设备使用时间 250 天，设备可使用寿命 10 年，每天两个生产班次（即工作时间 16 小时/天），设备可使用寿命 8 年，银行贷款利息率 5%/年，银行贷款年限 3 年，生产用地面积 30 平方米，场地租金 200 元/(平方米·年)，能源消耗量 20 千瓦，电费 0.6 元/度，一个生产班次的设备维修系数 8%，两个生产班次的设备维修系数 14%。焊接生产设备费用计算结果见表

5-18，一个生产班次的设备台时费 34.67 元/小时，两个生产班次的设备台时费 27.58 元/小时，可见一个生产班次的生产设备成本高于两个生产班次，增加生产班次可以降低生产设备成本。反之，如果希望降低生产成本，从生产设备成本角度分析，就应该采取增加生产班次、延长设备使用时间的管理措施。

同时如果按每小时生产 5 个零件计算，一个生产班次的零件设备使用费为 34.67÷5＝6.93 元/件，两个生产班次的零件设备使用费为 27.58÷5＝5.52 元/件。可见，增加生产班次可以降低单个零件的生产成本，有利于降低零件销售价格，提高产品市场竞争力，如果零件销售价格保持不变，则可以提高企业利润，取得较好的经济效益。

5.3.2.3　半自动 CO_2 气体保护焊焊接的工时费计算

半自动 CO_2 气体保护焊焊接的工时费包括操作焊工工时费、焊接设备折旧费、银行贷款利息、场地费用、能源消耗和设备维修费、焊接材料费、焊接辅助材料费等。其中操作焊工月工资 3000 元/月，每月 25 天一个生产班次工作制，每天工作 8 小时。气体保护焊设备购置费 12000 元/台，计算使用年限为 5 年，年使用时间 250 天，每天工作 8 小时，银行贷款利息率 5%/年，银行贷款年限 3 年，生产用地面积 5 平方米，场地租金 200 元/(平方米·年)，能源消耗量 15 千瓦，电费 0.6 元/度，一个生产班次的设备维修系数 8%，焊丝熔敷速度为 3 公斤/小时，焊丝价格 7 元/公斤，整瓶 CO_2 气体价格为 30 元，每瓶气体使用时间 10 小时。半自动 CO_2 气体保护焊焊接的工时费计算见表 5-19。

表 5-18　焊接生产设备费用计算方法　　　　　　　　　　　　单位：元

序号	设备费用类型	计算结果	
		一个生产班次	两个生产班次
1	设备折旧费	$200000÷(10×250×8)=10$	$200000÷(8×250×16)=6.25$
2	银行贷款利息	$(200000×5\%)÷(3×250×8)=1.67$	$(200000×5\%)÷(3×250×16)=0.83$
3	场地费	$(30×200)÷(250×8)=3$	$(30×200)÷(250×16)=1.5$
4	能源消耗费	$20×1×0.6=12$	$20×1×0.6=12$
5	设备维修费	$(200000×8\%)÷(250×8)=8$	$(200000×14\%)÷(250×16)=7$
6	设备台时费	$10+1.67+3+12+8=34.67$	$6.25+0.83+1.5+12+7=27.58$

表 5-19　半自动 CO_2 气体保护焊焊接的工时费计算　　　　　　单位：元

序号	费用类型	计算公式	计算结果
1	操作焊工工时费	月工资/月工时	$3000÷(25×8)=15$
2	焊接设备折旧费	设备购置费/(使用年限 * 使用时间)	$12000÷(5×250×8)=1.2$
3	银行贷款利息	(设备购置费 * 银行贷款利息率)/ (银行贷款年限 * 使用时间)	$(12000×5\%)÷(3×250×8)=0.1$
4	场地费用	(生产用地面积 * 场地租金)/使用时间	$(5×200)÷(250×8)=0.5$
5	能源消耗	能源消耗量 * 能源单价	$15×1×0.6=9$
6	设备维修费	(设备购置费 * 设备维修系数)/使用时间	$(12000×8\%)÷(250×8)=0.48$
7	焊接材料费	焊丝熔敷速度 * 焊丝单价	$3×7=21$
8	焊接辅助材料费	整瓶气体价格/气体使用时间 *	$30÷10=3$
9	焊接工时费	以上 8 项费用之和	$15+1.2+0.1+0.5+9+0.48+21+3=50.28$

5.3.2.4 不同焊接方法的焊接生产成本分析

在工程实践中,当企业进行设备投资、技术改造、工艺改进等情况时,经常会进行不同焊接方法的焊接生产成本分析。

采用常见的半自动 CO_2 气体保护焊与焊条电弧焊进行举例分析。当焊接钢板厚度 20mm 的对接接头时,采用 V 形坡口,半自动 CO_2 气体保护焊的坡口角度 $\alpha=50°$,焊条电弧焊的坡口角度 $\alpha=60°$,V 形坡口的钝边、坡口间隙均为 0,且不考虑焊接变形等因素,焊缝长度确定为 1m,焊接规范参数根据生产经验进行确定,两种焊接方法的焊接生产成本分析见表 5-20。可见半自动 CO_2 气体保护焊方法的焊接生产成本低于焊条电弧焊方法,特别是其中材料消耗成本和工时成本均有明显的成本优势,应优先选用半自动 CO_2 气体保护焊方法。

表 5-20　两种焊接方法的焊接生产成本分析

名　　称		CO_2气体保护焊	焊条电弧焊	其他计算条件
焊接工艺参数	焊接材料直径/mm	1.6	5.0	
	焊接电流/A	400	250	
	焊接电压/V	35	25	
	气体流量/(L/min)	15	—	
材料消耗费用	焊缝金属重量/(kg/m)	1.47	1.80	焊缝金属不计余高;焊丝单价 7 元/kg;焊条单价 5 元/kg;焊接材料不计牌号;焊丝熔化速度按 30kg/8h 计算;焊条熔化速度按 20kg/8h 计算;焊工工资 3000 元/月;月工作时间 25 天;每天工作 8h;电费 0.6 元/度;气体保护焊机购置费 12000 元/台;交流焊机购置费 3000 元/台;设备使用年限 5 年;年工作时间 300 天设备维修系数 8%
	熔敷效率	95%	65%	
	焊接材料消耗/(g/m)	1.47÷95%=1.55	180÷65%=2.77	
	焊接材料费用/(元/米)	1.55×7=10.85	2.77×5=13.85	
	CO_2气体费用/(元/米)	0.15	—	
工时费用	焊接材料熔化速度/(kg/min)	0.06	0.04	
	焊接作业时间/(min/m)	1.47÷0.06=24.5	2.77÷0.04=69.3	
	工时工资/(元/小时)	3000÷25÷8=15	3000÷25÷8=15	
	工时费用/(元/米)	24.5×15÷60=6.13	69.3×15÷60=17.33	
能源设备消耗	能源消耗/(元/米)	0.6×400×35×24.5÷(60×1000)=3.43	0.6×250×25×69.3÷(60×1000)=4.33	
	设备折旧费/(元/米)	12000×(24.5÷60)÷(5×300×8)=0.41	3000×(69.3÷60)÷(5×300×8)=0.29	
	设备维修费/(元/米)	(12000×8%)×(24.5÷60)÷(300×8)=0.16	(3000×8%)×(69.3÷60)÷(300×8)=0.12	
焊接生产成本/(元/米)		10.85+0.15+6.13+3.43+0.41+0.16=21.13	13.85+17.33+4.33+0.29+0.12=35.92	

5.3.3 提高焊接生产经济性方法

由于焊接生产经济性与经济环境、生产工艺条件等因素密切相关,随着焊接技术和工艺装备的不断发展,焊接生产经济性在一定生产环境和条件下发生变化,原来比较经济的生产方式可能被新的生产方式所替代,所以焊接生产经济性也具有相对性。因此在任何一种焊接生产领域都可以进行经济性的要求,通常焊接生产的经济性与生产批量、生产组织类型、生产设备能力、材料类型、结构形式、质量要求等因素有关。在实际生产中,一般采用减少工作时间、提高焊接生产效率、降低材料消耗、应用高能量密度焊接方法等途径,实现较好的经济性。

5.3.3.1 减少工作时间的途径

工作时间由实际工作时间和辅助工作时间组成,实际工作时间就是焊接作业中电弧燃烧时间，辅助工作时间是配合焊接作业的其他生产时间，如更换焊条、清理熔渣、调整焊接规范参数等。

（1）选择合理生产组织形式　应依据产品生产批量、生产计划等要求选择合理生产组织形式，降低生产辅助工作时间，控制单件产品的实际工作时间，生产计划应重点控制加工工序多、生产周期长、价值高的零部件生产安排，从而控制所有零部件的配套和生产周期。

（2）提高工人的操作技能　一般应根据产品的质量要求，组织焊工培训和考试，提高工人的专业知识、操作技能和熟练程度，从而降低废品率和返修率，在保证质量的前提下，提高生产速度。

（3）保障设备良好运行　要结合生产计划安排，提前组织设备维修和技术改造，保证设备完好率，使生产设备和工具处于良好运行状态，为生产计划的实施奠定基础。

（4）加强劳动纪律管理　通过加强劳动纪律管理，保证工人在岗位工作的有效时间和生产效率，结合生产计划进度，安排生产班次，组织有效的加班作业。

5.3.3.2　提高焊接生产效率

提高焊接生产效率可以缩短生产工作时间、降低生产成本，是改善经济性最有效的技术措施。提高焊接生产效率的主要方式包括选择熔化速度大的焊接方法、熔敷效率高的焊接材料、容易操作的焊接位置等。

（1）选择熔化速度大的焊接方法　熔化速度是熔焊过程中，单位时间内熔敷在焊件上的金属量，计量单位为 kg/h，是负荷持续率 100% 时的理论值。与焊接方法、焊接电源、焊接材料直径、焊接规范参数及辅助材料等因素有关。一般粗丝焊熔化速度大于细丝焊，多丝焊熔化速度大于单丝焊，埋弧焊大于熔化极气体保护焊，且大于焊条电弧焊，三丝以上埋弧焊的熔化速度可达到 40~60kg/h，而普通焊条的熔化速度不超过 4kg/h，铁粉焊条的熔化速度不超过 6kg/h，数值相差很大。半自动 CO_2 气体保护焊熔化速度见表 5-21，单丝埋弧焊熔化速度见表 5-22。

表 5-21　半自动 CO_2 气体保护焊熔化速度　　　　　　　　单位：kg/h

焊丝直径/mm	送丝速度/(m/min)					
	3	4	5	6	8	10
1.0	1.05	1.40	1.75	2.10	2.80	3.49
1.2	1.51	2.01	2.51	3.02	4.02	5.01
1.6	2.68	3.56	4.45	5.35	7.12	8.90

表 5-22　单丝埋弧焊熔化速度

焊丝直径/mm	1.6	2.5	3.0	4.0	5.0	6.0	8
熔化速度/(kg/h)	1.3~3.8	2.3~9.1	2.6~13.0	3.3~15.8	4.1~19.1	5.3~25.0	9.3~35.0

（2）选择熔敷效率高的焊接材料　熔敷效率是熔敷金属量与熔化的填充金属（通常指焊条的焊芯或焊丝）量的百分比。熔敷效率与焊接材料类型、直径、焊接电流、飞溅率等因素有关，一般焊条的熔敷效率为 65%~75%，而铁粉焊条的熔敷效率为 110%~180%，CO_2气体保护焊的熔敷效率为 92%~94%，富氩混合气体保护焊的熔敷效率为 96%~98%。应尽量选择熔敷效率高的焊接材料，如实心焊丝或金属型药芯焊丝代替焊条。

（3）选择容易操作的焊接位置　焊接位置对焊工操作施工的难易程度、焊接规范参数和焊接质量保证均有直接的影响，在平焊位置、船形焊、爬坡焊等焊接位置进行操作时，焊工易于控制熔池形状，保证金属流动和熔合效果，而且焊接规范参数选择范围宽，具有较高的生产效率，而其他焊接位置的焊接操作应选择较小的焊接规范参数，焊接难度增加，金属熔化速度降低，焊接工作时间延长，生产效率下降。几种焊接位置的焊接工作时间比例系数见表 5-23。

表 5-23 几种焊接位置的焊接工作时间比例系数

平　焊	平角焊	立　焊	仰　焊
1.0	1.05～1.15	1.25～1.35	1.4～1.6

5.3.3.3 降低材料的消耗

（1）提高钢材的利用率　在焊接结构设计和工艺编制过程中，要充分考虑焊接结构的特点，在保证产品质量要求和用户认可的前提下，简化结构形式，下料工序要注意合理套料，提高钢材的利用率，尽量减少生产过程中形成的边角余料，可以降低生产成本。

（2）减少熔敷金属填充量　在焊接结构设计时，在保证产品安全使用的前提下，应尽量减少焊缝的数量和焊缝尺寸。同时应选择合理的焊接坡口形式，减少坡口截面积，降低熔敷金属填充量，缩短焊接时间。当采用焊接熔深较大的焊接方法，不仅可以减少焊接坡口角度，而且可以减少焊接坡口深度，所以就能合理地减少熔敷金属填充量，如采用 CO_2 气体保护焊 V 形坡口的坡口角度 $\alpha=50°$，而焊条电弧焊 V 形坡口的坡口角度 $\alpha=60°$，则 CO_2 气体保护焊的熔敷金属填充量就会减少。

当厚板对接焊时，采用窄间隙坡口或变截面坡口形式代替 V 形坡口均可以有效地减少熔敷金属填充量，板厚越大，熔敷金属填充量降低幅度越大。

5.3.3.4 采用适当的焊接设备降低生产成本

（1）采用高能量密度焊接方法　提高焊接电弧能量密度，能够增加焊接熔深和焊接速度，改进焊接坡口形式，有利于降低焊接成本，如采用等离子焊接、电子束焊接和激光焊接等新能源技术的焊接设备，不仅拓展被焊材料的品种，也大大提高焊接生产效率。

（2）选择节能的焊接设备　在通用型焊接设备中，基于能源消耗和费用支出的约束，必然将以节能的焊接设备代替高耗能焊接设备，这一发展方向符合当前全球环境保护的发展趋势，目前我国高耗能的旋转弧焊发电机已基本淘汰，取而代之的晶闸管焊机和逆变焊机，能源成本已成为许多企业技术改造和设备采购必须考虑的实际问题。

（3）倡导"低成本自动化"的科学思想　机械化焊接和自动化焊接、焊接机器人等现代制造手段具有生产效率高、产品质量稳定等诸多优点，越来越多的在焊接生产中得到应用，但是随之而来的是较高的设备投资和高昂的设备维修费用，在发达国家以自动化设备连续生产代替人工操作，可以以较低工资成本得以补偿，能够降低生产成本，而我国属于发展中国家，应该倡导"低成本自动化"的科学思想，如果国产设备能够替代进口设备，应优先选用国产设备，并采用焊接专机实现机械化焊接和自动化焊接，从而控制设备采购费用，降低设备折旧费和设备维修费，从而降低产品的生产成本。

（4）正确选择焊接设备的功率和负荷持续率　在工厂建设和技术改造中，应该根据焊接产品的现实要求和产品未来的发展要求，适当地选择焊接设备的功率和负荷持续率，设备功率和负荷持续率过大会产生较大的能源浪费，支付较高的能源耗成本。如采用自动埋弧焊和熔化极气体保护焊焊接螺旋焊管和 H 型钢等结构的长焊缝时，负荷持续率为 60％～80％；采用焊条电弧焊焊接普通产品时，负荷持续率为 35％～50％，而焊接短焊缝时，负荷持续率为 20％～30％。

5.4 焊接生产安全及卫生防护

焊接生产安全与卫生主要从焊接技术的角度出发对焊接过程中有害因素的产生机理、影响条件及减少有害因素的作用等方面进行研究，由焊接安全技术、焊接作业环境、焊接劳动卫生、焊接劳动保护等内容组成。

5.4.1 焊接生产安全的重要意义

焊接过程中发生的工伤事故主要包括火灾、爆炸、触电、灼烫、急性中毒、高空坠落和物体打击等。焊接操作中存在的主要不安全因素，是焊工经常需要与可燃易爆气体及物料、燃料和压力容器、电动机、电器接触，有时还需要在狭小空间、高空或水下等恶劣环境进行作业。这不仅严重危害焊工及其他生产人员的安全和健康，而且可能使企业和国家财产遭受重大损失，所以我国劳动保护工作中规定了焊工属于特殊工种。

由于关系到广大焊接工作者的健康和安全，我国正在积极开展建立焊接安全与卫生标准科学的研究，制订焊接烟尘卫生、焊接劳动环境管理、焊工个人防护等标准；进行普及教育以提高焊接工作者的自我保护意识、管理者的劳动安全和防护管理能力；开展焊接有害因素的劳动卫生学与毒理学研究以确定危害性最大的有害因素，为改进焊接材料、焊接工艺方法提供理论依据；研制和生产小型局部排烟装置以及适用的个人防护用具，以解决烟尘浓度极高的作业环境中劳动防护问题。

5.4.2 焊接作业有害因素的影响

焊接过程中的有害因素可分为物理有害因素与化学有害因素。在焊接作业环境中可能存在的物理有害因素有焊接弧光（包括紫外线、红外线及过亮可见光）、高频电磁波、热辐射、噪声及放射线等；可能存在的化学有害因素有焊接烟尘等有害气体。

5.4.2.1 焊接环境的光辐射影响

光辐射由紫外线辐射、可见光辐射与红外线辐射所组成，在各种明弧焊方法、保护不好的埋弧焊以及处于造渣阶段的电渣焊等多种焊接方法中，都会产生外露电弧现象，形成光辐射。

由于不同焊接方法的电弧温度不同，在光辐射过程中所发出的紫外线、可见光与红外线的辐射强度及其构成比例均不相同，但均属于电磁辐射范畴，这些辐射线以 $3 \times 10^5 \mathrm{km/s}$ 的速度在空间里进行连续性传播，光辐射中的电磁波见表 5-24。

表 5-24 光辐射中的电磁波

辐射波谱	无线电波	红外线	可见光线	紫外线
波长范围	数千米～数毫米	345000～760nm	760～400nm	400～180nm

（1）弧光辐射强度的焊接影响因素

① 焊接工艺参数中焊接电流的大小，对光辐射强度影响最大。焊接电流越大，光辐射越强，二者呈正比例关系。

② 各种明弧焊接方法中，以等离子弧焊光辐射强度最大，二氧化碳气体保护焊的光辐射强度也比较大，其他焊接方法的光辐射强度各不相同。

③ 距离施焊点的空间位置也有很大影响，距离施焊点越近，光辐射强度越大。处于施焊点 10m 之外的位置，光辐射强度基本上衰减到安全界限以下。同时由于焊枪及工件的阻挡，不同位置光辐射强度也有很大差异。

④ 焊接防护手段不同，光辐射强度会有明显的差异。采取密闭化作业或隐弧罩时，基本上可以防止光辐射对作业地带的影响。但如果作业空间采取非吸收材料时，由于光辐射的反射、折射结果，局部环境光辐射强度会增大。

(2) 各种焊接方法光辐射的特点与强度

① 气焊使用氧-乙炔、氧-石油液化气等混合气体，施焊过程中能产生温度达 3700K 的蓝色火焰，这种火焰中含有的光辐射主要是红外线与可见光线，而紫外线较弱。从其辐射强度来看，由于气焊主要以红外线为主，波长较长，因而每个量子所携带的能量小于紫外线量子能量，且气焊过程中释放的量子数较少，所以气焊的光辐射强度较弱。

② 焊条电弧焊的电弧温度可高达 4000～6000K，呈现明弧状态，产生较强的光辐射。但由于套筒的遮蔽与焊接烟尘的吸收，在焊接电流值相同时，光辐射强度比气体保护焊和等离子焊弱一些。

③ 氩弧焊的光辐射强度高于焊条电弧焊。尤其是熔化极氩弧焊的电流密度为非熔化极氩弧焊的 5 倍，电弧温度高，光辐射强度更高。氩弧焊在施焊过程中所产生的红外线辐射为连续性光谱，最大辐射波长在 $0.86～0.76\mu m$ 范围内，其辐射强度是焊条电弧焊的数倍。在焊接电流值相同时，非熔化极氩弧焊光辐射强度为焊条电弧焊的 5 倍，熔化极氩弧焊光辐射强度为焊条电弧焊的 20～30 倍。

④ 等离子弧焊采用压缩、能量高度集中的等离子流，并且以极高的速度从喷嘴喷出。等离子弧中心温度高达 20000K 以上，主要为紫外线辐射。由于等离子弧量子数多，量子能量大，因而光辐射强度高于氩弧焊和焊条电弧焊。

⑤ 二氧化碳气体保护焊属于明弧焊方法，光辐射较强。二氧化碳气体保护焊光辐射强度约为焊条电弧焊的 2～3 倍，主要为紫外线辐射。

5.4.2.2 焊接环境的热量影响

由于熔焊是采用高温热源将金属加热到熔化状态后进行连接的，所以焊接时大量的热能以辐射形式向焊接作业环境中扩散，形成热辐射；同时，被电弧加热的局部空气以对流的形式将热量转移给作业环境，从而改变了作业环境条件，对人体健康产生影响。

(1) 热辐射　热辐射强度和温度与黑度有关，其载运体主要是红外线、可见光线、紫外线等。其中可见光线与红外线能被人体所吸收，在吸收过程中以重新将辐射能转变为热能，因而，红外线、可见光线又称热射线。

① 焊接电弧区的热辐射。通过电弧热效率分析，约有 20％～30％的电弧热量要扩散到施焊环境中，所以认为焊接电弧区是热源的主体。虽然焊接过程中产生的大量辐射线不能直接加热空气，但当它被空气媒质、人体或周围物体吸收后，这种辐射线就转化为热能；而被某物体吸收的热能，又可以转化为辐射能，成为二次热辐射源，并通过传导和对流再次对作业环境周围的空气等进行加热，使环境温度上升。

② 焊件预热时的热辐射。基于材料焊接性的要求，有时焊前应对焊件进行预热，预热温度为 100～500℃或更高，并且在整个焊接过程中保持层间温度，预热的焊件会向周围环境进行热辐射，形成比较大的热辐射源。

热辐射强度是指单位时间和单位面积上所接受的热量。不同的施焊条件和焊接工艺产生的热辐射强度有明显的不同。如焊接热辐射测试时，在车间内焊接时，温度可达 20～30℃，焊接热辐射强度约为 $1.3～1.5cal/(cm^2 \cdot min)$，而在容器内焊接时，作业点温度可达 30～40℃，焊接热辐射强度约为 $2～4cal/(cm^2 \cdot min)$。

(2) 热对流　热对流是指流体与固体直接接触时相互间的换热过程。在这个过程中，同时也发生热传导。热对流的特点是热量的转移依附于介质本身的转移，流体运动情况确定了热量转移的速度和范围，所以只有在液体或气体里，由于各部分很容易发生相对迁移，对流换热才有可能发生。

在焊接过程中，由于电弧区的高温作用，电极周围的局部空气被加热膨胀并在电弧力作用下发生运动。因此，焊接过程中必然会发生热对流。热对流受施焊局部空间形状及几何尺寸、流体换热过程的强度等因素制约，由于施焊作业局部条件的不同，散热差别很大，因而电弧热量对人体作用就很不相同。如在罐体内进行焊接，被电弧区加热的空气，只能在罐体内的局部空间形成流动，热量的转移被限定在一个局部的空间范围，散热条件较差，而在露天环境施焊时，流体运动情况优于罐体内部，散热条件较好，在焊接或焊前的预热过程中，还存在着不同形式的热对流。

① 大型焊件预热时的热对流。当大型焊件预热时，预热温度高，焊件体积又比较大，预热大型焊件所引起的热对流对人体的作用就比较大，必须采取的合理防护措施。

② 大电流施焊过程中的热对流。对于厚板结构和特殊工艺要求的焊接，常采用大电流施焊，电弧产生强烈的热对流，被加热和熔化的金属面积较大，也会产生热对流。

（3）环境气体温度　焊接作业场所由于焊接电弧、焊件预热以及焊条烘干等热源的存在，空气温度升高，其程度主要取决于热源所散发的热量及环境散热条件。热源辐射使作业场所的空气加热，空气则通过对流而传递热量。在狭窄空间或结构内部焊接时，由于空气热对流散热不良，将会形成热量的聚积，空气对机体产生加热作用。当作业区域有多台焊机同时施焊，由于热源数量增加，被加热的空气温度就更高，对机体的加热作用也将加剧。

在焊接作业区，影响人体代谢变化的主要因素有气温、气流速度、空气湿度、周围物体的平均辐射温度。当焊接作业环境气温低于 15℃时，人体的代谢增强；当气温在 15～25℃时，人体的代谢保持基本水平；当气温高于 25℃时，人体的代谢稍有下降；当气温超过 35℃时，人体的代谢又变得强烈。高温工作环境可以导致作业人员代谢机能的显著变化，引起作业人员身体大量出汗，导致人体内的水盐比例失调，出现不适应症状，同时，增加人体触电的危险性。因此，焊接作业要严格控制环境温度，采取措施保护作业人员的健康和安全。

5.4.2.3　焊接环境的放射性危害

焊接生产过程中的放射性危害主要指氩弧焊与等离子焊的钍放射性污染和电子束焊接时的 X 射线。

（1）放射现象与放射性　某些元素不需要外界的任何作用，它们的原子核就能自行放射出具有一定穿透能力的射线称为放射现象，将元素的这种性质定义为放射性，具有放射性的元素称为放射性元素。

每一种元素用它的原子序数描述，同位数表示原子序数相同，但原子质量不同的元素。由于原子序数相同，所以同位数的原子核里有相同的质子数，而中子数目不同。放射性同位素的原子核自发地放射出某种粒子（α、β 和 β＋等）或 γ 射线，从而变成另外一种元素，进行这种变化的过程叫做蜕变。一般用半衰期来表示放射性同位素蜕变的速率。所谓半衰期是指放射性同位素蜕变到原有重量一半时所需要的时间。

（2）放射性强度与吸收剂量　放射性同位素在单位时间内放射性蜕变数的多少，称为放射性强度，单位为居里（Ci）。放射性强度越大，照射量越大。照射量是指在平衡条件下，所收集到的在给定小单元体积内空气中由射线照射所产生的离子数，单位为伦琴。照射量越大，生物机体吸收剂量越大，效应越明显。当吸收剂量足够大时，生物机体就要发生病变。国际防辐射委员会对常见射线最大允许剂量见表 5-25。

表 5-25　常见射线最大允许剂量

辐射种类	X 射线与 γ 射线	β 粒子与电子	α 粒子	热中子	快中子
最大允许剂量（R/天）	0.05	0.05	0.005	0.01	0.005

（3）焊接放射性危害产生的特点

① 在氩弧焊、等离子焊等焊接方法的电极材料中，有一种含有放射性元素钍的钍钨极，钍钨极含钍量约为 1％～2.5％。在施焊过程中，高温使钍钨极迅速熔化部分蒸发，产生钍的放射性气溶胶、钍射气等；同时，钍及其蜕变产物均可放射出 α、β、γ 粒子，其中又以 α 粒子所占比例最大。α 粒子穿透能力较弱，有 10～20cm 的空气间距或用纸、布等材料即可将 α 粒子完全吸收。从氩弧焊和等离子焊放射性测量结果看，修磨钍钨极时，周围空气中放射性较高，而在焊接环境中放射性远低于卫生标准，所以氩弧焊和等离子弧焊工艺造成的放射性污染不严重。

② 电子束焊接是在真空条件下，从热阴极发射电子，被高压静电场加速并经电磁透镜聚焦为高能量、大密度的电子束，直接轰击被焊材料。在轰击过程中，产生 X 射线辐射。X 射线具有一定的穿透能力，操作人员进行操作时，需要靠近电子束，用眼睛直接观察焊件，同时需要调焦与对中，因此有可能接触到 X 射线。目前的电子束焊接只能激发低能的 X 射线，不会引起光核反应，因此不存在放射性污染问题，但存在 X 射线的外辐射危害。一般从事小功率电子束焊机操作的工作人员，每天所受到的照射量约为 0.003～0.009R，比规定标准 0.05R 低得多。在操作高压、大电流电子束焊机时，必须十分注意对 X 射线的防护。

（4）焊接放射性污染程度的影响因素

① 钍钨极中放射性钍的含量：含钍量越大，所造成的污染也就越严重。修磨钍钨极时，修磨的钍粉尘也增多，在防护不良时会产生较大的污染。

② 焊接工艺方法：由于焊接工艺方法不同，产生的污染程度也不同。以氩弧焊与等离子焊相比，因氩弧焊的电弧温度比等离子焊的低，在一般情况下，放射性污染程度比较低。

焊接中的放射性污染并不严重，主要是钍钨极的放射性，为了防止焊接中的放射性污染，尽量减少钍钨极的含钍量或换用不含放射性元素的铈钨材料做电极。对电子束焊 X 射线防护的主要手段应采用屏蔽以减少泄漏。

5.4.2.4　焊接环境的高频电磁辐射

高频电磁场是指当交流电的频率达到每秒钟振荡 10 万～30000 万次时，它的周围便形成了高频率的电场和磁场。电磁场强度参数有电场强度和磁场强度。电场强度是单位电荷在电场中某点所受到的电场作用力，磁场强度是指在任何介质中，磁场中某点处的磁感应强度与同一点上的磁导率的比值。氩弧焊和等离子焊过程中存在着一定强度的高频电磁场，构成对局部生产环境的电磁辐射污染。

（1）焊接高频电磁辐射的产生及其特点　氩弧焊和等离子焊采用高频电磁振荡引弧时，振荡器产生强烈的高频振荡，击穿钨极与喷嘴之间的空气，引燃电弧，还有部分能量以电磁波的形式向空间辐射，形成高频电磁场。

对于引弧时启动高频振荡器，而起弧后自动切断的焊接设备，其工作频率 250kHz，电压 2500～4000V，高频作用时间短，每次约为 2～3s，如果每天引弧 200 次，累计时间约 10min，因为时间较短，受到强度较低的电磁辐射危害不大。但如果高频振荡器连续工作，直接作用时间比较长，操作者吸收了一定的辐射能量，对人体健康有一定影响。

（2）电磁场强度的影响因素　高频振荡器电磁场强度大小与高频设备的输出功率、工作频率、工作距离与屏蔽效果等因素有关。设备的输出功率越大，其辐射强度越高；工作频率越高，其辐射强度越高；由于辐射强度衰减比较明显，随着与高频振荡器的工作距离的加大，辐射强度迅速减小；设备与传输线路有较好屏蔽时，附近空间辐射强度很低。

5.4.2.5　焊接环境的噪声

噪声是具有声波特性、声强和频率变化无规律的一种声音。在焊接生产过程中，大多数生产工序都存在噪声，会产生声强较大噪声的焊接方法及工序有等离子切割、等离子喷涂、碳弧气刨，噪声强度可达 120～130dB 或更高。

（1）噪声强度的影响因素

① 气体流量。由于气体流量不同，所产生的噪声强度大小也不一样。一般条件下，流量越大，其噪声强度也越大。

② 气体种类。所使用的气体不同，在焊接过程中产生的噪声强度大小也不一样。对双原子气体来说，其噪声特点是高频噪声的强度较强，而且高低频噪声强度很悬殊。如使用 N_2 气时，其噪声强度高达 123dB，频谱很宽，频率范围在 31.5～32000Hz，而较强噪声频率在 1000Hz 以上。单原子气体是低频噪声的强度较强，而高低频噪声的强度较接近。

③ 声源距离。距离声源位置不同及空间条件、吸声、反射物体存在差异，使不同地点的噪声强度也不同。

（2）焊接工序噪声分布特点及其规律　等离子切割与喷涂及碳弧气刨，其作业环境噪声强度均较高，而且大多数都在 100dB 以上。当等离子切割的功率达到 30kW 时，噪声总声压级为 111.3dB；当功率达到 156kW 时，噪声总声压级为 118.3dB。随着切割工件厚度的增加，所需功率加大，噪声强度增加，污染范围逐渐加大。此外，焊接生产的噪声还产生在手工校正零件或部件时的锤击、碳弧气刨清根和修磨等工序，这些噪声水平远高于普通焊接工序或焊接设备产生的噪声强度，亦应采取措施，防止对人体的伤害。

焊接噪声强度与声源距离的平方成反比，作业环境中焊接噪声重点防护区域应在声源附近。我国生产噪声规定值见表 5-26。

表 5-26　我国生产噪声规定值

每天接触噪声时间/h	新建、扩建、改建企业允许噪声/dB(A)	现有企业暂时放宽允许噪声/dB(A)
8	85	90
4	88	93
2	91	96
1	94	99

最高不得超过 115dB(A)

5.4.2.6　焊接烟尘

所有的焊接与切割生产过程都会产生烟尘。如焊条电弧焊中电弧吹出的高温蒸气主要产生于极性斑点、处于过热状态的焊条端部液态金属及套筒内表面液态熔渣，也有飞行熔滴表面和熔池表面蒸发的，这种高温蒸气从电弧区吹出后形成涡流，迅速被氧化、冷凝变为细小的固态粒子，呈气溶胶状态弥散在电弧周围，形成了焊接烟尘。

（1）影响焊接烟尘的因素

① 熔滴的导热条件直接影响熔滴过热程度，熔滴导热条件越好，热量越分散，过热程度越小，烟尘量也越小。焊条为不同极性时，其端部熔滴状态不同，反接时熔滴呈椭球形，阳极斑点集中在其下部，析出的热量要通过整个熔滴传导；正接时熔滴呈扁平状，阴极斑点游动频繁、热量分散，熔滴过热程度低于反接，发尘量也低于反接。因此，可采用直流正接

或交流施焊的方法，增加极性斑点游动，使斑点热量分散，改善导热条件，从而降低发尘量。也可通过减小熔滴尺寸、缩短焊条套筒长度来减小发尘面积和熔滴过渡时间，达到减少熔滴过热程度、降低发尘量的目的。

② 焊条或焊丝端部极性斑点析热越大，熔滴析热越集中，烟尘越严重。采用直流正接时，焊条药皮成分直接影响阴极压降和阴极斑点析热的大小。焊条发尘量随阴极压降和阴极斑点析热增高而明显增高。因此，可通过改变焊条药皮成分调整阴魂极斑点的析热来改变熔滴过热程度，减少焊条烟尘。

③ 焊接烟尘是由金属及熔渣的高温蒸气形成的，因此焊接材料中含有的低熔点、低沸点物质越多，越容易过热而沸腾蒸发，产生的高温蒸气也越多，发尘量越大。

(2) 焊接烟尘的性质　焊接烟尘对人体的有害性，决定于烟尘的形态、粒子大小、化学成分、化学结构。以焊条电弧焊的焊接烟尘为例进行分析。

① 焊接烟尘的形态和粒子大小。焊接过程中液态金属和非金属物质蒸发出的高温蒸气，被迅速氧化和冷凝生成的烟尘粒子称为"一次粒子"。用电子显微镜观察，一次粒子的基本形态呈球状，直径在 $0.01 \sim 0.4 \mu m$ 范围内，以 $0.1 \mu m$ 左右的最多。一次粒子带有静电和磁性，悬浮在空气中的一次粒子迅速聚集在一起，形成二次粒子。焊条电弧焊烟尘主要以粒径 $0.1 \mu m$ 左右的球状粒子凝聚成二次粒子。低氢型焊条烟尘呈碎片状，粒径 $0.1 \mu m$ 左右。酸性焊条和 CO_2 气体保护焊、自保护焊烟尘均呈絮状，粒径比低氢型焊条稍大些。

焊工呼吸带采集到的焊接烟尘，绝大多数是二次粒子。悬浮于空气中的微小粒子，由于形态和粒度不同，将对人体产生不同的影响。直径大于 $5 \mu m$ 的颗粒，一部分被鼻黏膜和鼻毛阻住，一部分进入气管后，滞留在气管的黏液层中，随着黏液化成痰略出。仅有粒径小于 $1 \mu m$ 的颗粒，可侵入呼吸道深部，在肺泡内沉积下来。而碎片状粒子比絮状粒子更易在肺泡内沉积。

② 焊接烟尘的化学成分。不同成分的材料在施焊时将产生不同的焊接烟尘，熔点和沸点低的成分一般蒸发量较大。通常从化学分析的角度将焊接烟尘分为氧化物与氟化物，从焊接烟尘对人体的危害程度来看，可分为可溶性化合物和不溶性化合物。

人体整个呼吸道都为体液所湿润，吸入呼吸道的细小固体粒子，如具有水溶性，将在沉积附着处被溶解吸收。沉积于肺泡表面的粒子溶解后将很快进入血液中，从而对全身产生影响。所以，可溶性物质对人体的有害作用大于不溶性物质。在结构钢焊条中，以低氢型焊条烟尘中可溶性物质最多，约占烟尘总量的一半，钛铁矿型和钛钙型焊条烟尘中可溶性物质只占烟尘总量的四分之一；在不锈钢焊接中，其熔化极氩弧焊烟尘中可溶性物质很少，不锈钢焊条烟尘中可溶性物质占烟尘总量的一半以上。

③ 焊接烟尘的化学结构决定了人体内可能参与和干扰的生理生化过程，对其毒性大小和毒作用性质有重大影响，如低价锰氧化物（MnO、Mn_3O_4）比高价锰氧化物（MnO_2）的毒性大 $2.5 \sim 3$ 倍。

5.4.2.7　焊接有害气体

(1) 臭氧（O_3）　焊接区内的臭氧是经高温光化学反应而产生的。在各种明弧焊和等离子焊过程中，都会产生臭氧，不同焊接条件下的臭氧发生率变化很大，主要受短波紫外线辐射强度的影响，同时和作业场所的通风条件关系极大。对于各种焊接方法产生臭氧由弱到强依次为：焊条电弧焊、手工钨极氩弧焊、自动氩弧焊、等离子喷焊。

臭氧是一种浅蓝色气体，具有强烈刺激性的腥臭味，当空气中臭氧浓度为 $0.01 mg/m^3$ 时，即可闻到。臭氧是极强的氧化剂，容易同各种物质发生化学反应。臭氧被吸入人体后，主要刺激呼吸系统和神经系统，严重时可发生肺水肿与支气管炎。

（2）氮氧化物　在焊接电弧高温作用下，空气中的氮分子可被氧化而生成氮氧化物，气焊和气割时，如温度超过 1000°C，火焰周围空气中的氮也能被氧化形成 NO。氮氧化物的种类很多，主要有 N_2O、NO、NO_2、N_2O_3、N_2O_4、N_2O_5 等，除 NO_2 外，其余均不稳定，遇光遇热后都将转化为 NO_2。

在正常通风条件下，进行焊条电弧焊、埋弧焊、CO_2 保护焊时，焊工呼吸带的氮氧化物（NO_2）浓度一般小于最高允许浓度 5mg/m^3，氩弧焊和等离子弧焊时，焊工呼吸带的氮氧化物（NO_2）浓度一般大于最高允许浓度 5mg/m^3，如通风条件不良则可达 20mg/m^3 以上。

NO_2 为红褐色气体，密度为 1.539g/mm^3，毒性为 NO 的 $4\sim5$ 倍，遇水可变成硝酸或亚硝酸，产生强烈刺激作用。吸入高浓度氮氧化物后，可引起急性哮喘症或肺水肿，长期慢性作用，可引起神经衰弱症候群及慢性呼吸道炎症。

（3）一氧化碳　焊接过程中产生的 CO，主要来源于 CO_2 在电弧高温下的分解。因此在 CO_2 气体保护焊过程中，将产生大量的 CO 气体，其他电弧焊过程只产生微量的 CO 气体。

CO 是无色、无臭味的气体，密度是空气的 1.5 倍，属于窒息性气体。它与血液中输送氧气的血红蛋白具有非常大的亲和性，CO 经肺泡进入血液后，便很快与血红蛋白结合成碳氧血红蛋白，使血红蛋白失去正常的携氧功能，造成组织缺氧而引起中毒。

（4）氟化物　埋弧自动焊时如采用含氟化物的酸性焊剂，可产生微量的氟化氢气体。氟化氢对人体有强烈的刺激作用，能迅速由呼吸道吸收而对全身产生毒性作用。但焊接过程中产生的量很小，不易觉察到氟化氢刺激臭味，不足以对人体健康产生有害的作用。

应特别引起重视的是有机氟化物热分解所引起的中毒问题。有些电焊钳采用聚四氟乙烯等氟塑料作为绝缘材料，电焊钳过热将导致氟塑料分解。

（5）氯化物　在实际生产中，往往采用某些氯化溶剂作脱脂剂，如用四氯化碳、三氯乙烯、四氯丁烯等对容器或管道进行脱脂。如脱脂后清洗不干净，在残存少量氯化溶剂时进行焊接，会产生有毒光气，损伤人体健康。所以采用氯化溶剂作脱脂处理的结构件，施焊前应仔细清洗，清理干净后才可施焊。

5.4.3　焊接防护措施

5.4.3.1　改善焊接劳动卫生条件的技术措施

（1）降低焊接材料发尘量和烟尘毒性　采用低尘低毒焊条可降低焊接烟尘的发尘量和毒性，结构钢焊条中低氢型焊条烟尘的毒性大于钛钙型等非低氢型焊条。制造焊条时用钠水玻璃代替钾水玻璃及钾、钠水玻璃作黏结剂，将降低焊接烟尘的毒性，同时使焊接烟尘的粒子易于附在防尘口罩的滤布上，不易透过滤布进入人的呼吸道，采用锂水玻璃与钾钠水玻璃混合作为焊条的黏结剂，既不影响焊条电弧的稳定性，也降低了焊接烟尘的毒性。向焊条药皮中加入镁粉或 MgF_2，降低焊接烟尘中可溶性氟的含量。

（2）减少焊接烟尘危害的工艺措施　通过提高焊接机械化与自动化程度，有效地改善劳动条件，减少焊接烟尘和有害气体对操作者的危害，同时能提高焊接生产效率、保证产品质量。

对于薄板及中厚板的封闭与半封闭结构，采用单面焊双面成型工艺，可以避免焊工进入狭窄的空间内施焊，改善劳动卫生条件。

（3）降低其他有害因素的焊接技术措施　等离子切割可采用降低切割电流、提高切割电压来降低臭氧浓度，水下等离子切割或向等离子弧喷射水流可以降低工作环境的烟尘和有害气体浓度。

焊接低合金高强钢和合金机构钢时，焊前要进行预热。由于热辐射和热对流作用，焊工的劳动条件很恶劣。可以通过降低钢材的碳当量、焊缝金属扩散氢含量来降低预热温度，达到改善劳动条件的目的。

5.4.3.2 焊接通风系统

焊接通风系统是利用吹风或抽风动力，向作业区送入新鲜空气或将作业区的有害烟气排出，从而降低作业区空气中的烟尘及有害气体浓度，使其符合国家卫生标准，达到改善作业环境、保护焊工身体健康的目的。焊接通风系统可分为局部通风方式和全面通风方式。

局部通风方式主要在局部区域进行排风，在焊接电弧附近区域捕集烟气，经净化后排出室外。采用局部排风方式时，焊接烟尘刚刚散发出来，就被排风罩有效地吸出，所需风量小，烟气不经过作业者呼吸带，不影响周围环境，通风效果好，在选择通风方式时应优先考虑局部通风的方式。局部通风系统由排气罩、风管、风机、净化装置等部分组成。

全面通风方式是对整个作业空间进行的通风换气，采用清洁的空气将整个作业空间的有害物质浓度淡化到允许范围内，并达到卫生标准。全面通风方式不受焊接工位布置的限制，不妨碍工人操作，但散发出的焊接烟气仍可能通过焊工呼吸带，同时还会污染周围环境。因此全面通风方式常用在局部通风方式难以解决问题的情况下，如焊接作业点多、区域分散、流动性大的焊接作业场所，或是局部排风后车间空气中的有害物浓度仍然超过卫生标准时，把全面通风方式作为辅助的通风手段，全面通风发生方式分为自然通风和机械通风等形式。

5.4.3.3 焊接物理危害的防护

(1) 弧光防护　针对焊接弧光对人体的各种危害，常用的防护措施有采用焊接面罩、在固定场所设置保护屏、在室内采用墙壁饰面材料、加大防护间距、提高焊接作业的自动化程度、尽可能采用埋弧焊方法等防护措施。

(2) 热污染防护　针对焊接电弧和预热所造成的热污染，主要防护措施有采用以送风为主的通风降温方法、合理制订焊接工艺、减少容器内焊接、提高自动化程度、对预热焊件用隔热材料遮盖、在施焊点外围设置隔离设施、焊接场所墙壁涂覆吸热材料等。

(3) 放射性污染防护　针对焊接作业中放射性污染，主要的防护措施有选用不含放射性元素的电极材料、采用铅或金属薄板对焊接区域实行屏蔽、采用合理的操作规范防止放射性污染和辐射。

(4) 高频防护　针对高频振荡的电磁辐射对作业人员的危害，主要的防护措施有保证工件良好接地、在满足工艺要求的前提下降低引弧振荡频率、采用延时继电器在引弧后的瞬间立即切断振荡器电路、减少高频电作用时间、降低作业场所的温度和湿度等。

(5) 噪声防护　采用消声设备和环境消声装饰，改进焊接工艺降低噪声污染程度，同时注意个人防护用品的使用。

5.4.4 焊接生产卫生防护

5.4.4.1 焊接职业病

(1) 焊工尘肺　焊工尘肺是指长期吸入高浓度焊接烟尘，并在肺部蓄积，形成的呼吸系统疾病。焊工尘肺患者可在 X 光胸片已有明显改变情况下，长时间内无临床症状，随着病情的进展，尤其合并肺气肿、慢性支气管炎的情况下，临床症状才逐渐明显。常见的焊工尘肺症状有咳嗽、咯痰、胸闷、胸痛、气短以及有时咯血。

焊工尘肺患者经确诊后，应及时调离焊接作业岗位，以避免继续接触焊接烟尘，使肺部病变不再继续发展或控制发展，同时应合理安排日常生活，预防呼吸道感染，吸烟患者应戒烟，如有临床症状要及时进行对症治疗。

(2) 焊工呼吸道疾病　因为焊接有害气体可引起焊工的急、慢性呼吸道疾病。焊工的急性呼吸道疾病主要有肺水肿、肺炎、急性支气管炎及黏膜刺激症状，如咽痛、咽喉部不适、刺激性咳嗽、口腔咽喉干燥、胸闷等。焊工的慢性呼吸道疾病主要有咳嗽、咯痰、呼吸困难、气喘或暂时性哮喘、慢性支气管炎、肺气肿及鼻炎、咽炎、胸痛等。

（3）焊工电光性眼炎　电光性眼炎是眼部受紫外线过度照射所引起的角膜结膜炎。对于波长在 $320\sim250nm$ 之间，尤其是 $275\sim265nm$ 的紫外线，眼部角膜、结膜上皮吸收最高，使分子改变其运动状态，从而产生光电性损害。紫外线对眼睛的损害与照射时间成正比，与电弧至眼睛的距离平方成反比，还与入射角有关，弧光与角膜成直角照射时作用最大。

电光性眼炎有一定的潜伏期，一般在 $0.5\sim24h$ 之间。轻症或早期患者有眼部异物感或轻度不适，症状约在 $12\sim18h$ 后自行消退，重症患者有眼部烧灼感和剧痛，并伴有畏光、流泪和眼睑痉挛。对于重症患者应及时就医正确处理，并卧床闭目休息，避免光线对眼睛的刺激。屡次重复的紫外线照射，可引起慢性睑缘炎和结膜炎，严重的造成角膜变性，导致视力障碍。

（4）焊接作业对神经系统的影响

① 锰中毒。焊条药皮与焊芯中含有不同含量的锰元素，在 $4000\sim6000K$ 电弧高温下发生冶金反应，在焊接烟尘中含有大量氧化锰溶胶及锰尘，焊工长期吸入含锰量高的焊接烟尘，可以引起锰中毒。锰中毒主要表现在神经系统方面，轻者精神萎靡、头晕、头痛、疲乏、四肢酸痛、注意力涣散、记忆力减退、睡眠障碍，重者发生器质性病变，出现锰中毒性帕金森氏综合征。

② 铅中毒。焊条电弧焊烟尘中仅含微量铅，不会引发中毒。但在涂以含铅红丹底漆的材料上焊接时，红丹漆在高温下形成大量含铅烟雾，若现场排风不良，极易引起焊工铅中毒。铅是作用于全身各系统和器官的毒物，主要损害神经系统、造血系统、血管及消化系统，出现头晕、头痛、疲乏、四肢酸痛、注意力涣散、记忆力减退、睡眠障碍、食欲不振、腹痛、贫血，严重的可能有高血压、蛋白尿、氨基酸尿、肝脏肿大、肝功能异常、黄疸等。

③ CO 与 CO_2 中毒。CO_2 气体在高温下可分解产生 CO、O_2 和 O，CO 经呼吸道进入肺部，易与血液中的血红蛋白结合，形成碳氧血红蛋白，使血液组织缺氧和抑制细胞内呼吸，影响中枢神经系统。轻者出现头晕、头痛、眼花、耳鸣、恶心、呕吐、心悸、四肢无力等症状，重者进入昏迷状态，伴有脑水肿、心肌炎、肺水肿、电解质紊乱。高浓度 CO_2 气体可排除氧气，造成人体窒息。

④ 高频电磁场的影响。钨极氩弧焊和等离子焊在引弧的瞬间存在高频电磁场，对人体的作用主要为神经衰弱综合征，出现头晕、头痛、乏力、记忆力减退、睡眠障碍、心悸、消瘦、脱发等症状，伴有植物性神经系统功能失调。

（5）焊接作业对骨骼、肌肉、皮肤的影响

① 氟中毒。使用低氢型焊条的焊接烟尘中含有氟化钠、氟化钾、氟化钙等氟化物，氟化物以气体、蒸气或粉尘形式经呼吸道进入体内，引起钙磷代谢紊乱和氟骨症。氟骨症患者的骨质发生改变，骨密度呈不同程度增高，骨膜、肌腱、韧带出现大小不等、形状不一的钙化或骨化。氟化物具有刺激作用，对眼、鼻、呼吸道黏膜产生刺激症状和慢性炎症，长期过量接触氟化物可引起腰背、四肢、关节疼痛，神经衰弱综合征及消化道症状。

② 焊接对肌肉的影响。焊工的肌肉疲劳与其焊接体位有关，为适应焊件，经常采取蹲姿和站姿等强制体位操作，易患腰肌劳损、关节炎、颈椎增生和腰椎间盘突出等疾病。

③ 焊接对皮肤的影响。主要是金属灼伤和焊接烟尘引起的皮肤损害。焊接时热金属颗粒飞溅到未保护部分致使皮肤灼伤，另外，部分焊工接触焊接烟尘后，发生斑丘疹、脱屑、苔藓样变、皮肤瘙痒、毛囊角化、色素沉着、黑头粉刺等损害。

（6）焊接作业对体温调节、听觉系统、泌尿系统及健康的其他影响

① 金属烟热是一种急性变态反应性疾病。在焊接过程中锌、铜、铁、锰、铅、铝、镍等金属在高温下均能氧化为金属氧化物微粒悬浮在空气中，并经上呼吸道吸入肺内，金属氧化物微粒刺激和损伤了深部呼吸道黏膜和肺泡上皮，使肌体发热，尤其氟化物增强烟尘微粒深入组织和透过毛细血管的能力及微细的锌粒刺激体温调节中枢，引起体温升高。金属烟热的特征是急性发作，常在吸入焊接烟尘 4～12h 后发病，口内有金属甜味、咽干、口渴、胸闷、咳嗽、气短、乏力，伴有头痛、恶心、呕吐、腹痛、四肢酸痛等症状，体温 38℃ 以上，持续 1～3h 后出汗，逐渐好转。

② 焊接高温的影响　人体主要通过传导、辐射、对流和蒸发与外界进行热交换，当焊接环境温度超过 37℃，只能靠出汗蒸发来散热，但在不通风的环境下，蒸发散热受阻，引起焊工中暑。中暑分为先兆中暑、轻症中暑、重症中暑。重症中暑出现皮肤干燥无汗，体温在 40℃ 以上，甚至昏倒或痉挛。

③ 焊接对听力的影响　各种焊接工序操作时都会产生不同水平的噪声，使焊工听觉器官受到损害。内耳感音器官发生功能性改变，甚至于器质性病变，听力损失不能完全恢复，引起听力损伤或噪声性耳聋。噪声还会引起头晕、头痛、耳鸣、失眠、多梦、记忆力减退、心率加快、血压波动等。

5.4.4.2　焊接作业劳动保护

焊接个人劳动保护是减少有害因素对人体健康影响的重要手段，要选用正确的个人劳动保护用品。焊接作业时使用的劳动保护用品有防护面罩、安全头盔、防护眼镜、防噪声耳塞、耳罩、工作服、手套、绝缘鞋、安全带、防尘口罩、防毒面具等。

（1）眼睛及面部的劳动保护　眼睛及面部的劳动保护要使用带有滤光镜的头戴面罩或手持面罩。面罩必须符合 GB/T 3609.1《焊接眼面防护具》的要求。

① 吸收式焊接滤光片是利用玻璃吸收原理，外来的强光通过滤光片的吸收作用，使光强减弱，同时在玻璃中加入不同种类和数量的金属氧化物，以控制可见光、紫外线、红外线的透过率。当进行演示、培训等大面积观察时，可以使用大面积滤光窗、滤光幕。国家标准中采用遮光号表示玻璃的颜色和深浅，遮光号不要低于下限值要求，吸收式焊接滤光片遮光号的选择见表 5-27。

表 5-27　吸收式焊接滤光片遮光号选择

焊接方法	焊条尺寸/mm	焊接电流/A	最低遮光号	推荐遮光号
焊条电弧焊	2.5～4	60～160	8	10
	4～6.4	160～250	10	12
气体保护电弧焊或药芯焊丝电弧焊		100～160	10	11
		160～350	10	12
钨极气体保护电弧焊	—	50～150	8	12
	—	150～500	10	14
等离子弧焊接		100～400	10	12
		400～800	11	14
碳弧气刨		500	10	12
		500～1000	11	14

② 吸收反射式滤光片是在吸收式焊接滤光片表面上镀制高反射膜，对强光具有吸收和

反射的双重作用，避免弧光长时间照射下镜片发热的缺点，能够消除眼睛发热与刺痛症状，尤其对红外线的反射效果更好，减少了眼内热量的积累，避免职业性白内障的发生。

③ 光电式镜片是在两个偏振光片之间夹入一层透明度可变的铁电陶瓷片，用光电池接收光信号再通过光电控制器促使陶瓷片改变透明程度，可见光透过率随焊接光线变化适时调整，防护效果好且利于观察，但价格较高。

（2）身体其他部位的劳动保护

① 防护服是保护躯干的劳动保护用品，应根据具体的焊接和切割操作特点进行选择，一般应具有遮光隔热的效果，通常采用厚棉布或耐火纤维布原料。防护服应满足 GB 15701《焊接防护服》的要求，并提供足够的防护面积。

② 电焊手套是保护手部的劳动保护用品，所有焊工和切割工必须配戴符合国家标准 GB 126240《劳动防护手套通用技术条件》规定的耐火防护手套。

③ 披肩、斗篷及套袖是保护颈部、胸部、手臂的劳动保护用品，在进行仰焊、切割或其他操作过程中，必须配戴耐火皮制或其他材质的套袖或披肩。

④ 耳套、耳塞是保护耳部的劳动保护用品，当噪声无法控制在国家规定的允许声级范围内时，必须采用耳套、耳塞等保护装置，以保护听力。

⑤ 其他劳动保护用品。当利用通风手段无法将作业区域内的空气污染降至允许限值或这类控制手段无法实施时，必须使用呼吸保护装置，如长管面具、防毒面具等。

思　考　题

1. 焊接生产管理的基本内容是什么？
2. 简述工业工程的主要内容？
3. 国家职业标准对焊工的基本要求有哪些？
4. 企业的经济指标有哪些？
5. 焊接生产安全的意义是什么？
6. 焊接作业有害的因素有哪些？

第6章　焊接生产质量检测

6.1　焊接生产质量检测概述

6.1.1　焊接生产质量检测

焊接生产质量检测是根据设计图样、产品规范和焊接工艺等方面的要求，采用一定技术手段，并执行相应的技术标准，主要对焊接产品及其焊接接头进行质量检验和测量，依据检测结果，进行客观、正确的评价，以保证焊接结构的符合性和安全性要求。

焊接生产质量检测是保证产品质量优良，防止废品出厂的重要措施。在产品的加工过程中，每道工序都进行质量检测，是及时消除该工序产生缺陷的重要手段，并防止了缺陷重复出现，采用这种方式比在产品加工完后再进行消除缺陷更节约时间、材料和劳动力，从而降低生产成本。

6.1.2　焊接生产质量检测分类

6.1.2.1　根据检测时间分类

焊接生产质量检测工作贯穿于焊接结构件制造的全过程，根据检测时间与焊接生产工序的关系，将焊接生产质量检测分为焊前检验、焊接过程中的检验、焊后成品检验。

6.1.2.2　根据检测方法特征分类

根据实施检测方法对焊接结构件完整性的影响，将焊接生产质量检测方法分为破坏性检测方法、非破坏性检测方法。

破坏性检测方法主要包括针对原材料、焊接材料、焊接接头的力学性能试验、化学成分试验、金相组织试验、焊接性试验等类型，其中力学性能试验包括拉伸试验、弯曲试验、冲击试验、硬度试验、疲劳试验等。破坏性检测方法一般用于抽样检测方式，检测结果具有代表性，不同试验方法的试样形式不同，一般不能对同一试样进行重复性试验，常用于原材料及焊接材料的入厂检验、焊接工艺评定和焊接新工艺研究试验、产品试板焊接接头性能试验等质量控制环节。

非破坏性检测方法主要包括焊接接头和母材的无损检测、焊接结构外观检查、压力试验、致密性试验等类型，其中常用的无损检测探伤方法包括射线照相探伤（RT）、超声波探伤（UT）、磁粉探伤（MT）、渗透探伤（PT）、涡流探伤（ET）等。非破坏性检测方法不会导致焊接结构的分离、损伤，可直接用于焊接产品的质量检测，既可以用于抽样检测方式，也可以用于逐件检测方式，对同一产品可进行多方法、重复检测，还可对服役产品进行检测。

6.1.2.3　根据检测部位分类

根据检测过程对检测部位的关注，焊接生产质量检测分为外观质量检查。内部质量检查，外观质量检查主要包括焊接结构件形位公差检查、焊缝外观质量检查，检查过程简单，效果直观，生产成本低。内部质量检查主要针对焊接接头内部质量，常用射线照相探伤、超声波探伤等方法实施，检查过程较为复杂。

6.1.3　焊接生产质量检测的主要内容

6.1.3.1　焊前检验

焊前检验是焊接生产质量检测的首要环节，目的在于事先消除可能造成焊接缺陷的因素，预防缺陷的发生。主要包括原材料及焊接材料检测、焊接施工人员资质检查、零件备料质量检测、装配质量检测、焊前工艺措施检测、焊接作业环境条件等内容。

①　原材料及焊接材料检测是指焊接生产材料入厂检验，原材料及焊接材料在化学成分、力学性能等方面的入厂检验，一般分为检查原材料生产厂家所提供的材质证明书、按照技术标准对实物进行复检。

②　焊接施工人员资质检查主要检查是否具有相应项目的焊接操作资质证书及实际施工技能，通常进行焊工和无损探伤人员资质检查。

③　零件备料质量检测主要包括零件生产工序的符合性、零件形状、尺寸及表面质量的符合性、标记移植的正确性，其中包括坡口加工和预留工艺余量等参数。一般安排在零件备料完成后进行，零件备料质量检测合格后才能转入中间库或装配工序。

④　装配质量检测主要包括组装结构的形状和尺寸、零件在结构中的位置；对接接头的坡口形式、错边量、预制反变形角度、装配间隙；搭接接头的搭接量和组对间隙；T 形接头及角接接头的组对间隙等。严格控制装配过程中影响结构尺寸公差、预留切削工艺余量的主要因素。

⑤　焊前工艺措施检测主要包括焊接坡口、焊接预热准备情况。检查坡口组装角度、根部间隙尺寸等参数，以及坡口表面及其周边的清理质量，避免被氧化、被污染。使用测温仪、测温笔等器材，检测预热温度、预热范围的符合性及焊件温度的均匀性。

⑥　焊接作业环境条件主要检查环境温度、湿度、风速、雨雪天气等参数是否满足工艺要求和基本作业条件。

6.1.3.2　焊接过程中的检验

①　焊接方法及焊接材料的检查主要依据焊接工艺规程，检查焊接设备类型、电源极性，检查焊接方法与焊接材料的匹配状况，焊接材料的种类、型号、规格、数量、烘干情况等，并进行记录，特别在同一焊缝采用多种焊接方法和焊接材料时，更要作为重点内容加以关注。

②　焊接规范参数的检测主要依据焊接工艺规程，实时进行焊接过程焊接规范参数的测量和记录，不同的焊接方法检测的参数有所不同，对于规定焊接线能量的焊缝，主要检测焊接电流、焊接电压、焊接速度。

③　焊接顺序及焊道布置的检查主要包括施焊顺序、焊接方向、焊道位置、焊层数量、焊层厚度等，并进行记录，一般多用于要求控制焊接变形或多种焊接方法组合形成焊缝的场所。

④　焊接温度参数的检测主要进行层间温度、后热温度的测量，检查保持温度场的技术措施及温度的均匀性，并进行记录。特别对于焊接过程出现中断情况，如需要进行中间探伤、中间热处理时，在需要重新焊接前，还要检测焊接预热温度等温度参数。

⑤　应进行定位焊缝的检查，如果定位焊缝作为正式焊缝的一部分保留在焊接结构件时，由于定位焊缝的长度、厚度尺寸比较小，在焊接过程中可能会产生撕裂，这样定位焊缝部位出现缺陷的概率就大大增加，因此就有必要进行定位焊缝的检查。

6.1.3.3　焊后成品检验

（1）外观质量检查　外观质量检查主要包括焊缝表面缺陷检查、焊缝尺寸偏差检查、焊缝表面清理质量检查、焊接结构件形状及尺寸检查。其中焊缝表面清理质量检查要求焊接过程结束后，立即去除熔渣、飞溅，将焊缝表面清理干净，能够满足无损探伤要求。焊接结构件形状及尺寸检查结果应根据焊接结构件质量等级及允许公差进行评判。

（2）无损探伤检测　常用的无损探伤检测方法包括射线照相探伤、超声波探伤、磁粉探伤、渗透探伤、涡流探伤等，主要检查焊接接头是否存在焊接缺陷；焊接缺陷的尺寸大小、数量、分布情况；对应相关技术要求，评判焊接接头的质量等级。

不同的无损探伤检测方法原理不同，技术特点也各不相同，射线照相探伤、超声波探伤适合于焊缝内部缺陷的检测，磁粉探伤、渗透探伤、涡流探伤适合于焊缝表面质量的检测，针对焊接缺陷检查的复杂性，可以组合使用。一般应根据焊缝的材质和焊接结构形式选择合适的检测方法，以得到焊接接头质量的正确评价。对于有无损探伤检测要求的焊缝，竣工图上应表明焊缝编号、无损探伤检测方法、局部无损探伤检测焊缝位置、底片编号、热处理焊缝位置及编号、焊缝补焊位置及施焊焊工代号。

（3）产品试板焊接接头性能试验　产品试板焊接接头性能试验代表实际产品的焊接接头性能，主要进行力学性能试验、化学成分试验、金相组织试验，其中力学性能试验包括拉伸试验、弯曲试验、冲击试验、硬度试验等试验方法。产品试板焊接接头性能试验合格表明焊接结构件相关质量指标合格，否则判定焊接结构件质量不合格。所以产品试板的制备过程与产品生产流程、焊接工艺应保持一致。

（4）耐压试验　耐压试验是将水、油、气等介质充入焊接容器和管道，逐渐加压并检查泄漏、耐压或破坏性能的试验。主要针对受压容器的焊接接头强度进行检验，掌握焊接产品的焊接接头强度能否满足产品设计强度要求。耐压试验分为水压试验、气压试验，主要技术参数有试验压力、最高压力保持时间等。

（5）密封性检验　密封性检验是针对存储液体或气体的焊接结构件，检查焊缝有无漏水、漏气和漏油等现象，密封性检验方法有煤油试验、载水试验、沉水试验、水冲试验、吹气试验、氨气试验和氦气试验等。

6.2　焊接缺陷

6.2.1　焊接缺陷

焊接缺陷是指不符合具体焊接产品使用性能要求的焊接缺欠，焊接缺陷可能造成焊接结构件的报废，而有些焊接缺陷通过返修去除，可以使焊接结构件重新满足使用要求，成为合格产品。焊接缺陷是造成焊接结构件失效和破坏事故的主要原因，应该正确认识焊接缺陷的危害及影响。

6.2.2　焊接缺陷类型

焊接缺陷的分类方法很多，一般依据焊接缺陷形态、影响的质量内容、焊接缺陷的位置等内容进行分类。

6.2.2.1　依据焊接缺陷形态分类

根据 GB 6417《金属熔化焊焊缝缺陷分类及说明》，将熔化焊焊接缺陷分为裂纹、孔穴、固体夹杂、未熔合和未焊透、形状缺陷、其他缺陷六种类型。

（1）裂纹　是在焊接应力及其他致脆因素共同作用下，材料的原子结合遭到破坏，形成界面而产生的缝隙，具有尖锐的缺口和长宽比大的特征。根据裂纹形成的机理及原因又分为结晶裂纹、液化裂纹、高温低塑性裂纹、高温孔穴形裂纹、再热裂纹、氢致延迟裂纹、层状撕裂，根据裂纹形态分为纵向裂纹、横向裂纹、放射状裂纹、弧坑裂纹、间断裂纹群、枝状裂纹等。

（2）孔穴　是指焊缝金属中存在空洞缺陷，孔穴包括气孔和缩孔。气孔是焊接时，熔池中的气体在金属凝固以前未能及时逸出，而在焊缝金属中残留下来所形成的孔穴，气孔分为球状气孔、均布气孔、局部密集气孔、链状气孔、条状气孔、虫状气孔、表面气孔等。缩孔是熔化金属在凝固过程中冷却收缩而产生，并残留在焊缝中的孔穴，缩孔分为结晶缩孔、微缩孔、枝晶间隙缩孔、弧坑缩孔。

（3）固体夹杂　固体夹杂是指焊缝金属中残留的固体夹杂物，固体夹杂分为夹渣、焊剂或熔剂夹渣、氧化物夹杂、金属夹杂。其中夹渣是指残留在焊缝金属中的熔渣，分为条状夹渣、点状夹渣。

（4）未熔合和未焊透　未熔合是指熔焊时，焊道与母材之间或焊道与焊道之间，未能完全熔化结合的部分。未焊透是指焊接时，焊接接头根部未完全熔透的现象。

（5）形状缺陷　形状缺陷是指焊缝的表面形状与原设计几何形状产生偏差。形状缺陷包括咬边、焊缝超高、凸度过大、塌陷、焊瘤、错边、角度偏差、烧穿、未焊满、焊脚不对称、焊缝宽度不整齐等。

（6）其他缺陷　其他缺陷是指电弧擦伤、飞溅、钨金属飞溅、表面撕裂、磨痕、凿痕、打磨过量、定位焊缺陷、层间焊道错位等。

6.2.2.2　依据焊接缺陷影响的质量内容分类

（1）坡口及装配缺陷　存在坡口的角度、间隙、错边量不符合要求，坡口表面有沟槽、裂纹、锈蚀等缺陷。

（2）焊缝表面形状及焊接接头外部缺陷　焊缝表面存在焊缝截面未焊满或余高太大、焊缝宽度沿长度方向不均匀、焊缝金属满溢、咬边、表面气孔、表面裂纹等缺陷。焊接接头外部存在焊接变形量超过允许值等缺陷。

（3）焊缝及接头内部缺陷　焊缝及接头内部存在裂纹、气孔、未焊透、夹渣、未熔合、金属组织过热和偏析等缺陷。

（4）焊接接头力学性能低劣　焊接接头的强度极限、弯曲性能、冲击性能、硬度等力学性能无法达到设计要求和选用材料的允许值极限。

（5）焊接接头金相组织及理化性能不符合质量要求　焊接接头金相组织受化学成分、冷却条件和工艺方法的影响，导致金相组织类型、晶粒度、耐蚀性能等指标不能满足质量要求，

6.2.2.3　依据焊接缺陷的位置分类

依据焊接缺陷的位置将焊接缺陷分为表面缺陷、内部缺陷。表面缺陷一般可以通过外观质量检查发现，而内部缺陷通常需要采用仪器或破坏性试验才能发现。

6.2.2.4　依据焊接缺陷的几何形状分类

依据焊接缺陷的几何形状将焊接缺陷分为点状缺陷、线性缺陷、面积缺陷、体积缺陷。点状缺陷如点状气孔、点状夹渣，线性缺陷如咬边、条状夹渣，面积缺陷如微裂纹、未熔合、未焊透，体积缺陷如严重裂纹、密集气孔、大量夹渣、大型缩孔。其中，点状缺陷对焊接质量影响较小，而面积缺陷和体积缺陷对焊接结构件承载性能影响很大，应严格控制。

6.3　焊接接头外观质量检查

6.3.1　外观质量检查简介

焊接结构件的外观质量检查是一种简单使用的检验方法，是焊接结构件成品检验的重要

内容，这种方法有时也用于焊接过程中，主要进行焊缝表面缺陷检查、焊缝尺寸偏差检查。

外观质量检查一般通过肉眼观察，借助标准样板、量规和放大镜等工具来进行检验，也称为肉眼观察法或目视法。检查之前必须将焊缝及附近 $10\sim20$mm 母材金属上的飞溅、熔渣及其他污物清除干净。

6.3.2　焊缝表面缺陷检查

焊缝表面缺陷检查采用肉眼观察形式，主要对焊缝表面进行观察，发现、标注裂纹、未熔合、气孔、夹渣、咬边、弧坑裂纹及缩孔、塌陷、焊瘤、错边、烧穿、未焊满等缺陷。对裂纹、未熔合等细微缺陷，如肉眼观察或放大镜仍无法鉴别的疑似区域，可采用磁粉探伤、着色渗透探伤进行鉴定、确认。

6.3.3　焊缝尺寸偏差检查

焊缝尺寸偏差检查采用肉眼观察，并借助量规、样板等辅助量具进行检查。主要检查焊缝外形尺寸偏差，并进行记录。焊接结构件焊缝尺寸偏差检查执行 GB 10854《钢结构焊缝外形尺寸》。

① 焊缝外形应均匀，焊道与焊道及焊道与母材之间应平滑过渡。

② I形坡口对接焊缝（包括I形带垫板对接焊缝）的焊缝宽度（$C=b+2a$）及余高（h）要求见表 6-1。

③ 非I形坡口对接焊缝的焊缝宽度（$C=g+2a$）及余高（h）要求见表 6-1。

④ 焊缝最大宽度（C_{max}）和最小宽度（C_{min}）的差值，在任意 50mm 焊缝长度范围内不得大于 4mm，整个焊缝长度范围内不得大于 5mm。

⑤ 焊缝边缘直线度（f）要求，在任意 300mm 连续焊缝长度内，焊条电弧焊及气体保护焊焊缝边缘沿焊缝轴线的直线度 $f\leqslant3$mm，埋弧焊焊缝边缘沿焊缝轴线的直线度 $f\leqslant4$mm。

表 6-1　对接焊缝的焊缝宽度及余高要求　　　　　　　　　　　　单位：mm

焊接方法	焊缝形式	焊缝宽度 C		焊缝余高 h	焊接方法	焊缝形式	焊缝宽度 C		焊缝余高 h
		C_{min}	C_{max}				C_{min}	C_{max}	
焊条电弧焊及气体保护焊	I形焊缝	$b+4$	$b+8$	平焊 $0\sim3$	埋弧焊	I形焊缝	$b+8$	$b+28$	$0\sim3$
	非I形焊缝	$g+4$	$g+8$	其他 $0\sim4$		非I形焊缝	$g+4$	$g+14$	

注：b—坡口根部间隙的实际测量值，mm；g—坡口正面间隙，mm，采用 V 形坡口时，$g=2\tan\beta\cdot(\delta-P)+b$，采用 U 形坡口时，$g=2\tan\beta\cdot(\delta-R-P)+2R+b$。

⑥ 焊缝表面凹凸度要求，在任意 25mm 焊缝长度范围内，焊缝余高最大值（h_{max}）与最小值（h_{min}）的差值 $\leqslant2$mm。

⑦ 角焊缝的焊脚尺寸（K）由设计图样或焊接工艺注明，角焊缝焊脚尺寸（K）偏差要求见表 6-2。

⑧ 焊缝外形尺寸经检验超出要求时，应进行修磨或按工艺进行局部返修焊，直至符合要求，返修焊焊缝应与原焊缝保持圆滑过渡。

表 6-2　角焊缝焊脚尺寸（K）偏差要求　　　　　　　　　　　　单位：mm

焊接方法	焊脚尺寸偏差	
	$K<12$	$K\geqslant12$
焊条电弧焊及气体保护焊	+3	+4
埋弧焊	+4	+5

6.3.4　焊缝质量等级

6.3.4.1　焊缝质量等级划分

根据 GB 50236《现场设备、工业管道焊接工程施工及验收规范》规定，焊缝质量等级划分为四个等级，焊缝质量分级标准见表 6-3。明确了对裂纹、表面气孔、表面夹渣、咬边、未焊透、根部收缩、角焊缝厚度不足、角焊缝焊脚不对称、余高过大等质量因素与焊缝质量等级的关系。

6.3.4.2　焊缝外观质量等级的设计规定

① 设计文件规定焊接接头系数（也称焊缝系数）为 1 的焊缝或进行 100％射线照相检验或进行 100％超声波检验的焊缝，其外观质量不得低于表 6-3 中的Ⅱ级。

焊接接头系数（Φ）取决于焊接接头形式及无损探伤检测的长度比例。双面焊对接接头和相当于双面焊的全焊透对接接头，当 100％焊缝长度均进行无损探伤检测时，焊接接头系数为 1；当局部焊缝进行无损探伤检测时，焊接接头系数为 0.85。带垫板的单面焊对接接头，当 100％焊缝长度均进行无损探伤检测时，焊接接头系数为 0.9；当局部焊缝进行无损探伤检测时，焊接接头系数为 0.8。

② 设计文件规定进行局部射线照相检验或进行局部超声波检验的焊缝，其外观质量不得低于表 6-3 中的Ⅲ级。

③ 不要求进行无损检验的焊缝，其外观质量不得低于表 6-3 中的Ⅳ级。

表 6-3　焊缝质量分级标准

检验项目	质量因素	质量等级			
		Ⅰ	Ⅱ	Ⅲ	Ⅳ
焊缝外观质量	裂纹	不允许			
	表面气孔	不允许		每 50mm 焊缝长度内允许直径≤0.3δ，且≤2mm 的气孔 2 个，气孔间距≥6 倍孔径	每 50mm 焊缝长度内允许直径≤0.4δ，且≤3mm 的气孔 2 个，气孔间距≥6 倍孔径
	表面夹渣	不允许		深度≤0.1δ，长度≤0.3δ，且≤10mm	深度≤0.2δ，长度≤0.5δ，且≤20mm
	咬边	不允许		深度≤0.05δ，且≤0.5mm，连续长度≤100mm，且焊缝两侧咬边总长度≤10％焊缝总长	深度≤0.1δ，且≤1mm 长度不限
	未焊透	不允许		不加垫单面焊允许值≤0.15δ，且≤1.5mm，缺陷总长度在 6δ 焊缝长度内不超过 δ	≤0.2δ，且≤2.0mm，每 100mm 焊缝长度内缺陷总长度≤25mm
	根部收缩	不允许	≤$0.2+0.02\delta$，且≤0.5mm	≤$0.2+0.02\delta$，且≤1mm	≤$0.2+0.04\delta$，且≤2mm
	角焊缝	不允许		≤$0.3+0.05\delta$，且≤1mm，每 100mm 焊缝长度内缺陷总长度≤25mm	≤$0.3+0.05\delta$，且≤2mm，每 100mm 焊缝长度内缺陷总长度≤25mm
	角焊缝焊脚不对称	差值≤$1+0.1a$		差值≤$2+0.15a$	差值≤$2+0.2a$
	余高	≤$1+0.1b$，且最大为 3mm		≤$1+0.2b$，且最大为 5mm	
对接焊缝内部质量	碳素钢、低合金钢射线照相检验	GB 3323 的Ⅰ级	GB 3323 的Ⅱ级	GB 3323 的Ⅲ级	不要求
	超声波检验	GB 11345 的Ⅰ级		GB 11345 的Ⅱ级	不要求

注：a—设计焊缝厚度，mm；b—焊缝宽度，mm；δ—母材厚度，mm。

6.4 射线探伤

6.4.1 射线探伤原理

射线探伤是利用射线可穿透物质和在物质中有衰减的特性来发现缺陷的一种探伤方法。它能直观显示缺陷形状，检查气孔、夹渣、钨夹渣、未焊透、未熔合、裂纹等缺陷，特别适合于检测体积缺陷，而对面积缺陷则取决于射线的入射角度。根据探伤探伤所使用的射线种类不同，射线探伤可分为X射线探伤、γ射线探伤和高能射线探伤三种方法，由于其显示缺陷的方法不同，每种射线探伤方法都又分有电离法、荧光屏观察法、照相法和工业电视法。

6.4.2 射线的性质及形成机理

6.4.2.1 X射线的性质及形成机理

（1）X射线的性质 X射线、γ射线与可见光、红外线、无线电波都属于电磁波，X射线的波长短，具有以下主要性质：不可见，呈直线传播；不带电，不受电场和磁场的影响；能穿透金属材料物体；具有反射、折射、干涉现象；能使某些物质产生光电效应；能被物质衰减；能使照相软片感光；能产生生物效应，伤害和杀死细胞。

（2）X射线的形成机理 X光管可以发射X射线，它由阴极、阳极和真空玻璃泡组成，在阴极加热后，放出电子并在高电压作用下使电子加速和撞击阳极靶而产生X射线。产生的X射线强度与阴极发射的电子数量、作用在X光管的高压平方、阳极材料的原子序数成正比，因此要获得较强的X射线，不但要有适当的管电流和管电压，还要有高原子序数的阳极靶材料，常用的阳极靶材料为金属钨。

X射线强度在空间的分布随X射线的投射方向与阴极电子束间的夹角不同而发生变化。一般在垂直于阴极的电子束轴线上的X射线最强，在阴极电子束方向上的最弱。

6.4.2.2 γ射线的性质及形成机理

（1）γ射线的性质 γ射线的性质与X射线相似，由于其波长比X射线短，因而射线能量高，具有巨大的穿透力。

（2）γ射线的形成机理 γ射线是由放射性同位素的原子核衰变过程产生的。具有放射性的同位素原子核在自发地放射出某种粒子（α、β或γ）后会变成另一种不同的核，且放射性物质的能量就会因这种自发放射而逐渐减少，这种现象叫衰变。放射α粒子的衰变称α衰变，而放射β粒子或γ射线的衰变分别称为β衰变或γ衰变。放射性物质的衰变与物理及化学条件无关，而且衰变的速度是恒定的，故称为衰变常数，以λ表示。

放射性物质的半衰期是指放射性物质的原子数目因衰变而减少到原来一半所需要的时间，以T表示。选取一种同位素作γ探伤射线源时。它必须具有满足要求的穿透力和有较长的半衰期。目前用得最广的射线源是^{60}Co，它可以检查250mm厚的铜质工件、350mm厚的铝制件和390mm厚的钢制件。

γ射线的强度可由测量仪器引起电离程度来决定。它的单位是伦琴，1伦琴等于在0℃及760mm汞柱的压力下，1cm^{3}空气中引起1个绝对静电单位电荷的射线剂量。放射性物质的活性是表示单位时间的衰变数，通常用居里为单位，1居里就是每秒钟有3.7×10^{10}个原子衰变。

6.4.2.3 射线的吸收与散射现象

（1）射线的吸收现象 物质对射线的吸收现象实际上是一种能量转换，当射线通过物质时，射线与物质的原子互相撞击，使与原子核联系较弱的电子被逐出，即原子被激发，在这过程中，有的射线消耗了全部能量，使逐出的电子带有较大的能量，有的射线仅消耗部分能量，被逐出的电子能量较小。带有较大能量的电子与周围的物质撞击又会产生二次电子放射，依次可以产生多次电子放射现象；而能量较小的电子与物质作用时，只能把全部能量转变成热能。因此射线通过物质后，能量会因碰撞而消耗，物质的厚度愈大．射线与物质的电子撞击的机会愈多，射线能量的损耗就愈大，物质对射线的吸收现象随物质厚度增加而增加。

（2）射线的散射现象　射线的散射现象可以看作射线通过物质以后有部分射线改变了原来方向的结果。当射线穿进物质时，射线本身是电磁波，物质原子中的电子在其电磁场作用下，产生强迫振动，振动的电子能发出射线，它的频率与一次射线的频率相等，波长也一样，而这种振动的电子就变成散射到四面去的电磁波源，也就是变成向四周辐射的 X 射线。但事实上散射线的波长除了与原来波长相同外，还有一部分散射线的波长比原来射线的波长更长。

（3）射线的衰减　射线的衰减是吸收和散射造成的，所以衰减系数是吸收系数和散射系数之和。吸收系数是衰减系数的重要组成部分，它随波长的增加而增加，但在产生标识 X 射线时，吸收系数突然变小。散射系数随射线波长的减小和所通过物质的原子序数减小而增加，这是因为射线能量大，易使物质中的电子发生强迫振动和弹性碰撞之故。而原子序数小，则其电子与核的结合力小，容易发生康普顿散射。

衰减与物质的密度有关，密度愈大，射线在其途径上碰到的原子就愈多，衰减也就愈厉害，不同的材料和不同的射线能量其衰减系数是不同的。

6.4.3　射线照相检测的探伤原理

射线照相检测是利用射线在穿过物质时的衰减规律及对某些物体产生的光化和荧光作用为基础，进行缺陷的探伤检测。

射线透过工件的示意见图 6-1。从射线强度的方面进行对比，如果设定照射在工件上的射线强度为 J_0，由于工件材料对射线的衰减作用，因此穿过工件的射线强度衰减至 J_C。若工件在 A 处、B 处存在缺陷时，该处的射线穿透工件的实际厚度减少，则穿过 A 处、B 处的射线强度 J_A、J_B 大于没有缺陷的 C 处的射线强度 J_C。从射线对底片的光化作用分析，射线强度大对底片的光化作用强烈，即感光量大。感光量较大的底片经暗室处理后变的较黑。因此，工件中的缺陷通过射线照射，在底片产生黑色的影迹，这就是射线照相检测的探伤原理。

从图 6-1 中还可看出，虽然 A 处和 B 处的缺陷尺寸相同，但由于它与射线穿过的相对位置不同，在底片上形成缺陷影像的黑度就不同。当缺陷在射线穿过方向上

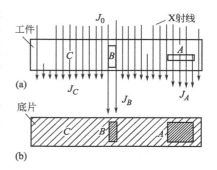

图 6-1　射线透过工件的示意
（a）射线透过有缺陷工件的情况；
（b）不同射线强度对底片作用的黑度变化情况

的长度较大时，其黑度越大。由此可知，射线照相检测可以从底片上得到工件中缺陷在投射面上的大小，从而可以通过底片上的影像情况，掌握工件中的缺陷状况。

6.4.4　射线照相检测的操作程序

在焊接结构件质量检测过程中，采用射线照相检测的一般程序包括射线照相条件准备、焊缝射线照相、焊缝质量评定等阶段。

对于焊接结构件进行射线照相检测前，应首先了解被检测焊接结构件的材质、焊接方法和几何尺寸等因素，并确定检测要求与验收标准，然后依据相应标准来选择适当的射线源、胶片、增感屏和像质计等，同时进一步确定该焊接结构件的透照方式和几何条件。射线照相检测的操作程序示意见图 6-2。

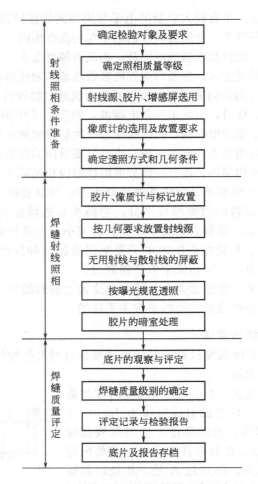

图 6-2　射线照相检测的操作程序示意

6.4.4.1　确定焊接结构件的探伤位置

根据设计图样、焊接工艺、质量控制文件，确定焊接结构件焊缝探伤比例及探伤位置，应关注以下焊缝类型：可能产生或经常出现焊接缺陷的位置，结构危险截面或受力较大的位置，应力集中的位置。针对选定的探伤位置进行编号，以便返修、记录等作业，掌握焊接生产质量。

6.4.4.2　射线源的选择

在焊缝射线照相检测中，射线源种类很多，主要分为 X 射线机、γ 射线机和电子加速器，射线照相检测的主要参数是射线能量与射线源尺寸。射线源尺寸越小，缺陷影像越清晰。在保证穿透焊件使胶片感光的前提下，应尽量选择较低的射线能量，以提高缺陷影像的反差。典型 X 射线设备的主要性能见表 6-4。

表 6-4　典型 X 射线设备的主要性能

类　　型	型　　号	管电压/kV	管电流/mA	焦点尺寸/mm	钢材最大穿透厚度/mm
便携式	XXQ-2505	250	5	2.0×2.0	38
移动式	XY-3010	300	10	4.0×4.9	70
固定式	MG450	420	10	4.5×4.5	100

6.4.4.3　胶片的选择

X 射线胶片是两面刷涂含有溴化银或氯化银乳胶膜的透明胶片，由溴化银或氯化银及明胶组成的乳胶膜涂层很薄，约为 $10\mu m$，要求溴化银或氯化银粒度很小，为 $1\sim5\mu m$，并在胶片上均匀分布。X 射线胶片质量采用感光度、颗粒度、对比度和灰雾光学密度进行评价，颗粒度越小，缺陷影像越清晰，但感光度变慢，曝光量会成倍增加，一般要求反差大、清晰度高、灰雾少。

6.4.4.4　增感屏的选择

使用增感屏，可以大大增加胶片的曝光量，减少曝光时间，提高射线照相检测效率。射线照相采用的增感屏分为荧光增感屏、金属荧光增感屏和金属增感屏，通常荧光增感屏的增感因素为 $5\sim30$，金属增感屏的增感因素为 $2\sim7$，焊缝射线照相检测一般采用金属增感屏，金属增感屏分为前屏、后屏，前屏较薄，后屏较厚，其厚度根据射线的能量确定。增感屏要求厚度均匀、表面光滑平整、清洁，具有一定的刚性且不应划伤、磨损。

6.4.4.5　像质计的选择

像质计的作用是检查透照技术和胶片处理质量，像质计分为金属线型像质计和阶梯孔型像质计，金属线型像质计由七根直径不同的金属丝、铅字标记粘合于吸收射线较小的透明塑料中，像质计应放在射线源一侧有效照相范围内焊缝的一端，金属丝垂直与焊缝，细丝线端位于胶片外侧，每张底片上都必须有像质计影像。像质计灵敏度（也称像质计数值）是底片上可见金属丝最小线径与穿透厚度的百分比，采用金属增感屏的胶片像质计灵敏度应≤3％。

6.4.4.6　射线透照方式

针对不同焊接结构件的焊缝形式与位置特点，选择合理的射线透照方式。一般依据焊缝形式与位置、透照厚度，确定射线源、被检焊缝和胶片的相对位置。根据 GB/T 3323《钢焊缝射线照相及底片等级分类法》推荐的射线透照方式分为对接焊缝的纵缝单壁透照法、环缝单壁外透法（射线源在焊件外侧）、环缝单壁内透法（射线源在焊件内侧）、双壁单影法、双壁双影法，此外，还有角焊缝透照布置和不等厚对接焊缝透照布置等形式。

6.4.4.7　曝光规范参数的选择

X 射线照相的曝光规范参数主要包括管电压、管电流、曝光时间及焦距。曝光时间和管电流的乘积称为曝光量，管电压主要表示 X 射线的能量，反映穿透金属的能力。依据射线衰减现象，管电压增加，射线能量越高，衰减系数越小。一般为了避免探伤时的多次试照，应先制订材料的曝光曲线，以便迅速找到正确的曝光规范参数。

γ 射线照相的曝光规范参数主要包括射线源的种类、剂量、曝光时间及焦距。不同射线源的射线能量不同，能量越高，穿透能力越强。射线源的剂量和曝光时间的乘积称为曝光量，应先依据射线源和焊缝厚度制订曝光曲线，探伤时，再根据焊缝厚度、焦距，确定曝光时间。

6.4.4.8　暗室处理

暗室处理是指胶片曝光后变成可见像的处理过程，包括显影、停显、定影、冲洗和底片烘干五个工序。其中显影、停显和定影操作必须在暗室中进行，暗室内的安全光线一般为红色。暗室必须安装通风换气设备，避免温度过高、湿度过大，引起底片变质。

6.4.5　焊缝质量评定

焊缝质量评定是通过底片反映出来的缺陷进行性质、大小、数量及位置的识别，然后根据探伤标准进行焊缝质量等级评定。

6.4.5.1　射线照相底片的要求

使用射线照相检测方法检验焊缝质量，必须通过掌握底片反映的焊缝缺陷情况，因此底片本身的质量就非常重要。当曝光规范参数、射线透照方式和暗室处理都能满足要求时，则射线照出的底片可以正确地反映出焊接接头的各种缺陷。射线照相底片的要求必须符合以下条件：在整张底片的长度上，焊缝各部位都应具有清晰的影像；应能看见像质计印迹且符合灵敏度要求；底片上不得有擦伤、斑点、手指印迹和未冲洗干净的显影所形成的白色薄层等缺陷；底片上必须有清楚的标记，包括焊件编号、底片编号、定位记号，这些标记应与焊缝边缘保持 5mm 以上的距离。

6.4.5.2 焊缝质量等级技术标准简介

① 根据 GB/T 3323《钢焊缝射线照相及底片等级分类法》的规定，焊缝质量分为四级，即 I 级、II 级、III 级、IV 级。

② I 级焊缝内不准有裂纹、未熔合、未焊透、条状夹渣。

③ II 级、III 级焊缝内不准有裂纹、未熔合以及双面焊和加垫板的单面焊中的未焊透。

④ 对于不同尺寸的气孔换算表见表 6-5。

表 6-5 气孔换算表

气孔尺寸/mm	≤1.0	1~2	2~3	3~4	4~6	6~8	≥8
气孔数	1	2	3	6	10	15	25

⑤ 气孔（包括点状夹渣）的分级见表 6-6，其中数字是指照片上任何 10mm×50mm 的焊缝区域内（宽度小于 10mm 的焊缝，长度按 50mm 计算），I 级、II 级、III 级焊缝中气孔点数。

表 6-6 气孔（包括点状夹渣）的分级

母材厚度/mm	2.0~5.0	5.0~10	10~20	20~50	50~120
焊缝等级	气孔数				
I	2~4	4~6	6~8	8~12	12~18
II	3~6	6~9	9~12	12~18	18~26
III	4~6	8~12	12~16	16~24	24~35
IV	点数多于 III 级				

⑥ 如果单个气孔的尺寸超过母材厚度的 1/2，焊缝等级作为 IV 级。

⑦ 当气孔尺寸小于 0.5mm 时，不计点数。

⑧ 钨夹渣按表 6-6 气孔数量评级，但按表 6-5 数值的 1/2 换算。

⑨ 条状夹渣的分级见表 6-7，条状夹渣必须同时满足单个条状夹渣长度、条状夹渣群总长度及条状夹渣间距的规定。

表 6-7 条状夹渣的分级　　　　　　　　　　　　　　　　单位：mm

焊缝等级	单个条状夹渣长度	条状夹渣间距	条状夹渣总长度	焊缝等级	单个条状夹渣长度	条状夹渣间距	条状夹渣总长度
II	$T/3$，且 4~20	<6L	不超过单个条状夹渣长度	III	$2T/3$，且 6~30	<3L	不超过单个条状夹渣长度
		≥6L	在任何 12T 焊缝长度内不超过 T			≥3L	在任何 6T 焊缝长度内不超过 T
				IV	大于 III 级时，评为 IV 级		

注：T—母材金属厚度，mm；L—相邻两条夹渣中较长者的长度，mm。

⑩ 设计焊接接头系数≤0.7 时，II 级焊缝内存在的单面未焊透，其深度不应超过壁厚的 15%，最深不超过 1.5mm；III 级焊缝内存在的单面未焊透，其深度不应超过壁厚的

20%，最深不超过 2mm。各级焊缝内单面未焊透的长度不超过该级焊缝夹渣群总长度的规定。

⑪ 焊缝的综合评级，在 12T 焊缝长度内（如果焊缝长度不足 12T，以焊缝长度为限）几种缺陷同时存在，应先按各类缺陷单独评级。如有两种缺陷，应将其级别数之和减 1 作为缺陷综合的焊缝质量等级。如有三种缺陷，应将其级别数之和减 2 作为缺陷综合的焊缝质量等级。

⑫ 当焊缝的质量级别不符合设计要求时，焊缝评为不合格，不合格的焊缝必须进行返修，经再次探伤合格，该焊缝才作为合格。

⑬ 探伤检验后，应编制射线照相检测报告，内容应包括探伤方法、探伤规范、缺陷名称、评定级别、返修次数、编号、日期等。

6.4.6　常见焊接缺陷的影像和辨别

6.4.6.1　裂纹的影像和辨认

焊接接头内的裂纹影像与射线方向有很大关系。当照射方向和裂纹的方向重合时，裂纹在底片上显露得最清楚，否则裂纹不易显露出来。若裂纹方向与射线方向不重合，裂纹的显露由裂纹的宽度所决定，宽度大时可以显露，宽度小时就不易显露。

裂纹在底片上的特征是一条黑色的带有曲折的线条，但有时也呈直线状，影像的轮廓线较为分明，两头尖且色较淡，中部较宽且色较深。如果裂纹和照射方向成一定角度，则呈淡灰雾暗影。

6.4.6.2　未焊透的影像和辨认

未焊透主要出现在焊缝的根部位置，根部未焊透在底片上的影像形状与坡口的形式、焊接方法和射线方向有关。根部未焊透在底片上呈直线连续或断续的黑线条，宽度较宽，一般与坡口间隙一致，影像中的颜色深浅不均匀。在 V 形坡口对接焊缝，其根部未焊透一般在焊缝影像宽度的中部。

6.4.6.3　未熔合的影像和辨认

未熔合一般出现在坡口边缘，这种缺陷只有当射线与坡口边缘方向重合时才有较黑的影像，若不重合时，缺陷的影像是模糊不清的，因而常会发生漏判。

6.4.6.4　夹渣的影像和辨认

夹渣在焊缝中，有时呈单个球状或块状形态，有时呈群状和链状形态。夹渣在底片上容易确认。球状夹渣、条状夹渣在底片上呈黑色点状或条状的影像，轮廓分明，分布位置不确定。群状夹渣一般呈较密的黑点群。

6.4.6.5　气孔的影像和辨认

气孔一般呈现单个球状或虫状，但也有些密集气孔呈现链状或群状。焊条电弧焊焊缝中的气孔，在底片上呈圆形或近圆形的黑点，黑点中心较黑，并均匀地向边缘变浅，边缘轮廓不大明显，分布也比较散乱。埋弧焊焊缝中的气孔较大，影像较深，呈圆形或卵形，边缘较明显，多分布在焊缝中心区域。

6.4.6.6　咬边的影像和辨认

咬边缺陷一般产生在焊缝边缘的母材表面上，咬边缺陷的影像在底片上显露明显，处于焊缝影像的边缘，并在母材金属一侧。应根据咬边缺陷的位置特征与焊缝内部缺陷加以区别。

6.5　超声波探伤

超声波探伤是焊接质量检测的重要检验方法，适合于焊缝中面积缺陷、体积缺陷的检测。具有灵敏度高、设备轻巧、操作方便、探测速度快、成本低等特点，在焊接生产中应用广泛。但超声波探伤对缺陷进行定性和定量的判定存在一定的困难，探伤结果受检测人员的经验和熟练程度影响较大。

6.5.1　超声波的产生机理

超声波是机械振动在材料介质中的传播过程，其频率高于人的听觉范围，具有波长短、指向性较强的特点。

产生超声波的方法有机械法、热学方法、电动力法、磁滞伸缩法和压电法等。由于压电法能够产生高频率的超声波，功率小，并能满足探伤所要求的工作频率变化，因此常采用压电法产生超声波。

压电法是利用压电晶体来产生超声波，这种晶体切出的晶片具有压电效应和逆压电效应，即受拉应力或压应力作用时，产生变形并在晶片表面出现电荷；反之，在受电荷或电场作用下会发生变形。晶片产生超声波是逆电效应的结果。在晶片表面施加交变电场，则晶片的逆压电效应使周围的介质振动而产生声波。当这个交变电场的频率超过声波的频率范围，则在介质中产生超声波。因此要改变超声波的频率，只需改变交变电场的频率和晶片尺寸。同样，要将超声波转变成电信号时，只要将超声波作用到晶片上，晶片因超声波的作用产生变形，在晶片表面上产生电荷。这样利用压电晶片便可以发射或者接收超声波，从而能够利用超声波发现缺陷。

6.5.2　超声波的主要特性

6.5.2.1　超声波的主要参数

超声波的主要参数有波长、波速和频率。超声波波长是指相邻的两个波密和波疏之间的距离或相邻两个波峰或波谷之间的距离。波速是指单位时间内传播的距离。频率是指单位时间内振动的次数。在同一物质中超声波传播速度是一个固定不变的常数。超声波频率越高，其波长越短，只要存在极小的障碍就会出现反射，所以超声波探伤具有较高的灵敏度。

6.5.2.2　超声波的类型

超声波的类型分为纵波、横波和表面波。纵波（L）是指波的传播方向与质点振动方向相一致的振动波，能在固体、液体和气体中传播，纵波的产生和接收比较容易。横波（S）是指质点的振动方向垂直于波的传播方向的振动波，由于质点传播横波是通过交变的剪切应力作用，而液体、气体没有剪切弹性就不能传播横波，所以横波只能在固体中传播。在同一介质中，横波速度约为纵波速度的 $40\%\sim48\%$，因此当频率相同和介质相同时，横波波长为纵波波长的一半，横波探伤灵敏度比纵波提高一倍。

6.5.2.3　超声波在介质面上的反射、折射及波型变换

超声波在介质中传播遇到另一种介质的界面时，会发生反射、透过和折射现象，而且还会在原介质和第二介质中继续传播，并在界面上发生波型变换。

当超声波从一种介质垂直入射到第二种介质上时，其能量除一部分反射外，其余能量则透过界面在第二种介质中继续按原来方向传播，在界面上不发生折射和波型变换。

当超声波从一种介质倾斜入射到第二种介质的界面上时，则其一部分能量被反射回第一种介质里，其余能量则透过界面产生折射和在界面上发生波型变换。

6.5.2.4　超声波的衰减

超声波的衰减现象是由散射、吸收和扩散造成的。造成散射的原因是由于超声波在不均匀、各向异性的金属晶粒界面上，产生折射、反射和波型变换所致。而吸收的原因是金属晶粒在声源激发振动时晶粒间互相摩擦，使部分的超声波能量转变成热能。超声波在介质中传

播会发生衰减，超声波的衰减和超声波的频率有关。

影响金属材料衰减系数的因素有超声波的频率、晶粒大小、化学成分、金相组织、偏析、微观缺陷等。同时，也可利用声波的吸收衰减测量金属的致密性、晶粒度和组织的均匀性。

6.5.3　超声波探伤仪简介

焊缝超声波探伤采用脉冲反射式超声波探伤仪，它是由脉冲超声波发生器、接收放大器、显示器和声电换能器（也称探头）等部分组成。除探头外，其他三部分合装在一个箱内成为一个机体。因此，超声波探伤仪分为机体和探头两部分。

6.5.3.1　机体

通常根据工作方法分为脉冲反射式探伤仪、连续式探伤仪和调频探伤仪。根据缺陷的显示方法分为 A 型、B 型和 C 型探伤仪。

（1）A 型超声波探伤仪　A 型超声波探伤仪的显示特点是根据示波管荧光屏中时间扫描基线上的信号来判定焊件内部是否存在缺陷。它又分有检波型（即 A_{DC} 型）和不检波型（即 A_{AC} 型）。探伤时，A_{DC} 和 A_{AC} 型荧光屏显示的图形见图 6-3。

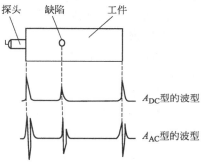

图 6-3　A_{DC} 和 A_{AC} 型荧光屏显示的图形

A 型超声波探伤仪由同步触发电路、时间扫描电路、高频脉冲发射电路和接收放大电路等组成。当电源接通后，同步触发电路产生二路同步触发信号，一路信号触发时间扫描电路，使时间扫描电路工作，产生的锯齿波电压作用到示波管上，使示波管产生扫描线；另一路信号触发高频脉冲发射电路，使之产生高频脉冲信号，由高频脉冲信号作用到探头，产生超声波。

探伤时，超声波通过探测表面的耦合剂将超声波传入焊件，超声波在焊件里传播，遇到缺陷和焊件的底面就反射回探头，由探头将超声波转变成电信号，并传至接收放大电路中，经检波后在示波管荧光屏的扫描线上出现表面反射波（始波 A）、缺陷反射波（F）和底面反射波（B），通过始波（A）和缺陷波（F）之间的距离便可确定缺陷离焊件表面的位置。同时通过缺陷波 F 的高度亦可确定缺陷的大小。

A 型超声波探伤仪，可以使用一个探头发射超声波和接收超声波，也可以使用两个探头：一个发射超声波，另一个接收超声波进行穿透式探伤。同时，还可以通过探头改变波型进行纵波探伤、横波探伤和表面波探伤。

（2）B 型超声波探伤仪　B 型超声波探伤仪显示的特点是把沿探头移动路线所切割的焊件截面进行扫描、显示，为了避免探头磨损和有利于自动化探伤，常采用浸液法。它与 A 型探伤仪的结构基本相同，不同之处在于探头沿焊件的移动与示波管扫描线的水平移动保持同步，因此探头移动的速度不能太高。同时，为使图像在荧光屏上保留较长的时间，示波管采用长余辉。荧光屏上的图像亮度与示波管的余辉特性、重复频率、反射波强度及探伤速度有关。

6.5.3.2　探头

（1）探头类型　各种脉冲反射式超声波探伤仪，为了适应不同的探伤要求和探伤对象，采用多种探伤频率、探伤方式和探头类型。

常用的探伤频率有 1.0MHz、1.25MHz、1.5MHz、2.5MHz、5MHz、10MHz 等。

探伤方式有单收单发、单收发和双收发三种方式。单收单发方式是探伤时使用两个探头，一个发射超声波，另一个接收超声波。单收发方式是探伤时使用一个探头，探头即能发射超声波，也能接收超声波。双收发方式是探伤时使用两个探头，它们各自都能发射超声波和接收超声波。

探头类型分为直探头和斜探头。直探头和斜探头的压电晶片直径为 $\phi10mm$ 和 $\phi24mm$。晶片的有效面积不应超过 $500mm^2$，且任一边长不应大于 25mm。

（2）探头的结构

① 直探头也称平探头，可以发射及接收纵波。直探头主要由压电晶片、吸收块及保护膜组成，直探头的结构示意见图 6-4。

压电晶片多为圆板形，其厚度与产生的超声波频率成反比，压电晶片厚度越大，产生的超声频率越低，压电晶片的直径与扩散角成反比。探头用的压电晶片两面均有镀银层，压电晶片底面接地，上面通过导线与机体发射电路及接收电路连接。吸收块的作用是降低压电晶片的机械品质因素、吸收残存能量，不致因发射的电脉冲停止后，压电晶片因惯性而继续振动。吸收块的上表面必须倾斜 20°左右，这样可减少探头杂波。保护膜的作用是为了减少压电晶片的磨损。

② 斜探头用于横波探伤，可以发射及接收横波。它是由压电晶片、吸收块及斜楔块组成，斜探头的结构示意见图 6-5。使用的吸收块和压电晶片与直探头相同，楔块形状应使超声波在楔块中传播时，不会返回晶片，以免出现杂波。楔块设计时，应使楔块和晶片的固定表面与楔块和焊件的接触表面之间形成一定的夹角，称为探头角度，也就是超声波入射到焊件中的入射角，探头角度为 30°、40°、45°、50°。

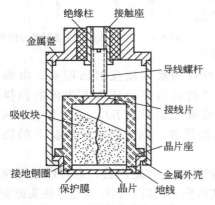

图 6-4 直探头的结构示意

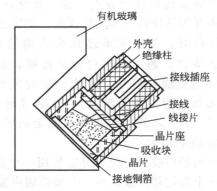

图 6-5 斜探头的结构示意

6.5.4 超声波探伤方法

根据超声波探伤的波形、探头类型、耦合方法和缺陷显示方式，焊缝超声波探伤方法分类见图 6-6。主要有接触法、液浸法、直射法、斜射法等超声波探伤方法。

6.5.4.1 接触法超声波探伤

接触法超声波探伤是指探头与焊件表面之间，涂敷一层耦合剂，超声波经过探头、耦合剂，进入焊件进行探伤的方法，接触法超声波探伤示意见图 6-7，该方法在实际生产中广泛应用。

6.5.4.2 液浸法超声波探伤

液浸法超声波探伤是将探头与焊件全部浸于液体或探头与焊件之间局部充以液体进行探伤的方法，液体起耦合剂作用，液浸法超声波探伤示意见图 6-7。

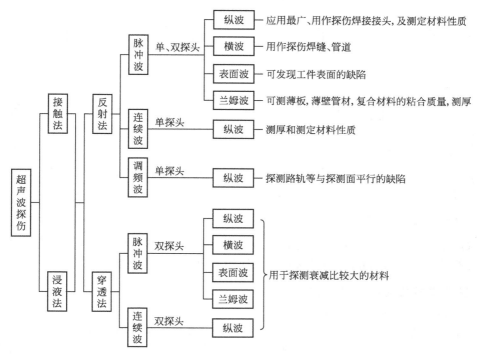

图 6-6　焊缝超声波探伤方法分类

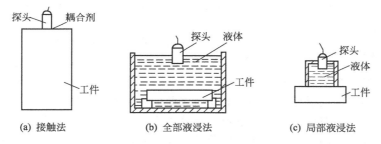

(a) 接触法　　　　　(b) 全部液浸法　　　　　(c) 局部液浸法

图 6-7　接触法和液浸法超声波探伤示意图

6.5.4.3　直射法超声波探伤

直射法超声波探伤是利用超声波的纵波进行探伤，也称纵波法、直探头法，直射法超声波探伤示意见图 6-8。使用 A 型超声波探伤仪时，超声波垂直进入焊件表面，当直探头在被探焊件上移动移动到无缺陷区域时，荧光屏上只有始波（A）和底波（B）。当直探头移动到小缺陷区域时，且缺陷的反射面比声束小，则荧光屏上出现始波（A）、缺陷波（F）和底波（B），如图 6-8(b)。当直探头移动到大缺陷区域时（缺陷比声束大），则荧光屏上只出现始波（A）和缺陷波（F），而缺少底波（B）。直射法超声波探伤适用于厚钢板、轴类等几何形状简单的工件，它能发现与探测表面平行的缺陷。

6.5.4.4　斜射法超声波探伤

斜射法超声波探伤是利用横波进行探伤的方法，也称横波法、斜探头法，适用于发现与探测表面成角度的缺陷，斜射法超声波探伤示意见图 6-9。探伤时，斜探头放在探测工件表面上，通过耦合剂，超声波以某个角度便进入焊件中，当焊件没有缺陷时，由于声束倾斜而产生反射，所以没有底波出现，荧光屏上只有始波（T）。当焊件存在缺陷，且缺陷与声束

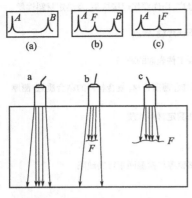

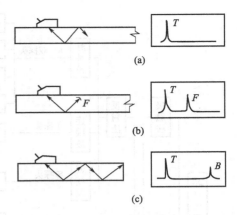

图 6-8　直射法超声波探伤示意　　　　　图 6-9　斜射法超声波探伤示意

垂直或倾斜角度很小时，声束会被反射回来，在荧光屏上出现缺陷波（F），当探头接近板端则出现板端角反射波（B）。斜射法超声波探伤适用于对接焊缝的质量检测。

6.5.5　常见焊接接头的超声波探伤

6.5.5.1　对接接头的超声波探伤

（1）正射波法与反射波法　板材对接接头的超声波探伤都采用斜射法超声波探伤，使用斜探头，采取正射波法或反射波法进行探伤，正射波法和反射波法探伤示意见图 6-10。板材对接接头的探伤频率一般选用 2.5MHz，斜探头移动采用锯齿形运动的方法。

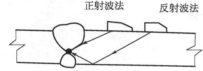

图 6-10　正射波法和反射波法探伤示意

正射波法是利用入射到焊件之后至焊件底部反射之前的那段声束来发现缺陷的，而反射波法则利用经底面反射后的声束来发现缺陷的，故又分一次反射波法、二次反射波法……、所谓一次反射波法是利用焊件底面第一次反射后至焊件表面反射之前的声束来发现缺陷。

（2）对接接头超声波探伤的注意事项　焊缝表面波纹对超声波的反射产生影响，在荧光屏上出现信号，其信号的大小与斜探头的角度有关，斜探头角度小时，信号强烈，探头角度大时，容易产生表面波的影响。

焊缝余高对超声波探伤有较大影响，当余高过大时，会出现焊缝顶部的探伤盲区，防止焊缝顶部的探伤盲区可减小斜探头角度，或进行两面探伤。当余高过宽时，会出现焊缝中部的探伤盲区，防止焊缝中部的探伤盲区，可增大斜探头角度。必要时，应将焊缝余高磨平。焊缝余高造成的探伤盲区示意见图 6-11。

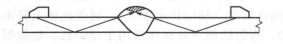

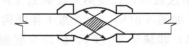

(a) 焊缝顶部的探伤盲区　　　　　　　　　　　　(b) 焊缝中部的探伤盲区

图 6-11　焊缝余高造成的探伤盲区示意

此外，焊瘤、永久焊接衬垫也对斜射法超声波探伤产生一定的影响。

6.5.5.2　T 形接头的超声波探伤

进行 T 形接头的超声波探伤时，探伤面可选在腹板或底板上，T 形接头的超声波探伤示意见图 6-12。一般采用斜探头，其探伤频率和斜探头角度可参照对接接头选取。当腹板厚度大于直探头的直径时，也可选用直探头协助探伤。用斜探头在底板探测时，可用正射波法，并在底板上引出腹板厚度的中心线，在中心线一侧位置探测中心线另一侧焊缝。当斜探头在底板上沿中心线移动时，可发现焊缝的横向缺陷。

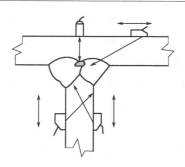

图 6-12　T 形接头的超声波
探伤示意

6.5.6　影响超声波探伤的主要因素

超声波探伤时，荧光屏上的脉冲图形反映了焊缝的内部情况。探伤过程中机体、探头引线、探头、耦合剂、声束、焊件及缺陷等因素变化都会改变荧光屏上出现的脉冲图形。因此，必须区分这些影响因素与焊缝内部缺陷信号，才能得出正确的结果。

6.5.6.1　耦合剂的影响

耦合剂是声波能进出探测表面的重要因素，直接影响灵敏度。耦合剂的作用是将超声波导入焊件，一般采用液体耦合剂，如水、机油、甘油和浆糊。耦合层厚度应为超声波波长的 1/2 整数倍。耦合剂应具有良好的透声性和适宜的流动性，不对材料和人体产生损害，同时应便于检验后清理，同时还要求耦合剂的声阻应与焊件的声阻相同或接近，以获得最大的入射能量，并能粘附在各种检测位置表面。

6.5.6.2　焊件的影响

（1）焊件表面质量的影响　放置探头进行探伤的表面叫探测面，应根据焊件的形状、加工工艺、可能产生的缺陷部位及缺陷的延伸方向因素选取探测面，探测面表面平整、洁净，探头与焊件才能良好接触，超声波导入焊件的能量越多，因此高质量的焊件表面有利于超声波的耦合、传导。因此要求探测面上必须清除焊渣、污垢、氧化皮和外部缺陷等妨碍超声波耦合的因素。

（2）金相组织及化学成分的影响　在异种钢焊接、表面堆焊和铸件焊接修复时，焊件各部位的金相组织、化学成分会有一定的差异。

焊件材料的金相组织主要影响超声波的能量，不同的金相组织对超声波的能量衰减不同，珠光体比回火铁素体、层状珠光体比球状珠光体、灰铸铁比球墨铸铁的声能衰减大。一般声波沿着晶粒排列方向传播，衰减较少，当结晶组织不均匀时，衰减增大，晶粒粗大时衰减严重，会降低探伤灵敏度。

焊件材料的化学成分主要影响超声波的声速。不同的化学成分，在荧光屏上出现信号的波程不同。当各部位的合金元素含量均匀时，这种影响很小，从荧光屏上不易察觉出来。当化学成分偏析严重时，影响就增大。

6.5.6.3　缺陷的影响

当焊件存在缺陷时，缺陷的位置、形状、尺寸、方向及性质等因素都会对缺陷反射波产生很大的影响。

（1）缺陷位置的影响　缺陷距离探测表面越近，即缺陷埋藏深度较小时，声能衰减较小，缺陷波高度较大，接近始波高度。缺陷距离探测表面越远，缺陷波高度越小，接近底波高度。

（2）缺陷尺寸的影响　通常缺陷尺寸增大，缺陷波高度增加，缺陷尺寸减小，缺陷波高度减小。但缺陷尺寸达到一定值时，缺陷波高度呈现饱和，这是因为缺陷尺寸大于声束或缺陷反射仪的显示能力有限。对层状缺陷。当缺陷厚度为声波波长的 1/2 整数倍时，则缺陷波高度也会因穿透率的增大而降低。

(3) 缺陷形状的影响　当缺陷反射面与声束方向垂直时，缺陷形状的影响见图 6-13。(a) 缺陷反射面呈凹形，有聚声作用，所以缺陷反射波高度较大；(b) 缺陷反射面呈凸形，对超声波有散射作用，所以反射波高度减少；(c) 缺陷形状呈台阶形，缺陷反射面有高度差，所以缺陷波出现两个高度；(d) 缺陷形状呈锥形，缺陷的反射波不能返回探头，所以没有出现缺陷波。

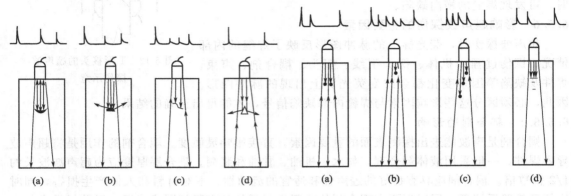

图 6-13　缺陷形状的影响　　　　图 6-14　缺陷分布形式对缺陷波形的影响

(4) 缺陷分布形式的影响　当焊件存在多个缺陷时，缺陷的分布形式对波形影响并不一致，缺陷分布形式对缺陷波形的影响见图 6-14，(a) 当两个缺陷之间距离较小，埋藏深度一样时，在荧光屏上只表现出一个缺陷波。(b) 当焊件很长而缺陷又靠近表面，缺陷会出现多次反射后才有底波出现，容易误判为存在多个缺陷。(c) 是存在多个缺陷的波形情况。(d) 当埋藏深度较浅的大缺陷挡在埋藏深度较深的小缺陷之前，使荧光屏上只出现大缺陷的反射波，而小缺陷得到隐蔽。

(5) 缺陷性质的影响　不同的焊接缺陷内部容纳的物质可以形成不同的声阻。因气体声阻较大，气孔、缩孔等缺陷的反射波高。而固体缺陷声阻与焊件材料的声阻接近，夹渣、非金属夹杂物等缺陷的反射波比较小。

(6) 缺陷表面与声束方向形成角度的影响　缺陷的表面与声束方向垂直时，反射波最高。呈倾斜姿态时，反射波下降，当倾斜角度较大时，则无反射波出现。

(7) 缺陷表面状态的影响　声束垂直入射在缺陷表面时，缺陷表面的凹凸程度与波长的比值越大，反射波越低，当其比值小于 1/8 时，反射波的能量约为光滑面反射能量的 10%。如果声束倾斜入射于缺陷表面，其比值能够增大，反而会使反射波增高。

6.5.6.4　仪器的影响

(1) 仪器盲区的影响　仪器盲区是由于电信号的反射需要一定的时间，荧光屏的扫描线上出现一个波形根部缺口，在这个缺口内不能单独地反映其他信号。仪器盲区仪器线路结构、扫描速度和频率有关，仪器盲区增加，不能发现缺陷的深度增加，所以超声波探伤对表面缺陷的检测有一定的限制。

(2) 仪器的分辨力　仪器的分辨力是指探伤仪能把两个深度相差很少的缺陷分辨出来的能力，分辨力采用两个缺陷信号的传播时间差（δ_T）与盲区时间（δ_{T0}）之比值进行评价。当 $\delta_T/\delta_{T0} \geqslant 1$ 时，两个缺陷能够区分；当 $\delta_T/\delta_{T0} < 1$ 时，两个缺陷不能区分。

(3) 重复频率　重复频率是指仪器单位时间内发射超声波的次数。重复频率对探伤的影响较大，重复频率高，则相邻两次发射超声波之间的时间短。当较长焊件探伤时，采用较高的重复频率，相邻两次发射超声波的时间短于超声波由焊件表面传至底面来回的时间，就会出现第二次的始波在第一次底波之前的情况，影响缺陷的判别。一般重复频率在 50～500Hz 之间。

6.5.6.5　探头的影响

探头的压电晶片的换能效率高时，灵敏度高。压电晶片的自然频率与仪器的发射频率相同时，其灵敏度也高。探头中的吸收块的声阻与晶片的声阻焊件的声阻相匹配时，灵敏度也高，制造探头时应设计相应频率下最佳尺寸的晶片。

选择探头是在探伤频率确定后，根据缺陷与探测面所成的角度、干扰区、灵敏度和扩散角等确定斜探头的探头角度和直径。探头角度的选择根据缺陷的位置及其延伸方向。而探头直径的改变，除扩散角改变外，声场的干扰区和缺陷波的高度也改变。当增加探头直径时，有时会因扩散角的增加而引起邻近的表面反射，影响缺陷判定。

6.5.6.6　探伤工艺参数的影响

（1）探伤频率的影响　探伤频率高，衰减大，穿透力差，不宜用于厚板的工件，但频率高，发现微小的缺陷能力强，分辨率高，判定缺陷位置准确。因此质量要求高的产品在穿透能力允许情况下，频率选得越高越好。频率低时，适宜探伤表面比较粗糙的产品，但灵敏度低。

（2）探伤灵敏度的影响　探伤灵敏度指仪器在一定条件下发现最小缺陷的能力。探伤灵敏度在仪器上是可调节的，由焊件的质量要求而确定。确定后的灵敏度会因仪器使用时间长或电源变动而发生改变。为了整个过程灵敏度保持一定，因此必须在探伤过程中进行定期校核。由于超声波探伤的局限性，检查得出的缺陷只能是某一仪器在某一灵敏度的情况下发现的，而未发现缺陷的焊件，也只是在某一仪器和某一灵敏度下未发现缺陷的结果。

6.5.7　超声波探伤的缺陷判别

6.5.7.1　缺陷位置的确定

确定缺陷位置必须解决缺陷在探测面上的投影位置（即 X、Y 方向的数值）以及缺陷存在的深度（即 Z 方向上的数值），缺陷的坐标位置示意见图 6-15。

（1）缺陷在探测面上的投影位置　用直探头探伤时，缺陷检测区域就在直探头的下面。用斜探头探伤时，缺陷检测区域在斜探头指向前方的下面，缺陷检测区域示意见图 6-16。

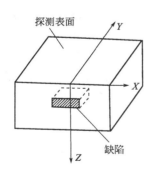

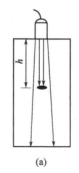
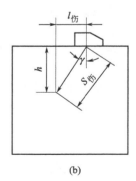

图 6-15　缺陷的坐标位置示意　　　　图 6-16　缺陷检测区域示意

（2）缺陷在深度方向的计算　用直探头探伤时，缺陷埋藏深度（h）等于超声波探测表面到缺陷的波程（S）。用斜探头探伤时，缺陷埋藏深度（h）需要计算，$h = S\cos\gamma$。

（3）缺陷波程的测量　缺陷波程（S）测量方法主要采有固定标尺法，即利用荧光屏窗口设置的刻度标尺，反映始波与伤波、始波与底波之间的关系。

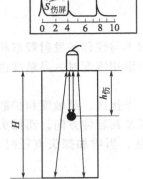

图 6-17　直探头用固定
标尺测量波程示意

直探头探伤的缺陷波程测量及计算见公式（6-1），直探头用固定标尺测量波程示意见图 6-17。

$$h_{伤} = \frac{H \times S_{伤屏}}{S_{底屏}} \qquad (6-1)$$

式中　H——工件的厚度，mm；

$S_{伤屏}$——伤波（缺陷波）和始波之间距离在固定标尺上的读数；

$S_{底屏}$——底波与始波之间距离在固定标尺上的读数。

斜探头探伤的缺陷波程测量比较复杂，这是由于超声波经过有机玻璃材料的斜楔才能入射到焊件，进入焊件后又产生折射。因此荧光屏上的始波零位并不能代表声波入射焊件的开始位置。同时由于焊件底面与声束不垂直而没有底波出现，所以测量缺陷波程时，首先要确定探头入射点和校正零位。然后测量正射波法（或反射波法）的波程和跨距作为底波的假想位置。根据这些因素才能计算出缺陷波的波程。

6.5.7.2　缺陷尺寸的确定

根据缺陷尺寸与缺陷在同一深度下声束截面的比值不同，确定缺陷尺寸的方法主要有当量高度法、脉冲消失法和脉冲半高度法，还有底波百分比法、声压比法、指定灵敏度法等。当量高度法用于缺陷反射面小于声束截面的情况，而脉冲半高度法和脉冲消失法则用于缺陷反射面大于声束截面的情况。

（1）当量高度法　当量高度法需要采用标准试块，在标准试块上加工不同尺寸和深度的平底孔，然后测量出同一深度不同尺寸平底孔的反射波高度，以及同一缺陷尺寸不同深度下的反射波高度。然后制作出缺陷面积与缺陷波高度的标定曲线、存在深度与缺陷波高度标定曲线。在探伤过程中，发现焊件有缺陷，调整探伤条件与标定曲线时的条件相同，根据荧光屏上的缺陷波高度与始波之间的距离，即可由对应的标定曲线查出相应的缺陷面积和缺陷埋藏深度。

（2）脉冲半高度法　脉冲半高度法适用于缺陷面积比声束截面大，而且探头移动时缺陷波高度变化不大的情况。先测出缺陷对声束全反射的高度，然后将探头作左右或前后移动，使缺陷波高度为全反射高度一半，则此时缺陷的长度与探头移动的距离相等。

脉冲半高度法要求仪器的放大系统有良好的线性，并且缺陷最高反射不应调至饱和，否则影响测定结果的准确性，采用脉冲半高度法测出的缺陷一般比实际缺陷尺寸大。

（3）脉冲消失法　脉冲消失法适用于探头移动时，缺陷波高度变化很大，很难找出固定的最高反射波，而且缺陷的范围大于声束截面的情况。如密集气孔群或夹渣群，也可用于圆柱体内缺陷的测量。脉冲消失法是在发现缺陷后，将探头作左右或前后移动，找出缺陷波消失的位置边界，通过尺寸测量和计算，得到缺陷的尺寸范围。

6.5.7.3　缺陷性质的判别

常见的气孔、夹渣、未焊透、未熔合、裂纹等焊接缺陷，都能使超声波产生反射，并在荧光屏上显示出脉冲波形，但波形差别不大，往往难以区分。应结合焊件结构特点、材料种类及金相组织、焊接工艺等施工情况，并结合检测发现的缺陷位置、尺寸、方向等进行综合分析，确定缺陷的性质。当相邻两个缺陷各项间距小于 8mm 时，两个缺陷指示长度之和作为单个缺陷的指示长度。

（1）气孔的波形特征　气孔多为球形，反射面较小，在荧光屏上单独出现一个尖波，波形也比较单纯。当探头绕缺陷转动时，缺陷波高度不变，但探头原地转动时，单个气孔的反射波迅速消失，而链状气孔则不断出现缺陷波，密集气孔则出现数个此起彼落的缺陷波。单个气孔的波形见图 6-18(a)。

（2）裂纹　裂纹的反射面积比较大，而且较为曲折，用斜探头探伤时，荧光屏上出现锯齿较多的尖波，见图 6-18(b)。如果探头沿缺陷长度方向平行移动，波形中锯齿变化很大，波高也有些变化。当探头平移一段距离后波高才逐渐降低至消失。但当探头绕缺陷转动，缺陷波迅速消失。

（3）夹渣　夹渣形状不规则，表面粗糙，其波形由一串高低不同的小波组成，波形根部较宽，见图 6-18(c)。当探头沿缺陷平行移动时，条状夹渣的波形会连续出现，转动探头时，反射波迅速降低，而块状夹渣在较大的范围内都有缺陷波，且在不同方向探测时，能获得不同形状的缺陷波。

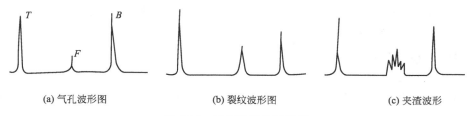

| (a) 气孔波形图 | (b) 裂纹波形图 | (c) 夹渣波形 |

图 6-18　常见缺陷的波形图

（4）未焊透　未焊透的波形与裂纹波形相似，但不会有较多的锯齿。当未焊透伴随夹渣时，与裂纹波形有显著区别，当斜探头沿缺陷平移时，在较大的范围内存在缺陷波。当探头垂直焊缝移动时，缺陷波消失的速度取决于未焊透的深度。

（5）未熔合　未熔合的波形基本上与未焊透相似，但缺陷范围没有未焊透大。

6.5.8　超声波探伤的等级分类

根据 GB 11345《钢焊缝手工超声波探伤方法和探伤结果分级》规定，超声波探伤缺陷的等级分类见表 6-8。并执行以下规定：

① 最大反射波幅位于Ⅱ区的缺陷，根据缺陷指示长度按表 6-8 的规定进行评级；

② 最大反射波幅不超过评定线的缺陷，均评为Ⅰ级；

③ 最大反射波幅超过评定线的缺陷，检验者判定为裂纹等危害性缺陷时，无论其波幅和尺寸，均评定为Ⅳ级；

④ 反射波幅位于Ⅰ区的非裂纹性缺陷，均评定为Ⅰ级；

⑤ 反射波幅位于Ⅲ区的缺陷，无论其指示长度，均评定为Ⅳ级；

⑥ 不合格的缺陷，应进行返修焊接，返修区域修理后，返修部位及返修焊受影响的区域，应按原探伤条件进行复验。

表 6-8　超声波探伤缺陷的等级分类

检验等级		A	B	C
板厚/mm		8～50	8～300	8～300
评定等级	Ⅰ	$2\delta/3$ 且最小 12	$\delta/3$ 且 10～30	$\delta/3$ 且 10～20
	Ⅱ	$3\delta/4$ 且最小 12	$2\delta/3$ 且 12～50	$\delta/2$ 且 10～30
	Ⅲ	$<\delta$ 且最小 20	$3\delta/4$ 且 16～75	$2\delta/3$ 且 12～50
	Ⅳ	超过三级者		

6.5.9　记录与报告

① 检验记录主要内容：焊件名称、编号、焊缝编号、坡口形式、焊缝种类、母材材质、

规格、表面情况、探伤方法、检验规程、验收标准、所使用仪器、探头、耦合剂、试块、扫描比例、探伤灵敏度。所发现的超标缺陷及评定记录、检验人员及检验日期等。

②检验报告主要内容：焊件名称、合同号、编号、探伤方法、探伤部位示意图、检验范围、探伤比例、验收标准、缺陷情况、返修情况、探伤结论、检验人员及审核人员签字等。

③检验记录和报告应至少保存七年。

6.6 磁粉探伤

磁粉探伤是利用强磁场中铁磁金属材料表层缺陷产生的漏磁场吸附磁粉的现象而进行的无损检测方法，磁粉探伤主要检查焊接结构件的表面缺陷和近表面缺陷，常用于表面裂纹、气孔、夹渣、未熔合等缺陷的检查。

6.6.1 磁粉探伤的原理

6.6.1.1 铁磁金属材料在磁场中的表现

将铁磁金属材料放在磁场的两极之间，在磁场力作用下，铁磁金属材料与磁场的两极形成磁回路，铁磁金属材料就有磁力线通过，并被磁化。

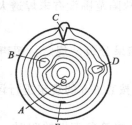

图 6-19 磁力线的变形示意

对于断面相同、组织均匀的铁磁金属材料，磁力线呈现平行、均匀分布规律。当磁回路中存在非磁性物质或磁阻很大的物质，如裂纹、气孔、夹渣等缺陷产生的空气隙或非磁性化合物时，磁力线不能直接通过，而发生变形扭曲。当这些缺陷接近或位于焊件表面时，磁力线不仅产生变形扭曲，而且还会穿过金属材料表面形成一个磁力集中的局部磁场，这种现象称为漏磁。因此利用漏磁的检测，就可以将存在的缺陷显现出来。磁力线的变形示意见图 6-19。

磁化后的金属材料也不是所有缺陷都能产生漏磁，漏磁的产生是与缺陷的形状、缺陷离表面的距离及缺陷和磁力线的相对位置有关。对于球状缺陷（如气孔）磁力线弯曲得不显著（图 6-19A 处），就不容易产生漏磁。缺陷离金属材料表面越远，即使磁力线弯曲显著，也不能产生漏磁，如图 6-19 中的 B 处、E 处。只有面状缺陷（如表面裂纹、根部未焊透）的延伸方向和磁力线的方向垂直时，才能使磁力线产生最大的漏磁，如图 6-19 中的 C 处、D 处。当缺陷延伸方向和磁力线方向平行时，漏磁就很少，如图 6-19 中的 E 处。可见磁粉探伤最容易发现接近表面，且延伸方向与磁力线方向垂直的缺陷。

6.6.1.2 磁粉探伤中缺陷的显露方法

磁粉探伤采用磁粉作为显示介质，在磁场作用下，磁粉堆积在漏磁部位，形成磁痕，从而显示存在的缺陷。可根据磁粉堆积的形状判断缺陷的形状和位置，对于缺陷的性质和深度只能根据经验进行估计。

磁粉的质量会影响检验的灵敏度，一般要求磁粉具有较大的磁导率和较小的矫顽力，颗粒要小，以增加其移动性，并且具有长条形状。磁粉粒度应均匀，湿法用磁粉的平均粒度为

$2\sim10\mu m$，最大粒度$\leqslant45\mu m$，干法用磁粉的平均粒度$\leqslant90\mu m$，最大粒度应$\leqslant180\mu m$。磁粉的颜色与焊件表面颜色应有一定变化，以利于观察。磁粉分为荧光磁粉、非荧光磁粉，在紫外线照射下，荧光磁粉发出黄绿色荧光，可提高检测灵敏度。非荧光磁粉一般有黑色与红色等类型，常使用棕黑色的Fe_3O_4磁粉，粒度为$5\sim10\mu m$。在磁粉探伤中，照明也是影响检验效果的一个重要因素。在不能得到充分自然光照明时，应采用具有反射罩的电灯进行照明，使焊件表面显露的磁粉痕迹容易观察。

6.6.1.3　磁粉探伤的特点

磁粉探伤检测的灵敏度高、设备简单、操作方便、检测速度快，缺陷显露直观，检测结果可靠。磁粉探伤检测适用于检测铁、钴、镍及其合金等铁磁金属材料的表面或近表面缺陷，但由于金相组织为奥氏体的钢材没有磁性，因此无法使用磁粉探伤进行检测。

6.6.2　磁粉探伤的分类

根据磁粉的使用特征，将磁粉探伤检测分为干法磁粉探伤和湿法磁粉探伤。

6.6.2.1　干法磁粉探伤

干法磁粉探伤是利用手筛、喷雾器或喷枪等器具将干燥的磁粉均匀地撒在磁化的焊件上，然后轻轻地振动焊件或微微吹动焊件磁粉，使多余的磁粉去除。如果焊件存在缺陷，磁粉就聚集在缺陷表面。

采用手筛撒放磁粉，适用于检测焊件的水平表面，而采用喷雾器或喷枪喷撒磁粉，适用于检测焊件的垂直或倾斜的表面。干法磁粉探伤使用的磁粉要注意保持干燥、洁净。

6.6.2.2　湿法磁粉探伤

湿法磁粉探伤是将磁粉和油液配制的磁粉悬浮液均匀地附着在磁化焊件上，如果焊件存在缺陷，磁粉就聚集在缺陷表面。

油液不能对焊件产生腐蚀、对人体产生危害，同时还要保持透明。常用的油液有煤油、变压器油、定子油等。一般配制磁粉悬浮液时先用变压器油把磁粉调成糊状，再用煤油稀释。一般每$1000mL$液体内含有$35\sim40g$磁粉为宜。

湿法磁粉探伤时，磁粉悬浮液附着方法可采用将磁化焊件沉浸在磁粉悬浮液中，或将磁粉悬浮液浇在磁化焊件表面，或将具有压力的磁粉悬浮液喷洒在磁化焊件表面等方式。其中将磁化焊件沉浸在磁粉悬浮液中的方式适用于小型、剩磁较大的焊件，先将磁粉悬浮液搅拌均匀后，再将磁化焊件放入磁粉悬浮液中，一分钟后将焊件取出进行检查。如果焊件在磁粉悬浮液中停留时间过长，焊件表面积满磁粉，会影响缺陷的观察。其他两种方式适用于大型焊件，由于磁粉悬浮液具有流动性，因此喷上磁粉悬浮液后，缺陷部位就会留有缺陷导致的磁粉痕迹。

6.6.3　焊件的磁化方法

6.6.3.1　磁化电流种类

焊件的磁化是磁粉探伤检测的重要步骤，磁化电流种类包括直流、交流、脉冲电流。

直流磁化采用低电压、大电流的直流电源，磁力线稳定，穿透较深，最大检测深度可达$5mm$，但设备成本高，焊件必须进行消除剩磁的退磁作业。

交流磁化采用低电压、大电流的交流电源，交流电源产生的磁力线不如直流电源产生的磁力线稳定，而且会在焊件中产生集肤效应，使穿透能力下降，最大检测深度可达$2mm$，但对表面小尺寸缺陷具有很高的灵敏度，交流电源设备简单，在实际生产中广泛使用。

6.6.3.2　焊件的磁化方法

根据磁场建立的形式，磁化方法分为直接通电法、线圈磁化法、磁轭法等。

直接通电法将焊件夹于探伤机的两个接触电极板之间，电流通过焊件后，形成圆周磁场，可检测与电流方向平行的缺陷。磁化过程可一次通电完成，操作简单，灵敏度高，但要求电极与焊件接触良好，否则会产生电弧烧伤焊件。

线圈磁化法将螺旋状线圈绕在焊件外侧，在线圈中形成纵向磁场，可检测焊件圆周方向缺陷，设备简单，但磁场较弱，灵敏度低。

磁轭法是采用绕上螺旋状线圈的 U 形磁轭或永久磁铁，将磁轭开端接触焊件待检部位，使磁轭与焊件局部区域共同组成磁回路，使焊件表面两个磁极之间的区域磁化，设备简单，易于携带，适合于对接焊缝和角焊缝探伤，检测速度慢，磁极与焊件接触不良，会产生空气隙，加大磁阻，影响探伤灵敏度。

6.6.4　磁粉探伤的操作程序

6.6.4.1　表面清理

清理焊缝及其附近母材的表面，去除焊渣、飞溅、氧化物等，焊缝表面沟槽严重时，应修磨平整。同时焊缝表面应保持干燥，表面粗糙度 $Ra \leqslant 12.5\mu m$。

6.6.4.2　焊缝磁化

应在焊缝检测区域内相互垂直的方向上分别各进行一次磁化，采用连续磁化时，一次通电时间 $1 \sim 3s$，磁化规范采用 JB/T6061《焊缝磁粉检验方法和缺陷磁痕的分级》推荐值或符合要求的灵敏度试片测定。

采用旋转磁场磁化时，移动速度 $\leqslant 3m/min$。采用触头磁化时，触头间距为 $75 \sim 200mm$。采用磁轭磁化时，磁极间距为 $50 \sim 200mm$，当磁极间距为 $200mm$ 时，交流磁轭至少应有 44N 的提升力，直流磁轭至少应有 177N 的提升力。易产生冷裂纹的金属材料不宜采用触头磁化。

6.6.4.3　施加磁粉

根据干法、湿法要求，在焊缝表面施加磁粉，并形成磁痕。

6.6.4.4　观察磁痕

非荧光磁粉的痕迹在白光下观察，光强应 $\geqslant 1000Lx$。荧光磁粉的痕迹在白光 $\leqslant 20Lx$ 的暗环境中采用紫外线灯照明观察，紫外线灯的亮度在 $400mm$ 处 $\geqslant 1000\mu W/cm^2$，紫外线的波长应在 $0.32 \sim 0.40\mu m$ 的范围内。可借助 $2 \sim 10$ 倍的放大镜进行观察。

6.6.4.5　记录检验情况

采用记号笔、粉笔标识临时记录缺陷，采用照相法或胶带法进行永久性记录。

6.6.4.6　退磁处理

当剩磁影响焊件后续加工工序、使用性能时，应进行退磁处理，焊件退磁后表面磁场强度小于 $160A/m$。

6.6.5　磁痕的特征与评定

根据 JB/T 6061《焊缝磁粉检验方法和缺陷磁痕的分级》规定，磁粉痕迹分类见表 6-9。根据磁痕形状将缺陷分为圆形缺陷和线性缺陷，圆形缺陷的长宽比小于 3，线性缺陷的长宽比大于 3。缺陷磁痕分级见表 6-10。

表 6-9　磁粉痕迹分类

磁痕类型	磁痕特征	产生原因
表面缺陷	磁痕尖锐、轮廓清晰、磁粉附着紧密	裂纹、弧坑裂纹、未熔合
近表面缺陷	磁痕宽而不尖锐，采用直流或半波整流磁化效果好	焊道下裂纹、非金属夹渣
伪缺陷	磁痕模糊，退磁后复验会消除	有杂乱磁场、磁化电流过大等

表 6-10　缺陷磁痕分级

质量等级		I	II	III	IV
不认定为缺陷的最大磁痕/mm		≤0.3	≤1.0	≤1.5	≤1.5
线性缺陷	裂纹	不允许	不允许	不允许	不允许
	未熔合		不允许	允许存在的单个缺陷显示痕迹长度≤0.15δ，且≤2.5mm，每100mm焊缝长度内允许存在的缺陷显示痕迹总长度≤25mm	允许存在的单个缺陷显示痕迹长度≤0.2δ，且≤3.5mm，每100mm焊缝长度内允许存在的缺陷显示痕迹总长度≤25mm
	夹渣或气孔		≤0.3δ，且≤4mm，相邻两缺陷显示痕迹的间距应不小于其中较大缺陷显示痕迹长度的6倍	≤0.3δ，且≤10mm，相邻两缺陷显示痕迹的间距应不小于其中较大缺陷显示痕迹长度的6倍	≤0.5δ，且≤20mm，相邻两缺陷显示痕迹的间距应不小于其中较大缺陷显示痕迹长度的6倍
圆形缺陷	夹渣或气孔		任意50mm焊缝长度内允许存在显示长度≤0.15δ，且≤2mm的缺陷显示痕迹2个，相邻两缺陷显示痕迹的间距应不小于其中较大缺陷显示痕迹长度的6倍	任意50mm焊缝长度内允许存在显示长度≤0.3δ，且≤3mm的缺陷显示痕迹2个，相邻两缺陷显示痕迹的间距应不小于其中较大缺陷显示痕迹长度的6倍	任意50mm焊缝长度内允许存在显示长度≤0.4δ，且≤4mm的缺陷显示痕迹2个，相邻两缺陷显示痕迹的间距应不小于其中较大缺陷显示痕迹长度的6倍

注：δ为母材厚度，mm，当焊缝两侧母材厚度不相等时，δ选取其中较小的厚度值。

对于发现、评定的表面或近表面缺陷，可根据设计图样和工艺规范要求，进行修磨去除或返修焊接。

6.7　渗透探伤

渗透探伤也称着色探伤，适用于金属材料或非金属材料的表面开口缺陷的无损检测方法，常用于检测焊接接头、铸件、锻件的表面缺陷，如裂纹、气孔、未熔合、夹渣等缺陷，具有操作方便、器材简单、成本低廉、显示直观等特点，同时不受焊件形状、尺寸、材质品种的限制，在实际生产中广泛采用。

6.7.1　渗透探伤的原理

渗透探伤是利用某些渗透性很强且含有颜色的乳化液，喷洒在焊件表面，利用液体的毛细作用，使其渗入焊件表面的开口缺陷中，然后清洗去除焊件表面的渗透剂后，喷涂上吸附渗透剂的显像剂，将缺陷中的渗透剂吸附到焊缝表面上来，从而观察到在显像剂层上出现的缺陷彩色图像。进而判别出缺陷的位置、大小，评定焊缝质量。渗透探伤示意见图6-20。

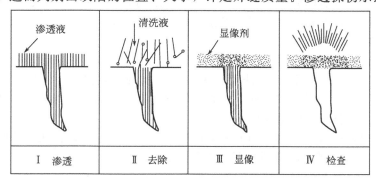

图 6-20　渗透探伤示意

6.7.2　渗透探伤剂

渗透探伤剂包括渗透剂、清洗剂和显像剂，渗透探伤剂的组成和性能要求见表6-11。

实际生产中，经常采用罐装形式的成套渗透探伤剂，应满足 JB/T6062《焊缝渗透检验方法和缺陷痕迹的分级》规定。

表 6-11　渗透探伤剂的组成和性能要求

渗透探伤剂	组　成	性　能　要　求
渗透剂	一般颜料、溶剂、乳化剂和多种改善渗透性能的附加组分组成，颜料多采用红色，增加与显像剂的对比度	渗透力强，具有鲜艳的颜色，清洗容易，并易于从缺陷中吸出
清洗剂	水洗型清洗剂主要成分为水；后乳化型清洗剂主要为乳化液和水，乳化液以表面活性剂和调整黏度的溶剂；溶剂去除型主要是有机溶剂	乳化液应易于去除渗透剂，对渗透剂溶解度大，具有良好的洗涤作用，有一定的挥发性、流动性和表面湿润性，无腐蚀、无毒，外观多为透明液体性能
显像剂	干式显像剂为粒状白色无机粉末，如氧化镁、氧化钛等；湿式显像剂为显像粉末溶解于水中的悬浮液，附加润湿剂、分散剂和防腐剂等；快干式显像剂是将显像粉末加入挥发性有机溶剂中，附加限制剂和稀释剂等	显像粉末呈微粒状，易形成均匀薄层；与渗透剂形成较大的颜色对比；吸湿能力强，吸湿速度快；性能稳定，无腐蚀、无毒、无污染；使用后易从焊件表面清除

6.7.3　渗透探伤的注意事项

6.7.3.1　渗透探伤操作的基本程序

渗透探伤操作的基本程序包括焊缝表面清理、预清洗、喷洒渗透剂、擦除和清洗多余的渗透剂、喷洒显像剂、观察及评定显示痕迹。

6.7.3.2　渗透探伤显现痕迹的评定

对渗透探伤显现痕迹的观察是正确判定缺陷的基础，如图 6-30 所示，痕迹可能是真实缺陷的反映，也可能是由于焊缝沟槽或多余渗透剂没有清洗干净所致，应认真加以鉴别。

渗透探伤显现痕迹的评定执行 JB/T 6062《焊缝渗透检验方法和缺陷痕迹的分级》规定，其中质量等级、缺陷类型、缺陷尺寸与磁粉探伤要求相同，具体内容参见表 6-10。

渗透探伤检测发现缺陷后，可采用超声波探伤方法配合使用，确定缺陷的深度和焊件内部质量。在焊缝返修、铸件和锻件补焊前，可采用渗透探伤检测坡口表面及内部缺陷清理情况，进行缺陷清理的确认工作。

6.7.3.3　渗透探伤的时间控制

渗透探伤检测过程中主要控制渗透剂的渗透时间和观察时间。由于焊件表面的缺陷中存在空气，妨碍渗透剂的迅速渗入。如果渗透时间过短，渗透剂不能很好地渗入缺陷内部，因而影响探伤的灵敏度，因此一般渗透时间控制在 10～15min。而显像剂也需要一定的时间，才能将缺陷中的渗透剂吸附到焊缝表面上来，微小缺陷的显露时间比较长，过早进行观察可能影响观察的准确性，通常观察时间应安排在显像剂使用 15～30min 后，最少不低于 7min。

6.7.3.4　渗透探伤的影响因素

（1）温度对渗透探伤影响　渗透探伤剂使用的渗透剂、清洗剂和显像剂含有大量挥发性溶剂，焊件温度超过 100℃时，溶剂挥发严重，无法实现有效渗入、清洗，因此有预热要求的焊件，应在预热前进行焊接坡口或毛坯表面的渗透探伤检测。当焊接过程结束后，应在焊缝温度冷却后，再进行焊缝渗透探伤检测。

在寒冷环境中，渗透剂、清洗剂的流动性变差，也会影响渗透探伤检测的准确性，所以一般要求应在 15～50℃的环境中进行渗透探伤检测。

（2）缺陷表面状况的影响　缺陷表面一般要求应露出金属光泽，被检焊件表面进行切削加工要求表面粗糙度 $Ra \leqslant 6.3 \mu m$，其他被检焊件表面粗糙度 $Ra \leqslant 12.5 \mu m$，开口缺陷内不应有阻碍渗透剂渗入的黏稠物体。同一部位进行多次渗透探伤检测，应清洗干净，防止显像剂完全填充缺陷清空腔。经过油漆的焊件渗透探伤检测前，应去除漆层后，再进行渗透探伤检测。局部检测时，准备工作范围应从检测部位向四周扩展 25mm。

（3）显像剂厚度的影响　显像剂使用前，应摇动罐体，使粉剂和溶剂均匀混合。显像剂厚度应恰好能覆盖检测区域为宜，显像剂厚度太薄，缺陷显露不充分，显像剂厚度太厚或过分黏稠，则缺陷内的渗透剂无法穿过显像剂层，难以在表面显示缺陷情况。喷洒显像剂时，喷嘴距离焊件被检表面 300～400mm，喷洒方向与被检表面夹角为 30°～40°。

思　考　题

1. 按照检验方法的不同，焊接结构检验分为哪几类？
2. 焊接结构检验的依据是什么？
3. 焊接结构检验的目的是什么？
4. 什么叫焊接缺陷，焊接缺陷的种类有哪些？
5. 简述射线探伤的工作原理？
6. 简述各种无损检测的优缺点？

第7章 焊接生产设施与装备

7.1 焊接生产设施

焊接生产设施是指表现为焊接车间形式的生产基础条件，焊接车间容纳了制造产品所必需的材料、设备和工作人员等生产资料，成为执行生产计划、进行生产组织、完成工艺流程的工作场所。

焊接车间的设计规划分属于新建、扩建和改造等类型。焊接车间的设计工作涉及多种专业技术知识和计算方法，车间设计既要结合国民经济发展方向和国家产业政策指导思想等宏观要求，又要考虑企业项目投资回报和经营目标等具体情况。焊接车间设计是否合理，直接关系到车间建成投产后，能否充分发挥生产能力及达到预期的经济效益。

7.1.1 焊接车间设计

焊接车间设计要求在满足先进工艺流程和最佳物流路线的前提下，结合场地特点力求做到总体布局合理、功能区域划分明晰、生产组织管理方便，并符合国家和当地政府的城市规划、节能环保、安全卫生、消防绿化等方面的要求。

焊接车间设计是一项复杂的系统工程，要由焊接工艺、土木建筑、给水排水、采暖通风、电气控制、能源动力、经济评估等方面的专业设计人员协作配合，采用逐步深化、分步决策的方法，按照规定程序有步骤地进行，才能协调整体与局部以及各专业方面的关系，保证设计质量和设计进度。焊接车间设计工作一般划分为设计前期、设计中期和设计后期三个阶段。

7.1.1.1 焊接车间设计前期准备的主要内容

（1）项目建议书 是项目建设或技术改造最初阶段的文件。根据企业经营目标，结合产品所属行业、企业所在地区的经济发展规划，对项目建设或技术改造的必要性、设计目标、主要技术原则、建设条件和经济效益是否可行进行初步论证，作为企业领导层决策和上级领导部门审核、批准立项并列入计划的依据。

（2）可行性研究报告 是对项目建设或技术改造的必要性，从市场需求、原材料及能源动力供应条件、建设规模和场地条件等方面进行深入调查和论证，对主要技术方案、主要设备选型进行筛选比较，选出投资少、进度快、质量可靠、经济效益好的最佳方案。对项目建成后的经济效益和资金筹措进行经济性分析，作出项目是否可行的结论意见，作为主管部门审核、批准的参考依据。

① 焊接车间地址的选择报告。焊接车间地址选择报告是对新建焊接车间地点的地理位置、气象天气、水文地质条件、社会经济状况、原材料采购、能源动力供应、交通运输状况、电信条件等现状和发展趋势进行调查，并作出方案比较，提出焊接车间地址选择报告，作为主管部门的决策依据。

② 环境影响报告。环境影响报告是对建设或技术改造项目的当地环境现状，设计项目可能排放的污染物状况、治理措施的效果以及对当地环境造成的影响，进行调查、预测和评

价，作为环境保护部门审核、批准的依据。

7.1.1.2　焊接车间设计阶段主要内容

根据批准的可行性研究报告，按照建设项目规模的大小，大型焊接车间设计可根据主管部门要求，分为初步设计、技术设计和施工图设计三个阶段进行。普通焊接车间设计也分为初步设计、施工图设计两个阶段进行。小型焊接车间设计的技术相对简单，如主管部门同意，在简单的初步设计确定后，就可进行施工图设计。

（1）初步设计　根据已批准的项目可行性研究报告及批准的有关文件、各项商务与技术协议，取得现场原始资料、落实生产纲领，协调水、电、气、燃料供应，确定设计的主要原则和设计标准，编制焊接车间初步设计。初步设计文件的主要内容。

① 编制焊接车间任务规划和生产纲领。

② 专业化协作及生产工段、生产小组、生产工序分工原则。

③ 确定生产模式、生产组织形式。

④ 主要工艺技术说明，确定典型零部件关键工艺工序、生产工艺流程、生产设备、试验方法、检测手段。采用新工艺、新技术、新设备、新材料的技术创新，引进国外技术和进口设备等。

⑤ 主要焊接设备、焊接辅机、焊接胎夹具的计算方法和明细表，在改建、扩建时应说明原有设备的利用原则。

⑥ 确定生产过程机械化、自动化程度。

⑦ 确定生产能力、劳动定额的水平和统计方法。

⑧ 管理人员、生产工作人员的配置办法和清单。

⑨ 焊接车间组成和面积，如焊接车间在企业总图中的位置，生产工段、主要设备和休息场所的平面布置图，焊接车间的建筑结构形式，厂房跨度、长度、起重量等级、起重设备轨高，各种能源动力供应点位置以及将来发展方向和工艺调整的原则。改建厂还需说明原有厂房利用、改建、扩建的情况等。

⑩ 原材料、焊接材料和能源动力消耗量，以及各种有效使用材料、能源的技术措施。焊接生产作业安全与卫生条件，环境保护存在的问题和采取的相应措施。企业投资及贷款资金预算。

（2）施工图设计　施工图设计文件应根据批准的初步设计文件、地质水文勘察资料和主要生产设备采购情况进行编制，施工图设计是初步设计的进一步完善和具体化，其主要内容包括以下内容。

① 对初步设计中调整部分的修改说明。

② 对初步设计遗留问题处理的说明。

③ 主要设备的安装位置图，如果设备安装条件要求较高时，可绘制设备基础图。

④ 管线汇总是施工图设计中保证车间内各种能源动力管线协调合理的必要手段，应做到管线与生产设备、公用设备、机械化装置、厂房梁柱、地面基础、楼梯、门窗、电气插座、灯具以及各类管线之间的协调布置，既不能互相干涉，排列整齐美观，又有利于施工安装检修等活动，还要符合各种管线的设计规范和安全要求。

⑤ 完善企业投资及贷款资金预算。

7.1.1.3　焊接车间设计后期阶段内容

设计单位应积极配合项目施工中与设计有关的工作，特别是安装、调试主要生产设备、项目验收阶段，应做好施工现场服务。其主要内容包括：

① 设计方案的技术交流；

② 参加设计项目的工程验收;

③ 项目投产后,经过一段时间的试运行,进行设计回访,听取有关意见,及时完善并进行总结。

7.1.1.4 焊接技术改造

(1) 焊接技术改造的目标 技术改造主要是通过自主开发、引进技术、合作生产、更新设备等方式,研制开发新产品,提高生产能力、产品质量和技术水平,实现节约材料、降低能耗、绿色环保的目标,提高企业经济效益。

(2) 焊接技术改造的内容 技术改造要从产品入手,改进工艺,更新设备,主要内容有:

① 加强研究开发工作,根据市场要求,使产品不断更新换代;

② 改进工艺,采用当前先进的工艺,达到高效、优质、节材、节能、环保的要求;

③ 更新、升级、补充适应产品需要的先进设备、检测手段,特别是关键工序的设备;

④ 按照工艺布置、环境保护和生产安全要求,调整工作场地和布局,提出环保措施。

7.1.2 焊接车间布置

焊接车间设计是为实现优质、高效、低耗、环保地完成焊接结构生产。焊接结构生产工艺流程示意见图 7-1,在确定生产工艺过程平面布置的基础上,设计焊接车间布置并绘制车间平面图,包括车间中所有的生产工段和辅助部门的相互配置、全部设备、装备和焊接工作位置、工作场地、材料和零件的存放场地、车间的主要尺寸,如每跨厂房的长、宽、高、跨度、跨间数及对建筑设计和各项要求。通过平面布置,车间内部各部分及车间与车间之间的联系、起重运输能力的配备都进行合理的安置,为安装、调整设备和组织生产提供依据,也是车间建筑设计的原始资料。

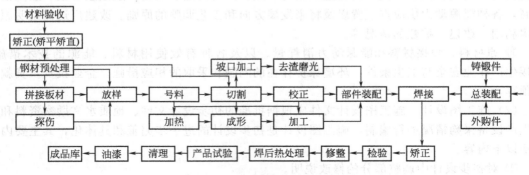

图 7-1　焊接结构生产工艺流程示意

焊接车间布置应使车间所有各跨间工艺过程短程化,尽量减少零部件的折返运输路线,备料、装配、焊接和检验等工序方向保持统一,跨间运输减到最低程度。车间布置要充分满足生产工艺流程的要求,充分利用车间内的使用面积,合理划分生产区域,提高经济效益。

7.1.2.1 焊接车间组成

(1) 焊接车间类型划分原则

① 按产品或零部件批量分类 焊接车间可分为单件小批生产、成批生产、大批量生产。主要根据车间产品种类、数量而确定。

② 按产品对象分类 焊接车间通常根据产品名称分为钢结构车间、压力容器车间、管子车间、车身车间、底架车间、轧辊堆焊车间等。

③ 按工艺工序性质分类 焊接车间可分为备料车间、冲裁车间、装配焊接车间、热处

理车间、原材料库、焊接材料库等。

（2）焊接车间组成的原则　焊接车间一般由必要的生产工序部分和辅助配套部分组成，从生产流程考虑，尽量将相邻衔接的工序集中在同一生产车间，以便统一归类、合理调度。在焊接车间布局确定后，再根据工序类型、设备布置、管理模式等因素决定设置生产工段、生产小组等下级生产组织单位。

① 焊接生产单元设置原则。焊接生产单元设置应能满足实际生产需要，一般年产量在5000 吨以上，生产工人 50 人以上应设立生产工段级别的管理部门，生产工段下设若干生产小组。当焊接车间年产量和工人数较少时，也可以直接设立若干生产小组，直接归车间指挥管理。

按工艺工序类型可划分为备料工段和装配焊接工段等。备料工段可设钢材预处理小组、切割下料小组、冲压成型小组、切削加工小组等工作小组，装配焊接工段可设若干装配小组、焊接小组、热处理小组、油漆涂装小组、检测试验小组等。这种生产单元划分方法多用于单件小批生产性质的焊接车间。

按产品对象类型可划分为如压力容器车间分为碳钢容器工段、不锈钢容器工段、管子工段等，或分为重型容器工段、小型容器工段等。如工程机械车间分为底架工段、动臂工段、司机室工段等。这种划分方法多用于大批量生产性质的焊接车间。

② 焊接辅助单元设置。焊接辅助单元设置要根据产品类型、生产模式和车间生产规模等因素而确定。一般焊接辅助单元设置有技术科、检验科、生产计划科、维修工段、焊接试验室、金属材料库、焊接材料库、工装胎夹具库、中间半成品库、辅助材料库、成品库等。

③ 配套生活服务单元设置。配套生活服务单元设置应根据企业实际需要进行安排，如办公室、经营销售、会计统计、人事保卫、资料档案、更衣室、休息室、卫生间等。

7.1.2.2　焊接车间布置的基本原则

车间工艺平面布置是将生产单元、辅助单元、生活服务单元等内容合理布置。车间平面布置一般分为以产品为中心和以生产工艺为中心等类型。对大批量、长期生产的标准化产品，应以产品对象为中心进行焊接车间布置，当加工非标准化产品或加工量不大时属单件小批量生产，应以生产工艺为中心进行焊接车间布置。理想的车间布置期望实现低成本、物流顺畅、生产周期短等效果，有利于生产计划运行、便于生产组织管理、保持产品质量稳定、技术改造空间发展等。

（1）焊接车间工艺路线的选择原则

① 应尽量使零部件生产流程路线通畅，工序衔接紧密，物流移动符合焊接工艺流程要求，焊接车间毛坯生产方向与企业总体生产方向保持相同的趋势。

② 有利于焊接生产单元、焊接辅助单元、配套生活服务单元等各种工作单元之间协调一致，能够保持正常的工作秩序。

③ 要使厂房设计、工位布置、设备选型能够适应技术改造、产品升级等未来企业发展的需要，侧重于现今生产要求，同时要结合长远发展规划，特别对于大型设备及重点生产工序，减少车间再设计时的破坏性重置。

④ 要充分考虑环境保护、安全卫生、文明生产条件，对存在有害物质、易燃易爆、生产噪声等方面应按相关标准规范要求采取隔离和防护措施。要尽量提高生产作业场地的利用效果，减少空闲面积和空间。

（2）焊接车间布置方案的基本形式　焊接车间布置方案的基本形式分为纵向流程、迂回流程、纵横混合流程等工艺布置方案，并在此基础上，可派生出很多种类，表 7-1 列举六种典型平面布置流程方案。

表 7-1　典型平面布置流程方案

类　型	平面布置图	说　明
纵向流程布置		车间工艺路线纵向流程方向与工厂总平面图上所规定方向一致。其工艺路线紧凑，空运路程最短，建筑结构简单。但两端有仓库限制了车间长度方向的发展。备料和装焊同跨布置，对厂房建筑参数选择不能分别对待。适用于产品加工路线短的单件小批生产
		仓库布置在车间一侧，室外仓库与厂房柱子合用，可节省建筑投资，但零部件横向运输（过跨）工作量较大。适用于产品加工路线短、外形尺寸较小的单件小批生产的车间
迂回流程布置		迂回流程布置方案，备料与装焊分跨布置，厂房参数可根据不同要求选用。厂房结构简单，经济实用。备料设备集中布置，调整方便。但零部件转运路线长。适用于零部件加工路线长，单件小批或成批生产的车间
		车间面积较大。适用于桥式起重机成批生产的车间
纵横混合流程布置		纵、横混合流程布置方案，备料设备既集中布置，各装焊跨度可根据多种产品不同要求分别组织生产。共同使用的设备布置在两端。路线短，灵活性强。但厂房结构复杂，建筑费用较贵。适用于多种产品，单件小批或成批生产的化工容器车间
		纵、横混合流程布置方案，生产工艺路线短而紧凑，充分利用面积。同类设备布置集中，便于调配使用，中间半成品库调度方便。共同使用的设备布置在两端。装焊各跨可根据产品不同要求分别布置。但厂房结构复杂，建筑费用较贵。适用于产品品种繁杂，且量大的重型机器、矿山设备生产的车间

注：①原材料库；②备料工段；③中间仓库；④装焊工段；⑤成品仓库。

（3）焊接车间生产设备布置原则

① 生产设备布置须满足产品生产流水线和焊接工艺流程的要求，保持正确的流转方向，充分的生产能力，合理的生产间距，便于操作人员作业，起吊和运转物品。

② 布置大型设备时，一般要采用钢筋水泥混凝土奠定设备固定基础，以保证设备的稳定性和精度要求，也便于设备的安装及水平状态调节，但应避开其他设备基础和厂房建设基础，避免相互影响。

③ 生产设备应与厂房立柱和墙体保持足够的距离，在满足工艺过程要求基础上，保证操作方便、安全空间，还要考虑设备安装和修理时起重设备能够有效达到等因素。

④ 对有工艺流程方向规定的生产设备，必须满足毛坯进入、半成品流出的工艺路线要求。

⑤ 应保证生产设备操作之间互相不发生干扰现象，起重设备应覆盖一定区域内多台生产设备的作业空间。

⑥ 大型关键设备如数控切割机、压力机、剪板机、冲床、卷板机、折弯机、焊接中心、机器人工作站、热处理炉等的布置应考虑满负荷工作时的位置和作业面积，充分发挥主要设备的生产能力，提高经济效益。

⑦ 焊接车间的起重设备一般采用桥式起重机、工位旋转起重机、汽车起重机等形式，桥式起重机的布置要考虑空间层数及每层配置的起重机数量及起吊重量极限，工位旋转起重机要结合工位覆盖面积，使用汽车起重机应保证足够的停车面积及起吊臂高度空间等因素。

（4）焊接车间运输通道的布置

① 重型产品、大量原材料的运输可采用铁路或重型汽车运输方式，应减少铁路及其道路弯道占用面积，金属材料库和成品库进出铁路线应尽可能合用同一路线，规模较大的车间可分开布置。

② 焊接车间内的运输通道应在桥式起重机吊钩可达到的正常范围内。车间内各跨之间的物品横向运转多采用有轨平车运输，平车轨道的位置和长度，应保证各跨桥式起重机能够正常装卸物品。车间横向通道的数量以车间长度每 60～100m 内应保证一条进行计算。

③ 采用无轨运输时，车间内的纵向、横向通道应尽可能保持直线形式。通道边线以醒目颜色标识，车间运输通道两侧在 200mm 以内不允许存在任何东西，有安全避让的空间，保证安全。

④ 焊接车间各种通道宽度要求见表 7-2。

表 7-2　焊接车间各种通道宽度要求　　　　　　　　　　　　单位：m

人行通道	单向行驶电动平车、叉车	双向行驶电动平车、叉车	重载汽车及主要通道	铁路机车
2	3	4	3～5	5.5

7.1.2.3　生产厂房主要技术参数选择

初步设计时就要决定焊接车间生产厂房的主要技术参数，如厂房跨度、立柱之间的距离、桥式起重机的轨道高度、厂房屋架的下弦高度、门窗、地面轨道位置等。

（1）焊接车间跨度的尺寸选择　焊接车间跨度的尺寸应根据所选用的生产设备和焊接结构件的外形尺寸确定。为了规范车间设计质量，加快设计进度，我国制订了整套单层机械工业厂房国家标准化图样，立柱之间距离一般为 6m 或 12m，跨度一般是 6m 的倍数，优选系列为 18m、24m、30m，也采用 12m、36m 的尺寸参数。

（2）焊接车间跨度的数量选择　焊接车间跨度的数量应根据焊接车间生产规模和主要工艺路线基本形式及产品结构、制造工艺特点进行选择。也可根据布置生产线的数量决定。

（3）焊接车间跨度的长度选择　焊接车间跨度的长度应在选定工艺路线基本形式和跨度后，根据单位面积产量等指标预算车间总面积即可求出车间跨度的长度。

（4）焊接车间各跨的高度选择　应保证地面设备和起重设备正常工作、焊件合理移动，并相互不产生干涉。

不设置桥式起重机的厂房跨度内，屋架下弦高度计算方法见公式(7-1)。

$$H \geqslant h + h_1 \geqslant 4.8\mathrm{m} \tag{7-1}$$

式中　H——从地面到屋架下弦高度，m；

　　　h——设备到台架高度，m；

　　　h_1——设备最高点到屋架最低点之间最小高度，$\geqslant 0.4\mathrm{m}$。

设置桥式起重机的厂房跨度内，起重机轨道顶面高到屋架下弦高度计算方法见公式(7-2)。

$$H_1 \geqslant H_2 + h_6 + h_7 = h + h_2 + h_3 + h_4 + h_5 + h_6 + h_7 \tag{7-2}$$

式中　H_1——从地面到屋架下弦的高度，m。

　　　H_2——从地面到起重机轨道顶面的高度，m，（如果有铁路入口时不得小于 6m）；

　　　h_2——从起重机轨道顶面到吊钩上升到极限位置时最低点间的高度，m；

　　　h_3——从工件的顶面到吊钩最低点的高度，m（不小于 1m）；

　　　h_4——工件的高度，m；

　　　h_5——工件的底面到设备顶面间距离，m（一般为 0.5m）；

　　　h_6——从起重机轨道顶面到起重机小车最高点之间的距离，m；

　　　h_7——从起重机小车最高点到屋架下弦的距离，m。

（5）焊接车间建筑参数的选择　焊接车间建筑参数应根据生产产品的零部件及结构类型、选用生产设备、运输条件以及其他有关因素综合分析而确定。焊接车间建筑参数选择表 7-3。

表 7-3　焊接车间建筑参数选择

名称及用途		起重量/t	跨度/m	吊车轨高/m	柱距/m	备　注
金属材料库		5～10	16.5～22.5	8.1	6	用于一般机械企业
		15～30	22.5～28.5	8.1～9.9	6	用于重型机械企业
钢材预处理		10～20	12～18	8.7～9	6	
备料	一般设备	5～10	18～24	8.1～9.9	6	根据设备外形、原材料毛坯和模具最大重量而定
	大型设备	10～20	24～30	9.9～12	6～12	
	特大型设备	30～50	30	12～14.7	6～12	
装配焊接	轻型结构	5～10	18～24	8.1	6	轨高参考产品装配高度
		15～20	24～30	8.1～12	6	
	中型结构	30～50	24～30	9.9～12	6	
	重型结构	50～75	30	12～16.2	6～12	
		100～400	30～36	下层 9.9～12 上层 16.2～24	6～12	双层吊车轨高之差根据吊车高度
	特重型结构	500～1000	36～42	下层 9.9～15 上层 21～33	6～12	
成品库		10～30	22.5～28.5	8.1～9.9	6	产品能直接从车间运出
		50～75	28.5～31.5	9.9～12	6	
		100～150	28.5～31.5	12～15	6	

（6）焊接车间地面材料的选择　焊接车间地面材料一般选用混凝土、铺垫木架区、铺垫钢板区等，通常露天金属材料库、露天成品库、室内金属材料库、备料工段、装配焊接工段、工具室、焊接材料库、辅助材料库等大多数区域均采用混凝土，焊件起吊反转区域常采用在混凝土基础上铺垫木架区，也有些装配焊接作业区域在混凝土基础上铺垫钢板，钢板厚度 10～30mm。

（7）焊接车间的门区设计　焊接车间的门区设计包括门体材料、门体开闭形式、门体尺寸参数等，门体材料一般选用木制、钢制、铝合金型材、塑钢型材等，门体开闭形式包括平开式、推拉式、卷闸式、折叠式等形式，焊接车间的门区设计参数见表 7-4。

表 7-4　焊接车间的门区设计参数

门区类型	门体材料	门体开闭形式	门体尺寸/m×m
小型通道	木制	平开式	1.0×2.1,1.5×2.1,1.8×2.1,1.0×2.7,1.5×2.7,1.8×2.7
	铝合金、塑钢型材	平开式、卷闸式	
有轨平车、电瓶车通道	木制、钢制	平开式	2.4×2.4
	铝合金、塑钢型材	卷闸式	
载货汽车通道	钢制	平开式、推拉式、折叠式	3.3×3.6,3.6×3.6,3.6×3.9
	铝合金、塑钢型材	卷闸式	
火车通道	钢制	推拉式、折叠式	3.9×4.2,4.2×5.1,4.8×5.7,5.4×5.1,5.4×6.0,6.0×6.0,6.0×7.0,7.0×7.0
	铝合金、塑钢型材	推拉式、折叠式、卷闸式	

7.1.2.4　焊接车间仓库布置

焊接车间一般有金属材料库、半成品库、工装胎夹具库、焊接材料库、辅助材料库、成品库等仓库类型，而且仓库还是生产环节的重要节点，在实际生产中占用一定的车间面积。

（1）金属材料库　金属材料库是用来存放准备用于焊接生产的金属材料，如板材、型材、管材等。根据待制产品类别所需金属材料品种、规格的不同，对金属材料库结构形式有不同要求，一般分为露天材料库、半封闭式仓库和室内材料库。露天材料库一般在露天环境存放中厚板材、型材、大型管材等，易受大气腐蚀，但库房投资少，经济性好。半封闭式仓库一般仅封闭仓库顶部，可以防止雨雪天气对材料的腐蚀或覆盖，因为进入车间准备用于生产的材料要经过原材料预处理，所以国内焊接企业许多采用露天材料库形式或半封闭式仓库形式。室内材料库一般存放薄钢板、有色金属、直径较小的管材及贵重金属材料等。

金属材料库应布置在焊接车间工艺流程的起始端，以保证运送材料途径通畅、卸料方便，原材料应堆放整齐，防止塌落，保证生产安全。金属材料库的面积主要取决于金属材料储存规模、储存周期和储存方式，金属材料储存规模和周期应根据市场供应、生产计划需求、减少库存积压、加速资金周转等情况综合考虑，金属材料储存期与企业生产类型有关，一般金属材料的储存期见表 7-5。

表 7-5　一般金属材料的储存期

生产类型	大批大量	成批生产	单件小批
储存期/月	0.5～1	1～3	3～6

金属材料库的面积计算方法包括概略计算法和精确计算法。其中金属材料库的面积概略计算法见公式（7-3）。

$$A=TQ/(12m)$$

（7-3）

式中　A——金属材料库的总面积，m²；

　　　T——材料储存期，月；

　　　Q——焊接车间全年所需金属材料重量，t；

　　　m——平均储存单位面积指标，1t/m²。

　　在计算金属材料消耗时，要考虑材料利用率等因素，不同的材料品种材料利用率见表7-6。

表 7-6　不同的材料品种材料利用率　　　　　　　　单位：%

品种材料	板材	型材	管材
材料利用率	70~90	85~90	90~95

　　(2) 半成品库　半成品库是焊件半成品的储存场所，一般焊接产品要经过多个焊接生产工序才能完成备料、装配、焊接等工作，每个生产工序完成后，都要进行整理、检验，合格后转入下道工序或存放于半成品库，半成品库的合理设置和科学管理是焊接文明生产、提高产品质量和劳动生产率的重要措施。半成品库的布置位置一般在备料工段和装配焊接工段之间，面积大小取决于焊件产量、投入批量和管理水平等因素，半成品库的面积概略计算法见公式(7-4)。

$$A = TQ/(365m) \tag{7-4}$$

式中　A——半成品库面积，m²；

　　　T——储存期，日；

　　　Q——全年半成品储存量，t；

　　　m——平均储存单位面积指标，0.5t/m²。

　　一般半成品的储存期见表7-7。

表 7-7　一般半成品的储存期

生产类型	大批大量	成批生产	单件小批
储存期/日	3~5	5~10	10~15

　　(3) 工装胎夹具库　工装胎夹具库分别放置备料工序中的冲压模具和装配工序中的胎夹具，工装胎夹具库一般布置主要生产工序附近区域。

　　冲压工序的大中型模具库一般布置于压力机周围，以便吊运、使用，其存放总面积约等于压力机生产作业面积。小型模具库可按每套模具的概略指标计算，当压力机工作压力为25~1600kN 时，模具尺寸大约 180mm×125mm×125mm~800mm×550mm×450mm。采用堆高 6m 的堆垛机模具架时，占用面积 0.015~0.150m²/套，无堆垛机的模具架占用面积 0.025~0.250m²/套。

　　装配工序中的胎夹具库存放面积根据夹具总数和存放方式而决定。在概略计算时，也可根据车间年产量以每 100t 焊件，使用面积 0.2~0.3m² 估算。

　　(4) 焊接材料库　焊接材料库主要保管焊条、焊丝、焊剂，并负责焊接材料的烘干保温等工作，一般布置在焊接作业区附近，以便于焊工领取。焊接材料库的面积可根据焊接材料储存量、储存方式、烘干箱数量等情况进行确定。概略计算面积时，根据焊接车间采用的焊接设备数量进行估算，每台焊条电弧焊设备，占用面积 0.1~0.3m²，每台自动焊机占用面积 0.4~0.5m²。

　　(5) 辅助材料库　辅助材料库主要用于存放劳保用品、生产和维修用辅料等，主要布置在车间出入方便的地方，可与工具室相邻。占用面积根据车间主要工艺设备台数概略估算，每台主要工艺设备占用面积 0.15～0.5m²。

（6）成品库 成品库是临时储存焊接车间完工并待发运产品的场所，成品库应布置在车间工艺流程的末端，一般处于铁路和汽车运输线旁边，考虑成品库吊车等级的经济性，大型和重型机械产品就不再进入成品库，从车间直接装车发运，以降低成品库建筑造价。成品库面积概略计算法见公式(7-5)。

$$A = TQ/(365m) \tag{7-5}$$

式中　A——成品库总面积，m²；

　　　T——储存期，日；

　　　Q——成品年产量，t；

　　　m——平均储存指标，0.5t/m²。

一般成品储存期见表 7-8。

表 7-8　一般成品的储存期

生产类型	大批大量	成批生产	单件小批
储存期/日	2～5	10～15	20～30

7.1.2.5　焊接车间的辅助部门配置

焊接车间的辅助部门一般配置有工具室、样板间与样板库、油漆调配室、焊接试验室、机电修理间、计算机房、探伤室等。辅助部门的组成可根据焊件生产规模大小和不同类型确定，焊接车间的辅助部门配置面积见表 7-9。

表 7-9　焊接车间的辅助部门配置面积

名　称	任　　务	推荐面积/m²
工具室	负责保管常用的工具、仪表及领取焊接设备易损件	36～72
样板间与样板库	负责某些产品放样制作及样板存放	9×16～12×24
油漆调配室	负责产品油漆的调配和存储	22～65
焊接试验室	负责新工艺、新技术、新材料的试验，进行焊接工艺评定，组织焊工培训及考试等	60～500
机电设备修理间	负责车间设备工具的日常维护、保养及检修等	32～180
计算机房	负责数控切割机用零件切割程序的编制等	100～300
探伤室	负责焊件的探伤检测等	100～500

7.1.3　焊接车间的配套设施要求

焊接车间的配套设施要求主要指焊接环境配套设施及能源动力配套设施等。

7.1.3.1　焊接环境配套设施

（1）焊接环境的采光要求 焊接车间的采光主要依赖于自然光照和使用照明设施，以满足生产工艺要求和人员生活需要。

自然光照是通过厂房顶部和侧墙的玻璃窗户使白天的太阳光照亮工作环境，太阳光强弱及窗户面积决定工作环境采光效果，玻璃窗户面积约占厂房墙体面积的 20%～40%，玻璃窗户布置层数与厂房高度有关，大型厂房玻璃窗户一般为 2～4 层。

焊接车间的照明设施是通过在厂房顶部及侧墙上安装照明灯具，保证夜晚、阴天及结构内部的施工，一般使用 220V 电压。焊接产品结构内部的照明灯具一般使用 24V 电压，以保证焊工安全生产。

（2）焊接车间通风方式 焊接车间通风方式采用局部排风和全面通风换气两种形式。全面通风方式包括全面自然通风和全面机械通风,全面自然通风通过厂房侧窗及天窗进行通风换气,全面机械通风有上抽排烟、下抽排烟、横向排烟三种不同排烟方式。局部通风措施有排烟罩、排烟枪、轻便小型风机和压缩空气引射器等方法。设计全面通风时应保持每个焊工的通风量不小于 $57m^3/min$,局部排风措施根据工艺及产品情况确定,焊接工作地附近的控制风速建议为 $30m/min$,兼顾焊接气体的保护效果。通风排烟措施应能保证焊接区或车间内的空气符合卫生要求。

(3) 焊接车间采暖设计 焊接车间采暖设计应考虑供暖方式和保温效果两个方面。供暖方式采用电加热器、煤气加热器、蒸气或水暖管道集中供暖等方式,保温效果是通过采用保温彩钢板或砖墙外敷保温层方式实现。设计集中采暖车间时,厂房内工作地点的冬季空气温度执行如下的规定:轻作业时不低于 $15℃$;中作业时不低于 $12℃$;重作业时不低于 $10℃$;一般焊接属于中作业工种。焊接作业场所温度要求当室外实际温度等于夏季通风室外计算温度时,焊接车间内作业地带的空气温度应符合《工业企业设计卫生标准》的规定:每小时散热量小于 $20kcal/m^3$($1kcal/m^3 = 4.18kJ/m^3$)的厂房,不得超过室外温度 $3℃$;每小时散热量为 $20\sim100kcal/m^3$ 的厂房,不得超过室外温度 $5℃$;每小时散热量大于 $100kcal/m^3$ 的厂房,不得超过室外温度 $7℃$。厂房内工作环境夏季温度的规定见表 7-10。

表 7-10 车间内工作地点夏季温度的规定

当地夏季通风室外计算温度/℃	≤22	23~28	29~32	≥33
工作地点与室外温差/℃	≤10	≤4~9	≤3	≤2

7.1.3.2 能源动力配套设施

(1) 焊接车间电力供应 大多数焊接结构生产企业的能源供应选择电力供应,厂房内一般输入三相 380V 工频交流电,焊接设备实际使用电力情况应根据设备使用说明书选配电压及空气开关,大多数电焊机采用三相 380V 工频交流电或单相 380V 工频交流电,照明灯具和手动工具采用 220V 工频交流电。采用焊接车间总电量应根据所有生产设备功率、使用时间及负荷持续率等进行计算,并结合企业整体供电线路设计,确定配电室及专用变压器的布置,输电线路要求合理布置,保证安全,焊接生产使用设备及工具从工位空气开关及多孔插座接出。

(2) 焊接车间使用气体 包括压缩空气、氧气、乙炔、丙烷、二氧化碳、氩气、天然气、煤气、液化石油气等。所有气体均在气态下使用,但供应状态有气态、高压气态、高压液态、液态及深冷状态。焊接车间部分气体消耗量见表 7-11。

表 7-11 焊接车间部分气体消耗量

产品种类	压缩空气/(m³/t)	氧气/(m³/t)	乙炔/(m³/t)	二氧化碳/(m³/t)
重型、矿山机械	150~200	24~36	3.2~4.8	4~10
工程机械	150~200	20~30	5.3~8	20~25
汽轮机	150~200	10~13	3~4	2~4
内燃机	20~30	5~8	4~7	6~10
农业机具	85~100	0.8~1	0.12~0.2	6.5~7
汽车	90~625	—	—	—
电站锅炉	150~200	8~12	2~3	1.5~2
工业锅炉	100~150	6~8	2~3	—
通用机械	100~400	6~8	2~5	—

焊接车间使用气体气体的储存及供应方式有现场生产、管道供气、储罐、容器及压缩气体钢瓶等，其中压缩气体钢瓶还分为集中形式、单个方式。采用何种方式供气主要取决于使用量，焊接车间供气方式和使用量见表 7-12。压缩空气可采用空压机现场生产或管道供应形式，其他气体可采用钢瓶、储罐、容器及管道供应形式。

表 7-12　焊接车间供气方式和使用量

气体种类	使用量/（m³/月）			
	≤100	100~300	≥300	≥600
乙炔	单瓶	多瓶	多瓶	集中供气
液化石油气	单瓶	多瓶	储罐	储罐
氧气	单瓶	多瓶	集中供气	集中供气
氩气	单瓶	多瓶	集中供气	冷态供气
二氧化碳	单瓶	多瓶	多瓶、储罐	储罐

7.2　焊接生产装备

7.2.1　焊接设备的选择

焊接设备按其应用范围可分为电弧焊设备、电阻焊设备及其他特种焊设备等。由于电弧焊仍是当今焊接的主要方法，而弧焊电源又是电焊机的核心部分，它的性能直接影响到焊接过程的稳定性、生产效率及能源消耗。近年来电焊机制造技术随着电力、电子元器件和计算机技术的发展迅速提高，从原先的旋转式直流焊机发展到二极管整流焊机、晶闸管（可控硅）整流焊机、晶体管整流焊机、逆变式焊机、全数字化逆变式焊机，种类已经达到几百个品种和规格。

7.2.1.1　选用焊接设备的一般原则

弧焊电源在焊接设备中是决定电气性能的关键部分。尽管它具有一定的通用性，但不同类型的弧焊电源，其结构、电气性能和主要技术参数不同，即在不同场合表现出来的工艺特点和经济性有明显的差异。总体而言，依据焊接电流分为直流、交流和脉冲三种类型，相应的焊接电源分为直流弧焊电源、交流弧焊电源和脉冲弧焊电源。

（1）从焊接工艺要求考虑　一般情况下，焊接低碳钢、低合金钢、民用建筑钢材时，可选用交流弧焊电源或直流弧焊电源。要求用直流电源才能施焊的焊接方法有焊条电弧焊（某些碱性焊条）、CO_2 气体保护焊、熔化极氩弧焊、等离子弧焊及碳弧气刨、等离子切割等工艺，在上述情况下，都应采用直流弧焊电源。在焊接热敏感性大的合金结构钢、薄板结构、厚板的单面焊双面成形和全位置自动焊工艺中，采用脉冲弧焊电源较为理想。

（2）从焊接工作条件考虑　有些焊接企业的电网电源容量小，要求三相均衡用电，宜选用直流弧焊电源。在小型焊接实验室，由于设备数量有限而焊接材料种类又较多时，可选用交流、直流两用弧焊电源。

（3）从经济效益考虑　一般交流弧焊电源比直流弧焊电源具有结构简单、制造方便、使用可靠、维修容易、成本低等优点，在满足技术要求的前提下应优先选用交流弧焊电源，交流、直流弧焊电源特点见表 7-13。因此，必须根据具体工作条件正确选择弧焊电源，确保焊接过程的顺利进行，提高生产效率，并获得良好的焊接接头。

表 7-13　交、直流弧焊电源特点比较

项　目	交流	直流	项　目	交流	直流
电弧稳定性	低	高	成本	低	较高
构造与维修	简单	较复杂	空载电压	较高	较低
磁偏吹	很小	较大	供电/V	单相 380	三相 380
噪声	一般	较小	触电危险	较大	较小
极性可换性	无	有	重量	较轻	较重

7.2.1.2　各类电弧焊设备的选择

(1) 焊条电弧焊设备的选择　焊条电弧焊设备分交流焊条电弧焊机、直流焊条电弧焊机、交直流两用焊条电弧焊机三大类。

交流焊条电弧焊机实际就是一台降压变压器，它将电源电压（220V 或 380V）降至空载时的 60～70V，工作电压为 30V，能够输出较大的电流，从几十安培到几百安培，并采用串联电抗器或增强漏磁的方法，调节二次输出电流，即焊接电流。这种交流弧焊机主要用于酸性焊条的焊条电弧焊。虽然酸性焊条具有较好的操作性，但焊缝金属的力学性能比碱性焊条差得多。因此交流弧焊机，只适用于薄板结构和不重要钢结构的焊接生产。

直流焊条电弧焊机的种类较多，主要有直流弧焊发电机、硅整流弧焊机、晶闸管整流弧焊机、逆变式整流弧焊机及内燃机驱动直流弧焊发电机。其中直流弧焊发电机属于高能耗机电产品，噪声大超过工业卫生标准，已被确定为淘汰产品，目前已不再生产。

硅整流弧焊机按焊接电流调节方式，可分为磁放大器式和抽头式两种。磁放大器式硅整流弧焊机具有多种特性，电流调节方便，网路波动补偿等优点，但耗材较多，制造成本较高。抽头式硅整流弧焊机结构简单、耗材较少、便于维修，但焊接电流只能分级调节，无网路补偿功能。这两种硅整流弧焊机正逐渐被晶闸管整流弧焊机或逆变式整流弧焊机所替代。

晶闸管整流弧焊机是一种由电子线路控制的、技术先进的弧焊设备之一。具有多种外特性、调节方便、动特性好、网路波动补偿、焊接参数稳定、可采用微处理器控制的优点。在焊接生产中以得到普遍应用。其缺点是电子控制线路较复杂，维修人员必须经过专门的培训。

逆变式整流弧焊机是当代最先进的晶体管直流弧焊机。它不仅具有晶闸管整流弧焊机的所有优点，还具有动态响应速度更快、控制精度更高、焊接参数更稳定、耗材少、节能和制造成本低的特点。近年来，逆变式整流弧焊机的产量逐年上升，在许多重要焊件的生产中，逆变式整流弧焊机已逐渐取代晶闸管整流弧焊机。但逆变式整流弧焊机也具有电子线路复杂，难于维修的缺点。目前逆变式整流弧焊机正在向模块化设计发展，就可大大简化组装工序，并提高焊机的可靠性、降低故障率，在进一步提高设备性价比的前提下，逆变式整流弧焊机必将成为焊接企业生产设备的主要选择。

在尚未铺设供电网路的施工现场，如输气、输油管线的组焊和偏远地区的焊接作业，则必须选用内燃机（柴油发动机和汽油发动机）驱动的弧焊发电机。这类焊机的焊接特性完全可满足焊条电弧焊的要求，但缺点是能耗大，制造成本较高。

(2) 钨极氩弧焊设备的选择　钨极氩弧焊就是以氩气作为保护气体，钨极作为不熔化电极，借助钨极与焊件之间产生的电弧，加热熔化母材（同时添加焊丝也被熔化）实现焊接的方法。氩气用于保护焊缝金属、钨极和熔池，在电弧加热区域不被空气氧化。钨极氩弧焊设备按焊接电流的种类不同，可分为直流、交流和交直流两用钨极氩弧焊机。直流钨极氩弧焊机按整流的方式不同，又可分为硅整流、晶闸管整流和逆变式晶体管整流钨极氩弧焊机。交流钨极氩弧焊机主要由焊接变压器和大功率高频振荡器组成。交直流两用钨极氩弧焊机按结构形式不同，可分为分体式和一体式两种。分体式交直流钨极氩弧焊机是由焊接变压器和整流弧焊电源组合而成。而一体式交直流两用钨板氩弧焊机则在晶闸管整流弧焊机或逆变式晶体管整流弧焊机的基础上改装而成。为提高交流电弧的稳定性，增强阴极雾化作用，已定型生产交流方波交直流两用氩弧焊机，并在铝合金的钨极氩弧中得到迅速推广应用。

直流钨极氩弧焊机要求焊接电源具有垂直陡降的特性，并在低电流下保持稳定的电弧。普通的硅整流弧焊电源基本上达不到上述要求，应当选用晶闸管整流弧焊电源。当焊接板材越薄而且要求低电流、电弧高度稳定时，则应选用低电流特性优于晶闸管整流弧焊电源的逆变式整流弧焊电源。

交流钨极氩弧焊机主要用于铝、镁及其合金的焊接，因交流电弧可以产生清理母材表面氧化膜的作用。普通弧焊变压器的输出电流均为正弦波交流电。由于焊接电流过“0”点的时间常数较大，其电弧稳定性差，而必须加高频电流以维持电弧燃烧。但长时间作用的高频电流不仅对人体有害，而且对电子设备产生干扰。为消除高频电流的有害影响，提高交流钨极氩弧焊电弧稳定性，同时也为了保证得到满意的清洗作用，又可获得较为合理的电极热量分配，而发展了一种方波交流钨极氩弧焊机，这种焊机的优点是交流电弧引燃后，高频电流自动切断，焊接过程中方波交流电弧不再需要高频电流维持电弧燃烧，而且焊接的质量大大超过普通正弦波交流氩弧焊。在选购方波交流钨极氩弧焊机时，应注意某些厂家生产的方波交流钨极氩弧焊机，虽然在产品样本上标明为方波交流，但实际上在焊接时仍不能切断高频电流，因此必须加以验证。

在材料品种较多的焊接企业中，有时生产不锈钢焊件，而有时又生产铝合金焊件，需要分别采用直流钨极氩弧焊和交流钨极氩弧焊。在这种情况下采购交直流两用钨极氩弧焊机就成为一种经济性的选择，这样就可以大大提高设备的利用率。

焊接生产实践证明，逆变式交流方波交直流两用钨极氩弧焊机的焊接特性以及性价比已大大超过晶闸管交流方波交直流两用氩弧焊机。因此，逆变式交直流两用钨极氩弧焊机必将成为优先选用的品种。

（3）MIG/MAG 焊机的选择　MIG/MAG 焊机也称为 CO_2 气体保护焊机，主要由平特性的直流焊接电源、送丝机、焊枪和控制系统四部分组成。焊接电源按电弧电压的调节方式不同，分为抽头式分级调压、晶闸管无级调压、逆变式晶体管无级调压几种形式。送丝机按驱动方式分为单主动轮和双主动轮驱动送丝机，按送丝速度控制方式分为等速送丝和测速反馈恒速送丝控制。焊枪按冷却方式分空冷和水冷，按结构形式分弯头半自动焊焊枪（鹅颈式）和直柄式自动焊焊枪（手枪式）。控制系统分电磁继电器控制、普通电子线路控制、微机控制和数字化控制等。

抽头式 MIG/MAG 焊机的结构简单，电弧电压只能分级调节，焊接电流与电弧电压不易调到最佳匹配，焊接过程稳定性差，飞溅较大，加之焊接电源无网路波动补偿能力，难以保证持续稳定的焊接质量。抽头式 MIG/MAG 焊机的优点是结构简单、制造成本低、维修方便和操作容易。适用于不需要经常调整焊接参数的单一品种的专业化生产。

晶闸管整流 MIG/MAG 焊机是目前应用广泛的一种 MIG/MAG 焊机，具有电弧电压无级可调，焊接参数可达到最佳匹配，网路电压补偿、焊接过程稳定和可实现一元化调节等优点。与抽头式 MIG/MAG 焊机相比，性价比较高。适用于大多数质量要求较高的焊接生产。

晶闸管整流 MIG/MAG 焊机配置单主动轮驱动送丝机，在实际使用过程中，会经常出现送丝速度不稳而导致焊接过程不稳定。在平特性焊接电源的供电系统中，焊接电流取决于送丝速度。送丝机送丝速度的稳定性实际上对焊接质量起着决定性的影响。在选购 MIG/

MAG 焊机时，应重视送丝机结构设计和技术特性。对于质量要求较高的焊接工程，或要求采用药芯焊丝或软质铝焊丝的应用场合，宜选配送丝速度稳定性较高的双主动轮驱动的送丝机。对于质量要求特别高的焊接工程，还应选配具有测速反馈控制功能的高档送丝机。

逆变式整流 MIG/MAG 焊机是最新一代的 MIG/MAG 焊机。它具有比晶闸管整流 MIG/MAG 焊机更优异的焊接特性。由于晶体管的反应速度比晶闸管快，除了可获得更平稳的电弧外，还可按焊接工艺的特殊要求，对短路电流波形和脉冲电流波形进行逻辑程序控制，利用微处理机软件控制功能对焊接规范参数实行一元化控制（或称优化控制），因此，逆变式整流 MIG/MAG 焊机适用于要求精密控制焊接参数的重要焊接结构，如航空航天工程、核能、动力设备制造中不锈钢和铝合金的焊接件。

逆变式 MIG/MAG 焊机的另一个优点是可以利用微机数字化控制总线与自动化焊接装备进行通信联络和集成控制，这就使其成为自动化 MIG/MAG 焊接装备或机器人系统的首选配套焊机。

(4) 埋弧焊机的选择　埋弧焊是一种重要的焊接方法，具有焊接质量稳定、焊接生产率高、无弧光及烟尘少等优点，特别是多丝自动埋弧焊、双丝窄间隙自动埋弧焊具有更高效、更优质的焊接质量，使其成为压力容器、机械设备、箱型梁柱等重要钢结构制作中的主要焊接方法。从各种熔焊方法的熔敷金属重量所占份额比例，埋弧焊约占 10% 左右，而且一直保持比较稳定的状态。埋弧焊已成为我国焊接生产中应用最广泛的高效焊接方法之一，大多数埋弧焊机使用小车式埋弧焊机，随着各种焊接结构向大型化和批量生产的发展趋势，立柱-横梁式埋弧焊操作机、龙门式埋弧焊机、悬臂式埋弧焊机和门架式埋弧焊机等大型埋弧焊机逐渐被推广应用。

小车式埋板焊机是一种通用埋弧焊机，由行走小车、送丝机构、焊接电源，控制系统及焊剂斗和送丝盘等组成。其中焊接电源分为交流焊接电源和直流焊接电源两种类型。当采用高锰高硅酸性焊剂和低碳钢焊丝焊接时，可以采用交流焊接电源。因交流焊接电源结构简单、维修方便且价格低廉，在一般钢结构的埋弧焊中得到广泛的应用。

小车式埋弧焊机的应用范围有很大的局限性，只适用于平焊、平角焊和船形焊等焊接位置的直线焊缝。常用于对接接头、角接接头和搭接接头等接头形式。

立柱-横梁式埋弧焊操作机是一种焊接机头行走机构，具有较大的工作范围，与小车式埋弧焊机相比灵活性较大，与焊接滚轮架配合形成压力容器焊接中心，可以焊接筒体内、外侧的纵缝和环缝，以及筒体与封头或法兰相接的规则环焊缝。与焊接变位机配合使用，也可以焊接单节筒体上的大直径接管环缝。操作机的规格和功能主要按焊件的外径、内径以及长度进行选择。

立柱-横梁式埋弧焊操作机可用于钢结构梁柱的焊接。与托架及翻转机配合使用，可以焊接 H 形钢和箱形梁的角接缝。此时，操作机台车行走轨道的长度按焊件的最大长度确定。

立柱-横梁式埋弧焊操作机用焊接电源应根据待焊材料的种类选择交流焊接电源或直流焊接电源，为扩大设备的适用范围，通常选择直流焊接电源。焊接电源的功率应根据采用的焊接规范参数及负荷持续率计算后确定。鉴于埋弧焊机大多数用于中、大型焊接结构的焊接，连续工作时间较长，负荷持续率很高。因此，要求焊接电源在 100% 负载持续率下的额定电流，应不小于焊接工艺的最大电流值。

龙门式、悬臂式埋弧焊机主要用于钢结构梁柱角焊缝的焊接。大型龙门式埋弧焊机亦可用于重型压力容器纵环缝的焊接、大型轧辊堆焊等场所。龙门式、悬臂式埋弧焊机的规格主要按焊件的尺寸而定。埋弧焊机可根据工艺要求分别选配单丝埋弧焊、单弧双丝埋弧焊、双弧双丝埋弧焊机头。对于厚度较大的焊件，为进一步提高效率，可以选配三丝三弧埋弧焊，三根焊丝分别由一台直流焊接电源、两台交流焊接电源供电、焊接电源的功率至少为1250A。龙门架和悬臂操作机台车行走轨道的长度，应按焊件最大长度确定。

7.2.2　焊接辅助机械的选择

在大型成套自动化焊接设备中，焊接质量不仅与焊接电源和送丝机构有关，而且与配套的焊接辅助机械装置有关。焊接辅助机械是大型成套自动化焊接设备极为重要的组成部分，主要通过改变焊件、焊接机头、焊接位置等焊接要素，直接影响焊件制造质量、尺寸精度、生产成本、自动化程度，同时可以减轻焊工劳动强度、提高焊接生产率。

焊接辅助机械是通过改变焊件、焊接机头、焊接位置等方式实现合理的焊接作业。它可以通过自身的回转及翻转机构，使固定在工作台面上的焊件作可调速均匀旋转和角度倾斜姿态调整，使焊缝处于最佳的焊接位置。当配备专用夹具和自动焊机时，可方便地进行装夹和自动焊接。多用于各种筒体、齿轮、法兰等回转体零件的焊接。

焊接辅助机械比较容易实现圆周运动轨迹和直线运动轨迹的焊接作业，配合焊接机器人等自动化焊接设备，形成焊接加工中心，同时采用数控编程技术，也可实现空间曲线运动的焊接作业。

7.2.2.1　焊接辅助机械的分类

根据焊接辅助机械操纵的主体对象不同，焊接辅助机械分为焊件变位设备、焊接机头变位设备、焊工变位设备等类型。焊件变位设备包括焊接变位机、焊接滚轮架、焊接回转台、焊接翻转机等，焊接机头变位设备主要有焊接操作机、焊接机器手，焊工变位设备主要有焊工升降台。

各种焊接辅助机械均可以单独使用，但在许多生产场所都是采用多种焊接辅助机械配合使用，焊接辅助机械已成为机械化、自动化焊接生产的重要组成部分。

7.2.2.2　焊接辅助机械的基本要求

具有一定通用性的焊接辅助机械现在已逐步标准化和系列化，由专业工厂生产，用户可按规格和技术性能进行选购。专用机或有特殊要求的，通常需要进行单独设计和制造。对焊接辅助机械一般有以下要求。

(1) 焊接辅助机械的速度调节　焊接辅助机械应具有一定范围的速度调节能力，稳定的连续运动轨迹移动速度，工作时无颤振和噪声，同时具有良好的结构刚度，设备重量轻。因此，机械运动的传动方式多采用齿轮传动，机械结构设计多采用焊接结构。

焊接辅助机械的要具有快速回程速度功能，但应避免产生冲击和振动，此时焊接设备处于非焊接状态，降低焊接辅助时间，有利于提高生产效率和设备利用率。

(2) 焊接辅助机械的通用性　焊接辅助机械的应具备满足一定范围内不同尺寸、不同形状的焊件的生产要求，往往要求具有一定的通用性。

(3) 焊接辅助机械的安全性　焊接辅助机械应结构简单合理，机构调整和操作方便，使用安全可靠，在其传动链中，应具有一级反行程自锁装置，以避免动力电源突然切断后，焊件或焊接机头等可移动机构因自身重量产生运动，发生坠落、撞击等事故。

(4) 焊接辅助机械的精度要求　焊接辅助机械的质量等级要与施工要求精度相匹配。当焊接加工中心采用焊接机器人和精密焊接方法时，与之配合的焊件变位设备，其到位精度（点位控制）和运行轨迹精度（轨迹控制）应视焊件大小、工艺方法控制在 0.1~2mm。

(5) 焊接辅助机械的其他要求

① 焊接辅助机械应具有良好的接电、接水、接气设施以及导热和通风性能。

② 焊接辅助机械应具有良好的整体结构封闭性，以避免焊接飞溅等杂物的损伤，同时

便于清除散落的焊剂、焊渣、药皮等焊接残留物。

③ 焊接辅助机械要有多种设备联动控制接口和相应的自保护性能，以利于多台设备的集中控制，相互协调动作，一般应统一考虑设备控制台，控制开关及按钮布置应与焊接操作动作相对应。

④ 焊接辅助机械的工作台面上，应刻有安装基线并设有安装槽孔，便于安装各种定位器件和夹紧机构。

⑤ 焊接辅助机械用于零部件装配场合时，其工作台面要有较高的强度和抗冲击性能。

⑥ 焊接辅助机械用于电子束、等离子、激光、钎焊等焊接方法时，应注意在导电、隔磁、绝缘等方面的特殊要求。

7.2.2.3 焊件变位机

焊接变位机是通过焊件的回转、翻转，使待焊焊缝处于有利于焊接的位置，可以实现工作台的正向、反向回转，回转时能够无级调速，速度调节范围大，调速精度高，在最大承载条件下保持回转速度的波动不超过5%。焊接变位机可以翻转焊件，而不能产生抖动、倾覆，具有限位、自锁功能。

(1) 焊接变位机的类型　焊接变位机的类型按其基本结构形式分为伸臂式、座式、双座式三种，焊接变位机的特点见表7-14。

表 7-14　焊接变位机的特点

基本结构	结构特点	适用范围
伸臂式焊接变位机	回转工作台安装在伸臂的一端，伸臂沿回转轴线回转，回转轴的基础固定，但回转轴可以具有一定的翻转角度，调节范围小于100°，有时伸臂仅绕某一中心作圆弧运动。伸臂式焊接变位机范围与作业适应性好，但整体装置稳定性差	采用电动机驱动方式，承载能力一般小于0.5t，适用于小型焊件的翻转变位。采用液压驱动方式，承载能力一般为10t左右，适用于结构尺寸不大但自重较大的焊件
座式焊接变位机	工作台连同回转机构支撑在两边的翻转轴上，工作台根据焊接速度要求回转，翻转轴角度通过扇形齿轮或液压缸调节，多在110°~140°的范围内恒速倾斜。座式焊接变位机稳定性好，一般不用固定在地面上，搬移比较方便	用于0.5~50t焊件的翻转变位，是产量最大、规格最全、应用最广的结构形式，常与伸臂式焊接操作机或弧焊机器人配合使用
双座式焊接变位机	工作台坐在"U"形架上，以预定的焊接速度回转，"U"形架固定在两侧的机座上，多以恒速或所需的焊接速度绕水平轴转动，双座式焊接变位机不仅整体稳定性好，而且焊件安放在工作台上，翻转运动的重心将通过或接近翻转轴线，使翻转驱动力矩大大减少。因此，重型变位机多采用这种结构	用于50t以上重型大尺寸焊件的翻转变位，多与大型门式焊接操作机或伸缩臂式焊接操作机配合使用

(2) 焊接变位机的工作原理　焊接变位机主要由机架、驱动机构（包括翻转减速机构和旋转减速机构）、回转盘、导电装置及控制系统组成。

焊接变位机的机架主要包括机座、支架及横梁等金属结构，一般这些金属结构件均采用型钢焊接制成，应具有足够的结构刚性和承载强度，以避免使用时产生较大的变形。

焊接变位机的驱动机构应保证工作台具有回转、翻转两种运动。焊接变位机工作台的翻转运动通常采用交流电动机经蜗轮蜗杆减速器减速驱动，通过一级齿轮传动实现，使其具有自锁功能，而且翻转力矩大，定位可靠。工作台的回转驱动机构，主要由摆线针轮减速电动机、回转支撑、回转齿轮等组成，摆线针轮减速机通过变频调速器控制圆周运动，实现无级调速功能，角速度变化范围大，可达到1∶33左右，速度调节精度高。

焊接变位机的导电装置是为了避免焊接电流通过轴承、齿轮等传动部件，焊接变位机作为焊接电源二次回路的组成部分，固定焊接电源与焊件的地线，主要采用电刷式导电装置，保证导电良好，避免焊接电缆的缠绕、扭曲。导电装置的电阻通常不超过1mΩ，其容量应满足焊接电流的要求。

焊接变位机的控制系统设有供自动焊接用的联动接口。工作台的启动、停止、旋转均可实现手持遥控盒的工位远程操作。

焊接变位机的回转盘应便于装夹焊件或安装卡具，所以一般回转盘上对称分布有若干径向 T 形槽和环形定位槽，配用 T 形螺栓对焊件进行夹紧，以及驱动系统、工作台翻转角度的指示等标识。

（3）典型焊接变位机的技术参数　焊接变位机的技术参数包括额定承载重量、回转速度、翻转速度、翻转角度、工作台直径、电动机功率、调速方式、额定载荷最大偏心距、竖直平面回转直径等，典型座式焊接变位机的技术参数见表 7-15。其中翻转角度一般为 0°～120°，0.6t 以下的焊接变位机采用变频无级调速，1.2t 以上的焊接变位机采用电磁无级调速。

表 7-15　典型座式焊接变位机的技术参数

型号	额定承载重量 /t	回转速度 /(r/min)	翻转速度 /(r/min)	工作台直径 /mm	竖直平面回转直径 /mm	额定载荷最大偏心距 /mm	额定载荷最大重心距 /mm
ZHB-1	0.1	0.4～4	2	$\phi 400$	$\phi 600$	150	100
ZHB-3	0.3	0.1～1	1.5	$\phi 600$	$\phi 800$	200	150
ZHB-6	0.6	0.09～0.9	1.1	$\phi 1000$	$\phi 1500$	200	200
ZHB-12	1.2	0.05～0.5	0.67	$\phi 1200$	$\phi 2050$	250	200
ZHB-30	3	0.05～0.5	0.23	$\phi 1400$	$\phi 2100$	300	200
ZHB-50	5	0.05～0.5	0.14	$\phi 1500$	$\phi 2500$	300	300
ZHB-100	10	0.05～0.2	0.14	$\phi 2000$	$\phi 3240$	400	400

（4）焊接变位机的选择　焊接变位机的选择应首先考虑购买通用性产品，可根据行业标准 ZBJ33002 和企业产品说明书进行选择，从而具有较好的经济性，缩短购货周期，但应注意以下问题。

① 焊件的重量及焊件在工作台上的重心距、偏心距应在焊接变位机载重图或承载表的数据范围内，并有一定的安全系数。对较长的焊件和重心偏移较多的焊件，应选择较大的焊接变位机型号。

② 如果焊接变位机用于焊接环焊缝时，应根据焊接坡口的回转半径和焊接速度换算出工作台回转速度，该速度应在焊接变位机转速的调节范围之内。另外，要注意工作台的运转平稳性是否能够满足工艺的要求，承受最大载荷时的速度波动不超过 5%。

③ 如果焊件外轮廓尺寸很大，则需要考虑工作台倾斜时，翻转角度是否满足使焊件处于最佳焊接位置的要求，以及在此翻转角度时是否出现焊件与地面接触或其他机械装置尺寸干涉的现象，若出现此现象，既可以选择工作台离地面间距更大的焊接变位机，也可以采用增加基础高度或设置地坑的方法进行解决。

④ 焊接变位机上如果需要安装气动、电磁夹具以及水冷设施时，应向生产厂家或经销商提出安装接气、接电、接水等装置的要求。

⑤ 焊接变位机的许用焊接电流应大于焊接工艺要求的最大焊接电流。

7.2.2.4　焊接滚轮架

焊接滚轮架是借助主动滚轮与焊件之间的摩擦力带动焊件旋转的焊接设备。焊接滚轮架不仅可用于筒形焊件的装配、环缝焊接和纵缝焊接，而且通过对主动轮、从动轮的接触高度作适当的调整后还可用于锥体、分段不等径回转体的装配与焊接。此外，对一些非筒形焊件装夹在特制的环形夹具上，也可采用焊接滚轮架进行焊接作业。焊接滚轮架主要应用于锅炉、压力容器及其他回转体焊件的装配、焊接和质量检验等工艺过程中。

焊接滚轮架按调节方式分为自调式焊接滚轮架、可调式焊接滚轮架。自调式焊接滚轮架能借助于焊件自身重量，根据焊件的直径自动调整滚轮的姿态，实现焊件的支撑和转动。可调式焊接滚轮架是根据焊件直径，手工移动或电动丝杠螺母装置在支架上的滚轮座位置来调节滚轮之间的间距，多用于轻型焊接滚轮架。

（1）自调式焊接滚轮架 自调式焊接滚轮架结构特点是每一副滚轮架由两组双滚轮组成，每组双滚轮由滚轮支架刚性连接，滚轮支架围绕转轴支点进行圆周旋转，因此可以在相当宽的范围内适应不同直径的焊件而不需要改变两组滚轮转轴支点之间的距离。在焊接直径较小的焊件时，焊件的外圆只能与每对滚轮架的内侧两个滚轮接触，滚轮架的承载重量将相应地降低为额定载荷的 75%。

自调式焊接滚轮架通常采用单架双滚轮两侧双驱动的传动方式，另外一架双滚轮为从动轮。两侧双驱动的双滚轮转动要保持一致，因此常采用驱动电动机通过二级减速箱和连接轴将转矩分别传递给两组滚轮，以获得平稳、一致的旋转速度。驱动电动机可采用电磁无级调速或变频器无级调速。对于速度控制精度要求较高的焊接滚轮架，则应采用直流电动机及晶闸管调速加测速反馈的组合方式。在精度要求特别高的场合，则应采用伺服电动机及编码器反馈进行控制。

自调式焊接滚轮架的主动架侧双滚轮主要由底座、滚轮、滚轮支架、旋转减速机构、控制系统等组成。

自调式焊接滚轮架的底座一般采用工字钢框架的焊接结构制成，具有良好的结构刚性和工作状态中设备的稳定性。

自调式焊接滚轮架的滚轮数量一般为八个，分别在主动架和从动架上各有四只滚轮。滚轮的结构形式特点和适用范围见表 7-16，重型自调式焊接滚轮架的滚轮通常采用金属滚轮，金属滚轮支撑性好，但焊件重量较小时，金属滚轮与焊件之间的正压力较小，产生的摩擦力小，易出现传动速度均匀性差等问题。轻型自调式焊接滚轮架的滚轮通常采用橡胶，橡胶与焊件之间的摩擦系数较大，易于保证传动效果，但橡胶滚轮容易出现脱、胶挤裂等问题。钢胶混合压铸成型的滚轮解决了以往橡胶滚轮容易脱胶、挤裂的问题，应用于 100t 以下的焊接滚轮架取得了较好的使用效果。

表 7-16 滚轮的结构形式特点和适用范围

结构形式	特 点	适用范围
钢轮、合金球墨铸铁	承载能力大、制造加工容易	一般用于额定载重量大于 60t 的滚轮架，以及焊件需高温预热的场合
胶轮、聚氨酯轮	钢轮外包橡胶或聚氨酯，摩擦力大，传动平稳	一般用于额定载重量小于 60t 的滚轮架。转动不锈钢和有色金属制容器
组合滚轮	钢轮与橡胶轮（聚氨酯轮）相组合，承载能力较高，传动平稳	可用于额定载重量 50～100t 的滚轮架
履带轮	焊件与履带接触面积大，可防止薄壁焊件在滚轮上转动时产生变形，传动较平稳，但结构较复杂	用于薄壁大直径容器的焊接

自调式焊接滚轮架的滚轮支架多采用焊接结构，由二片切割成形的弧形钢板连接制成，对滚轮起支承、连接作用，标准配置的每对弧形板与回转轴连线夹角为 90°（根据用户要求也可加工为 120°）。

自调式焊接滚轮架的旋转减速机构安装在主动架旁边，通过一台直联型摆线针轮减速器经蜗轮蜗杆减速器控制，再由一级直齿轮驱动滚轮架的四组滚轮同步运转，从动架通常只有两组被动轮。

自调式焊接滚轮架的控制系统采用变频无级调速或电磁无级调速，调速范围大，精度高，主动滚轮架的启动、停止、正转、反转及调速均在工位遥控盒上操作。控制系统通常设计了预留接口与操作机控制系统相连，实现联动操作，而且主动架四只滚轮为齿轮啮合驱动模式，有效减小了焊件的轴向窜动。当焊件出现轴向窜动时，可调校弧形板下的定位螺钉，将一端滚轮升降进行调整，防窜精度可小于±3mm。

自调式焊接滚轮架的技术参数包括最大承载重量、适应焊件范围、滚轮直径和宽度、滚轮线速度、电动机功率、调速方式等，典型自调式焊接滚轮架的技术参数见表 7-17，其中滚轮线速度为 6～60m/h，调速方式采用变频无级调速或电磁无级调速。

表 7-17　典型自调式焊接滚轮架的技术参数

型号	最大承载重量 /t	适用焊件范围 /mm×mm	滚轮直径和宽度/mm×mm		电动机功率 /kW
			橡胶轮	金属轮	
HGZ5	5	$\phi250\times2300$	$\phi250\times100$	$2\times\phi240\times20$	0.75
HGZ10	10	$\phi320\times2800$	$\phi300\times120$	$2\times\phi290\times25$	1.1
HGZ20	20	$\phi500\times3500$	$\phi350\times120$	$2\times\phi340\times30$	1.5
HGZ40	40	$\phi600\times4200$	$\phi400\times120$	$2\times\phi390\times40$	3.0
HGZ60	60	$\phi750\times4800$	$\phi450\times120$	$2\times\phi440\times50$	4.0
HGZ80	80	$\phi850\times5000$	$\phi500\times120$	$2\times\phi490\times60$	4.5
HGZ100	100	$\phi1000\times5500$	$\phi500\times120$	$2\times\phi490\times70$	5.5

（2）可调式焊接滚轮架　可调式焊接滚轮架结构特点是每一副滚轮架的滚轮间距是可调的，以适应不同直径的焊件的焊接要求。滚轮间距的调节方法有人工机械定位调节、丝杠传动机构调节、连杆机构调节等，人工机械定位调节办法是在滚轮架支座面上钻两排间距相等的螺栓定位通孔，根据焊件的直径将滚轮座安装在相应的孔位，并用螺栓进行机械固定，当焊件的直径发生较大变化时，可以移动滚轮座进行调节。丝杠传动机构调节方法是在滚轮架支座面加工滑道，采用丝杠传动机构连续对称调节滚轮位置，从而调节滚轮间的距离。对于焊件直径变化范围不大的应用场合，可以采用连杆机构调节滚轮间距，比较简便，节省辅助时间。

可调式焊接滚轮架是利用主动滚轮与焊件之间的摩擦力带动焊件旋转的焊件变位设备，可根据焊件直径的不同，移动滚轮组，调节滚轮中心距离，主要用于管道、容器、锅炉、油罐等圆筒形工件的装配与焊接，与操作机、埋弧焊机配套，可以实现工件的内外纵缝或内外环缝焊接。若对主、从动滚轮的高度作适当的调整后也可进行锥体、分段不等径回转体的装配与焊接。对于一些非圆长形焊件，若将其装卡在特制的环形卡箱内，也可以再焊接滚轮架上进行装焊作业。

可调式焊接滚轮架通常采用一副主动滚轮架和一副从动滚轮架组合进行装配和焊接作业。主动滚轮架可分为单驱动方式和双驱动方式。双驱动方式是采用两台电动机通过电子线路控制同步启动两侧滚轮，双驱动方式的优点可以保证焊件旋转速度平稳，消除焊件跳动现象。

当焊件总重超过工厂现有滚轮架的额定承载重量或焊件长度较大时，可以采用一副主动滚轮架和两副被动滚轮架组合的形式。如果必须采用四副滚轮架时，就必须使用两副主动滚轮架。

可调试焊接滚轮架均为组合式滚轮架，其主动滚轮架、从动滚轮架都是独立的，它们之间根据焊件重量和长度可以任意组合，其组合比例可以是一主一从的组合，也可以是一主两从、一主三从等组合，使用方便灵活，对焊接生产的适应性强。

可调式焊接滚轮架的技术参数包括最大承载重量、适应焊件范围、滚轮直径和宽度、滚轮线速度、电动机功率、调速方式、滚轮间距调整方式等，典型可调式焊接滚轮架的技术参数见表 7-18，其中滚轮线速度为 6～60m/h，调速方式采用变频无级调速或直流无级调速。

表 7-18　典型可调式焊接滚轮架的技术参数

型号	最大承载重量/t	适用焊件范围/mm×mm	滚轮直径和宽度/mm×mm		电动机功率/kW	滚轮间距调整方式
			橡胶轮	金属轮		
HGK5	5	$\phi250\times2300$	$\phi250\times100$	$2\times\phi240\times20$	2×0.37	手工丝杆调节；螺栓分挡调节
HGK10	10	$\phi300\times2800$	$\phi300\times120$	$2\times\phi290\times25$	2×0.55	
HGK20	20	$\phi500\times3500$	$\phi350\times120$	$2\times\phi340\times30$	2×1.1	
HGK40	40	$\phi600\times4200$	$\phi400\times120$	$2\times\phi390\times40$	2×1.5	
HGK60	60	$\phi750\times4800$	$\phi450\times120$	$2\times\phi440\times50$	2×2.2	
HGK80	80	$\phi850\times5000$	$\phi500\times120$	$2\times\phi490\times60$	2×3.0	螺栓分挡调节
HGK100	100	$\phi1000\times5500$	$\phi500\times120$	$2\times\phi490\times70$	2×4.0	
HGK160	160	$\phi1100\times6000$	—	$\phi620\times220$	2×4.5	
HGK250	250	$\phi1200\times7000$	—	$\phi700\times260$	2×5.5	
HGK400	400	$\phi1300\times7500$	—	$\phi800\times320$	2×7.5	
HGK650	650	$\phi1400\times8500$	—	$\phi900\times400$	2×11.0	

（3）焊接滚轮架行业标准　焊接滚轮架的生产执行行业标准 ZBJ 33003，该标准对滚轮架和滚轮形式进行分类，规定了主动轮的圆周速度应满足焊接要求，在 6～60m/h 范围内无级连续调节，速度波动量根据焊接工艺要求控制在 5%～10%。滚轮应转动平稳、均匀，不允许有爬行或步进转动现象。传动机构中的蜗轮副、齿轮副等传动零件应符合 8 级精度要求。还要求焊接滚轮架配备可靠的导电装置，不允许焊接电流经过滚轮架轴承。

7.2.2.5　焊接翻转机

焊接翻转机能实现焊件的翻转或倾斜，其运动特征是工件绕水平轴旋转。在焊接生产中常用的焊接翻转机有单支座式、双支座式、链式、支承环式、推举式等类型，其中双支座式（又叫头尾架式）翻转机用得最广泛，焊接翻转机的基本特征及应用范围见表 7-19。

7.2.2.6　焊接回转台

焊接回转台是使焊件绕垂直轴或倾斜轴回转的焊件变位机械，主要用于回转体工件的焊接、堆焊或切割。用于小型焊件时，焊接回转台常常采用手动调节。当焊件变位机械只能使焊件以焊接速度进行回转，或虽然也可以进行调速回转，但回转轴角度不能调整，这类变位机称为焊接回转台。焊接回转台的技术参数包括承载重量、偏心距、回转速度、允许焊接电流、工作台直径、工作台高度、电动机功率、机体重量等。

表 7-19　典型焊接回转台的技术参数

型号	承载重量 /t	偏心距 /(kg/mm²)	回转速度 /(r/min)	允许焊接电流 /A	工作台直径 /mm	工作台高度 /mm	电动机功率 /kW	机体重量 /t
ZT-0.5	0.5	150	0.02~0.2	1000	φ1000	600	0.6	0.88
ZT-3	3	300	0.02~0.2	2000	φ1500	1000	1.5	2.1
ZT-5	5	300	0.05~1.0	2000	φ1800	1200	2.2	3.5
ZT-10	10	300	0.05~1.5	2000	φ2000	1500	2.2	7.5
ZT-50	50	300	0.03~0.3	2000	φ2500	1800	5.5	38

7.2.2.7　焊接操作机

焊接操作机是能够使焊接机头准确到达并保持在焊接位置，或以选择的焊接速度、按照一定的轨迹移动焊接机头的焊接辅助机械。主要用于调节各种焊机机头在作业空间中的位置，以获得焊机机头的最佳焊接位置。

（1）焊接操作机的类型　焊接操作机的分类方法很多，根据焊接操作机立柱可否移动分为立柱固定式焊接操作机与立柱可移式焊接操作机，根据焊接操作机横臂外伸长度可否调节分为横臂固定式焊接操作机与横臂可调式焊接操作机，根据焊接操作机横臂能否绕立柱回转分为可回转式焊接操作机与不可回转式焊接操作机，根据焊接操作机结构形式分为平台式焊接操作机、伸缩臂式焊接操作机和门式焊接操作机。

平台式焊接操作机的焊接机头或自动焊小车安置在操作平台上，操作平台在立架上可以依附齿条升降移动，立架连接固定在台车上，平台式焊接操作机的作业范围较大，以适应不同直径筒体的外环缝、外纵缝的焊接，焊工和辅助工人也可在平台上操作，工作时立柱不能回转，只能随台车移动。平台式焊接操作机又分为单轨台车式焊接操作机和双轨式台车焊接操作机，单轨台车式的另一轨道一般设置在厂房立柱上，车间内桥式起重机移动时，往往引起平台振动，从而影响焊接过程的正常进行。

伸缩臂式焊接操作机的焊接机头或焊接小车安装在伸缩臂的一端，伸缩臂安装在滑鞍上，可沿滑鞍伸缩移动。滑鞍安装在立柱上，可沿立柱升降移动，立柱有的直接固定在底座上，有的虽然安装在底座上，但可通过手动或机械方式进行回转运动。有的立柱还通过底座安装在台车上，台车可沿轨道行驶。伸缩臂式操作机机动性好、作业范围大，与其他焊接辅助机械配合，可进行回转体焊件内外环缝、内外纵缝、螺旋焊缝的焊接以及内外表面堆焊，还可完成焊件上横焊缝、斜焊缝等空间线性焊缝的焊接，是应用最多的焊接操作机。伸缩臂式操作机不仅用于焊接，而且在伸缩臂前端安装相应的作业设备后，还可进行修磨、切割、喷漆、探伤等方面的施工作业，用途非常广泛。

为了扩大焊接机器人的作业空间，将焊接机器人安装在重型焊接操作机伸缩臂的前端，用来焊接大型结构。另外，伸缩臂式焊接操作机的发展演变成为直角坐标式的工业机器人或焊接加工中心，后者在运动精度、自动化程度等方面都比其他焊接操作机具有更优良的性能。

常见的门式焊接操作机有两种结构形式：一种将焊接机头安装在沿门架可升降的工作台上，并沿平台上的轨道横向移动；另一种将焊接机头安装在一套升降装置上，该装置安装在移动小车上，小车沿横梁上轨道移动。

门式焊接操作机的门架跨越整个焊件，焊件置于门式焊接操作机的横梁下面，它与焊接滚轮架配合可以完成容器纵缝和环缝的焊接，门架的立柱可沿地面轨道行走，由单侧或双侧电动机通过传动带驱动门架驱动轮运行，横梁由另一台电动机带动螺杆传动进行升降动作。

为了扩大焊接机器人的作业空间，满足大型焊接结构焊接精度要求，也常将焊接机器人倒置固定在门架式焊接操作机工作平台上，焊接机器人即可进行三维空间焊接作业，增强了焊接机器人的灵活性、适应性和机动性，提高了焊接机器人的使用效率。

除了弧焊机器人使用的门式操作机结构尺寸相对较小外，其他门式操作机的结构都很庞大，门架式焊接操作机几何尺寸大，占用车间面积大，一般同时安装两台或多台焊接设备，主要用于批量生产的焊接生产，完成板材的大面积拼接、大型金属结构平行焊缝焊接及筒体外环缝的焊接，在大型金属结构厂和造船厂应用普遍。

(2) 伸缩臂式焊接操作机的工作原理 以常用伸缩臂式焊接操作机为例介绍焊接操作机的工作原理，伸缩臂式焊接操作机的工作系统包括立柱、伸缩臂、底座、台车、滑鞍、连接滑板、焊丝托架等部分，焊接电源布置在台车上，亦可根据用户需要设置焊剂回收装置等。主要的机械运动形式有台车沿地轨前后移动；立柱通过回转减速机、回转齿轮可实现圆周旋转；工作平台、伸缩臂、滑鞍、托架板等沿立柱升降移动；伸缩臂沿水平方向进行伸缩移动，以上移动方式可以使焊接机头较为准确地移到需要焊接的空间位置。焊接机头固定与伸缩臂前端的连接滑板上，连接滑板可以微调焊接过程中焊接机头的移动。

焊接操作机升降系统的传动形式多采用无级调速或分为快慢等挡位调速，伸缩臂的升降速度为 0.5～2m/min，焊接操作机升降系统的传动形式见表 7-20。焊接操作机升降系统采用恒速升降形式，多使用交流电动机驱动，如果采用变速驱动形式，多使用直流电动机驱动。近年来伸缩臂式焊接操作机也采用交流变频驱动或直流、交流伺服电动机驱动。在焊接操作机升降行程两端的极限位置，应安装行程限位开关。除螺旋传动外，在滑鞍与立柱的接触处应设有提升系统防坠落装置，该装置有两种类型：一种是偏心圆或凸轮式，一种是楔块式。此外大型焊接操作机应有重力平衡装置，常用配重平衡提升系统的自重。

表 7-20　焊接操作机升降系统的传动形式

传动形式	驱动机构	性能及适用范围	备　注
链传动	电动机驱动链轮，通过链条使伸缩臂升降，小型焊接操作机采用单列链条，大型焊接操作机的采用多列链条	制造成本低，运行稳定可靠，但传动精度不如螺旋和齿条传动，在伸缩臂式操作机上广泛采用	链条一端设有平衡重物，恒速升降
螺旋传动	电动机通过丝杠驱动螺母运动，以带动伸缩臂升降，小型焊接操作机如果起升高度不大时，也可手动操作	运行平稳，传动精度高，多用于起升高度不大的各种焊接操作机	丝杆下端多为悬垂状态，恒速或变速升降
齿条传动	电动机与驱动齿轮均安装在伸缩臂的滑鞍上，齿轮与固定在立柱上的齿条相啮合，从而带动伸缩臂升降，小型焊接操作机采用单列齿条，大型焊接操作机采用双列齿条	运行平稳可靠，传动精度最高，制造费用大，多用于传动精度要求较高的伸缩臂式焊接操作机	恒速或变速升降
钢索传动	电动机驱动钢索卷筒，卷筒上缠绕着钢丝绳，钢丝绳的一端通过滑轮导绕系统与伸缩臂相连，带动其升降	运行稳定性和传动精度低于以上各种传动形式，适用于较大升降高度的传动，多用于要求较低的平台式焊接操作机，生产费用最低	恒速升降

焊接操作机伸缩臂的进给运动多为直流电动机驱动，也有使用直流或交流伺服电动机驱动的。由于焊接纵缝时，伸缩臂要保持稳定的焊接速度，所以伸缩臂的进给运动要平稳，进给速度的波动要小于5%，进给速度范围要满足所需焊接速度的极限要求（一般为 6～90m/h），并且保持均匀可调。有些焊接操作机还有非焊接时的快速回程设计，回程速度可达 180～240m/h，以提高生产效率。为了保证到位精度和运行安全，在传动系统中设有制动和行程保护装置。焊接操作机伸缩臂进给系统的传动形式见表 7-21。

焊接操作机立柱的回转运动分为手动和恒速电动两种形式，手动回转多用于小型焊接操作机，恒速电动回转多用于大型或中型焊接操作机。回转速度一般为 0.35～0.75r/min，在回转系统中还设有手动或气动锁紧装置。伸缩臂的回转依附于立柱自身的转动来实现的，在立柱底部直接手动回转或通过电动机驱动齿圈回转，而齿圈安装在推力轴承上，保证了立柱的灵活转动。

表 7-21　焊接操作机伸缩臂进给系统的传动形式

传动形式	驱动机构	性能
摩擦传动	电动机减速后，驱动胶轮或钢轮借助其与伸缩臂的摩擦力，带动伸缩臂运动	运动平稳、速度均匀，超载时能起到安全保护作用。但在高速进给时，制动性能差，位置控制精度低
齿条传动	电动机减速后，通过齿轮驱动固定在伸缩臂上的齿条，带动伸缩臂进给	运动平稳、速度均匀、传动精确，是采用最多的传动形式，制造费用较高
链传动	电动机减速后，通过链轮驱动展开在伸缩臂上的链条，带动伸缩臂进给	运动平稳性不如前两者，但仍能满足工艺需求，制造费用较低

焊接操作机的台车运行多采用电动机恒速驱动，行进速度一般在 $120\sim360\mathrm{m/h}$ 之间。通常门式焊接操作机行进速度较慢，平台式焊接操作机的行进速度较快。传动系统中均有制动装置，台车与轨道之间设有夹轨器。门式焊接操作机采用双边驱动方式，应有同步保护装置。单速行进的台车多采用交流电动机驱动。变速行进的台车现在多采用交流变频驱动。

（3）焊接操作机的技术参数　主要有横臂升降有效行程、横臂伸缩有效行程、适用筒体直径、立柱回转角度、横臂升降速度、横臂伸缩速度、立柱回转速度、横臂承受载荷、台车进退速度、台车轨道距离等。典型焊接操作机的技术参数见表 7-22，其中横臂升降速度为 $1\mathrm{m/min}$，横臂伸缩速度为 $0.12\sim1.5\mathrm{m/min}$，立柱回转速度为 $0.2\mathrm{r/min}$，台车进退速度 $3\mathrm{m/min}$。

表 7-22　典型焊接操作机的技术参数

类型	规格 /m×m	横臂升降有效行程/m	横臂伸缩有效行程/m	适用焊件范围 直径/mm×mm	立柱回转角度	台车轨道距离/m	横臂承受载荷/kg
重型	5×6	5	6	φ1000×5000	±180°	2	400
	4×5	4	5	φ1000×4000	±180°	2	300
中型	3.5×5	3.5	5	φ700×3500	±180°	1.73	300
	3×4	3	4	φ700×3000	±180°	1.73	200
轻型	2×2	2	2	φ500×2000	±360°	1	100

门式焊接操作机的门架设计多采用桁架结构或箱型梁结构，平台式焊接操作机的设计多采用桁架结构，伸缩臂式焊接操作机的立柱主要采用大直径钢管或箱型梁结构，是主要承载构件，要具有很好的刚性和稳定性，因此，大型伸缩臂式焊接操作机采用双立柱结构。焊接结构的立柱应在切加工前进行焊后消应力处理。

伸缩臂设计要有较好的刚性和加工精度要求，并应减轻重量，伸缩臂在行进过程中，不产生抖动，伸缩臂全部伸出时，前端下挠尺寸应小于 $2\mathrm{mm}$，因此多采用薄板箱型梁结构。

（4）焊接操作机的选择　焊接操作机虽有多种结构形式，但实际生产中，伸缩臂式焊接操作机应用最为广泛。机械行业标准 JB/T 6965 将伸缩臂式焊接操作机细分为立柱横臂固定式、立柱固定横臂可调式、立柱可移横臂固定式、立柱可移横臂可调式四种类型，还要求焊接过程采用横臂移动或焊接机头移动时，均应实现无级调速，且在网路电压波动 $\pm10\%$ 时，焊接速度的波动值不超过 $\pm3\%$。横臂的回转应能控制回转角度，并有角度指示标志。横臂升降、伸缩、回转及立柱移动等均应有锁紧装置定位，横臂外伸量最大时，端部水平摆动量不大于 $\pm0.5\mathrm{mm}$，承载后端部垂直摆动量不大于 $2\mathrm{mm}$，否则焊接机头应添加高度跟踪装置。

选择焊接操作机时，应尽量采用通用标准型号，同时应注意以下问题。

① 焊接操作机的作业空间，应满足焊接生产的实际需要。

② 选择伸缩臂式焊接操作机，不仅考虑横臂的升降和伸缩运动，还需要考虑立柱回转和台车行走等生产条件情况。

③ 根据生产需要提出焊接操作机可以搭载的其他多种作业设备要求，例如，除可安装埋弧焊机头外，还可安装窄间隙、气体保护焊、碳弧气刨、打磨等作业设备。

④ 如果采用焊接操作机与其他焊接辅助机械联合动作时，应对焊接操作机提出相应的到位精度要求。焊接操作机上应保留与其他设备连接的电气接口。

⑤ 用于焊接小筒径内环缝、内纵缝的焊接操作机，因属盲焊作业，要有外界监控装置。

⑥ 焊接操作机伸缩臂运动的平稳性及横臂最大伸出时端部下挠量是评价焊接操作机性能的主要指标，选购时应予以特别重视。

7.2.2.8　焊工升降机

焊工升降机是将焊工及其施焊器材升降到合适的高度，便于焊接作业的机械装置，主要用于大型焊件焊接生产，也可用于装配及其他高空作业场所。焊工升降机的结构形式有肘臂式管结构焊工升降机、套筒式焊工升降机、铰链式焊工升降机等类型。

焊工升降机多采用手工油泵为动力，其操作系统一般有两套：一套用于地面操作控制，粗调升降高度；另一套在焊接工作台上进行升降高度的细微调整。焊工升降机的承载重量一般为 $250 \sim 500 kg$，工作台最低高度为 $1.2 \sim 1.7 m$，最大高度为 $4 \sim 8 m$，工作台有效工作面积为 $1 \sim 3 m^2$。焊工升降机的底座下方安装有走轮，可移动前进，工作时利用撑脚支撑。焊工升降机应具有较好的刚性和稳定性，在最大载荷时，工作台位于作业空间的任何位置，焊工升降机都不应发生颤动和整体倾覆。

思 考 题

1. 焊接车间设计前期准备的主要内容是什么？
2. 焊接车间如何做到合理布置？
3. 简述焊接车间的基本组成？
4. 如何选择生产厂房的主要技术参数？
5. 焊接设备的选用原则是什么？
6. 什么叫焊接辅机，它有哪些种类？
7. 设计焊接辅助机械的基本要求的是什么？

第8章　典型产品的焊接生产

8.1　起重机焊接生产

8.1.1　起重机的类型

起重机械是用于物料起吊、运输、装卸和安装等作业的机械设备。GB 6974.1将起重机械定义为：以间歇、重复工作方式，通过起重吊钩或其他吊具起升、下降，或升降与运移重物的机械设备。

起重机的分类方法很多，常见的起重机分类方法如下。

8.1.1.1　根据起重机用途分类

根据起重机用途分为通用起重机、专用起重机，常见的通用起重机包括普通桥式起重机、门式起重机、汽车起重机等，常见的专用起重机包括用于冶金生产服务的加料起重机、铸造起重机、耙式起重机、连铸板坯起重机和锻造起重机等；用于铁路桥梁架设的架桥机、提梁机；用于核电站的环行起重机等。

8.1.1.2　根据起重机结构形式分类

根据起重机结构形式分为桥架式起重机、缆索式起重机、臂架式起重机等。

8.1.1.3　根据起重机取物装置分类

根据起重机取物装置分为吊钩起重机、抓斗起重机、电磁起重机、堆料起重机、集装箱起重机等。

8.1.1.4　根据起重机使用场所分类

根据起重机使用场所分为车间起重机、机器房起重机、仓库起重机、储料场起重机、建筑工程起重机、港口起重机、造船起重机、水电站坝顶起重机、船载起重机。

8.1.1.5　起重机的基本参数

起重机属于国家技术监督局监检的特种设备，对制造质量、使用安全性能有较高的要求。起重机的基本参数包括起重量、跨度、起升高度、轨距、幅度、各机构工作速度、工作级别、轮压等，这些参数是起重机设计的依据，与焊接生产要求密切相关。

8.1.2　桥架式起重机焊接结构件的主要技术要求

8.1.2.1　起重机焊接生产执行的技术标准

起重机焊接生产执行的技术标准主要涉及起重机焊接结构设计、材料、焊接材料、焊接工艺、无损探伤检测、涂装等内容，常用起重机焊接生产的技术标准见表8-1。

8.1.2.2　常用的碳素结构钢和低合金高强度结构钢

8.1.2.2.1　常用的碳素结构钢

碳素结构钢是目前应用最广泛、使用量最大的钢材种类，在焊接生产中大量使用。碳素结构钢具有良好的轧制、焊接、切削加工性能，供货状态多采用钢板和型钢形式。碳素结构钢技术条件执行GB/T 700《碳素结构钢》，过去称作普通碳素结构钢。碳素结构钢的化学成分见表8-2，碳素结构钢的力学性能见表8-3。

表 8-1 常用起重机焊接生产的技术标准

主要内容	技 术 标 准
焊接结构设计	GB/T 3811《起重机设计规范》
材料	GB/T 700《碳素结构钢》； GB/T 1591《低合金高强度结构钢技术条件》
焊接材料	GB/T 5117《碳钢焊条》； GB/T 5118《低合金钢焊条》； GB/T 8110《气体保护电弧焊用碳钢、低合金钢焊丝》； GB/T 10045《碳钢药芯焊丝》； GB/T 14957《熔化焊用钢丝》； GB/T 5293《埋弧焊用碳钢焊丝和焊剂》； GB/T 12147《埋弧焊用低合金钢焊丝和焊剂》
焊接工艺	GB/T 985.1《气焊、焊条电弧焊、气体保护焊和高能束焊的推荐坡口》； GB/T 985.2《埋弧焊的推荐坡口》； JB/T 5000.2《重型机械通用技术条件 火焰切割件》； JB/T 5000.3《重型机械通用技术条件 焊接件》
无损探伤检测	GB/T 3323《钢熔化焊对接接头射线照相和质量分级》； GB/T 11345《钢焊缝手工超声波探伤方法和探伤结果分级》； JB/T 6061《焊缝磁粉检验方法和缺陷磁痕的分级》； JB/T 6062《焊缝渗透检验方法和缺陷痕迹的分级》； GB 6417《金属熔化焊焊缝缺陷分类及说明》
涂装	JB/T 5000.12《重型机械通用技术条件 涂装》

表 8-2 碳素结构钢的化学成分　　　　　单位：(质量分数)%

牌号	等级	C	Mn	Si	S	P	脱氧方式
Q195	—	0.06~0.12	0.25~0.50	≤0.30	≤0.050	≤0.045	F、b、Z
Q215	A	0.09~0.15	0.25~0.55	≤0.30	≤0.050	≤0.045	F、b、Z
	B	0.09~0.15	0.25~0.55	≤0.30	≤0.045	≤0.045	
Q235	A	0.14~0.22	0.30~0.65	≤0.30	≤0.050	≤0.045	F、b、Z
	B	0.12~0.20	0.30~0.70	≤0.30	≤0.045	≤0.045	
	C	≤0.18	0.35~0.80	≤0.30	≤0.040	≤0.040	Z
	D	≤0.17	0.35~0.80	≤0.30	≤0.035	≤0.035	TZ
Q255	A	0.18~0.28	0.40~0.70	≤0.30	≤0.050	≤0.045	F、b、Z
	B	0.18~0.28	0.40~0.70	≤0.30	≤0.045	≤0.045	
Q275	—	0.28~0.38	0.50~0.80	≤0.35	≤0.050	≤0.045	b、Z

注：钢中残余元素 Cr、Ni、Cu 含量应各不大于 0.30%。

F 表示沸腾钢，b 表示半镇静钢，Z 表示镇静钢，TZ 表示特殊镇静钢。

表 8-3 碳素结构钢的力学性能

牌 号	等 级	R_m/MPa	R_{eL}/MPa	A/%	A_{kv}/J
Q195	—	315~430	≥195	≥33	不要求
Q215	A	335~450	≥215	≥31	不要求
	B				20℃时 ≥27
Q235	A	375~500	≥235	≥26	不要求
	B				20℃时 ≥27
	C				0℃时≥ 27
	D				−20℃时 ≥27
Q255	A	410~550	≥255	≥24	不要求
	B				20℃时 ≥27
Q275	—	490~630	≥275	≥20	不要求

注：钢材厚度≤16mm。

8.1.2.2.2　常用的低合金高强度结构钢

低合金高强度结构钢是焊接生产中使用较多的钢材种类，质量要求较高，通常加入一些合金元素，进行相应的热处理，供货状态多采用钢板形式。低合金高强度结构钢技术条件执行 GB/T 1591《低合金高强度结构钢技术条件》。低合金高强度结构钢的化学成分见表 8-4，低合金高强度结构钢的力学性能见表 8-5。

表 8-4　低合金高强度结构钢的化学成分　　　　单位：（质量分数)%

牌号	等级	C	Mn	Si	S	P	其他元素
Q295	A	≤0.16	0.80～1.50	≤0.55	≤0.045	≤0.045	V 0.02～0.15, Ti 0.02～0.20, Nb 0.015～0.060
	B	≤0.16	0.80～1.50	≤0.55	≤0.040	≤0.040	
Q345	A	≤0.20	1.00～1.60	≤0.55	≤0.045	≤0.045	V 0.02～0.15, Ti 0.02～0.20, Nb 0.015～0.060
	B	≤0.20	1.00～1.60	≤0.55	≤0.040	≤0.040	
	C	≤0.20	1.00～1.60	≤0.55	≤0.035	≤0.035	V 0.02～0.15, Ti 0.02～0.20, Nb 0.015～0.060, Al≥0.015
	D	≤0.18	1.00～1.60	≤0.55	≤0.030	≤0.030	
	E	≤0.18	1.00～1.60	≤0.55	≤0.025	≤0.025	
Q390	A	≤0.20	1.00～1.60	≤0.55	≤0.045	≤0.045	V 0.02～0.20, Nb 0.015～0.060, Ti 0.02～0.20, Cr≤0.30, Ni≤0.70
	B	≤0.20	1.00～1.60	≤0.55	≤0.040	≤0.040	
	C	≤0.20	1.00～1.60	≤0.55	≤0.035	≤0.035	V 0.02～0.20, Nb 0.015～0.060, Ti 0.02～0.20, Al≥0.015, Cr≤0.30, Ni≤0.70
	D	≤0.20	1.00～1.60	≤0.55	≤0.030	≤0.030	
	E	≤0.20	1.00～1.60	≤0.55	≤0.025	≤0.025	
Q420	C	≤0.20	1.00～1.70	≤0.55	≤0.035	≤0.035	V 0.02～0.20, Nb 0.015～0.060, Ti 0.02～0.20, Al≥0.015, Cr≤0.40, Ni≤0.70
	D	≤0.20	1.00～1.70	≤0.55	≤0.030	≤0.030	
	E	≤0.20	1.00～1.70	≤0.55	≤0.025	≤0.025	
Q460	C	≤0.20	1.00～1.70	≤0.55	≤0.035	≤0.035	V 0.02～0.20, Nb 0.015～0.060, Ti 0.02～0.20, Al≥0.015, Cr≤0.70, Ni≤0.70
	D	≤0.20	1.00～1.70	≤0.55	≤0.030	≤0.030	
	E	≤0.20	1.00～1.70	≤0.55	≤0.025	≤0.025	

表 8-5　低合金高强度结构钢的力学性能

牌　号	等　级	R_m/MPa	R_{eL}/MPa	A/%	A_{kv}/J
Q295	A	390～570	≥295	≥23	不要求
	B				20℃时　≥34
Q345	A	470～630	≥345	≥21	不要求
	B				20℃时　≥34
	C				0℃时　≥34
	D			≥22	-20℃时　≥34
	E				-40℃时　≥27
Q390	A	490～650	≥390	≥19	不要求
	B				20℃时　≥34
	C				0℃时　≥34
	D			≥20	-20℃时　≥34
	E				-40℃时　≥27
Q420	A	520～680	≥420	≥18	不要求
	B				20℃时　≥27
	C				0℃时　≥34
	D			≥19	-20℃时　≥34
	E				-40℃时　≥27
Q460	C	550～720	≥460	≥17	0℃时　≥34
	D				-20℃时　≥34
	E				-40℃时　≥27

注：钢材厚度≤16mm。

8.1.2.3　桥架式起重机焊接生产的主要尺寸参数要求

(1) 桥架式起重机主梁垂直静挠度要求　桥架式起重机主梁垂直静挠度是由于起重量和小车自重引起的垂直方向静态变形，与桥架式起重机跨度（S）和起重机工作级别有关。跨度（S）是指起重机支承中心线之间的水平距离。当起重机工作级别为 A1～A3 时，主梁垂直静挠度≤$S/700$；当起重机工作级别为 A4～A6 时，主梁垂直静挠度≤$S/800$；当起重机工作级别为 A7～A8 时，主梁垂直静挠度≤$S/1000$。

(2) 桥架式起重机主梁上拱度要求　桥架式起重机主梁在承载小车轮压作用下产生变形，使小车运行轨道产生坡度。坡度过大会增加小车运行阻力，甚至在制动时会产生滑动现象。通常应在主梁上预制一定的上拱，理想的上拱度应该是满载小车运行至任何位置时都没有坡度阻力，即满载小车在主梁上运行的轨迹是一条水平直线。制造标准要求，跨中上拱度（f_m）应为（$0.9/1000～1.4/1000$）S，且最大上拱度应控制在跨中 $1/10$ 的范围内。

(3) 桥架式起重机主梁水平方向的尺寸公差要求　桥架式起重机主梁焊接生产完成后，会在水平方向产生一定的弯曲变形，对于轨道居中的正轨箱形梁及半偏轨箱形梁，其水平方向的弯曲尺寸要求≤$S_L/2000$，S_L 为主梁两端始于第一块大筋板的实测长度。

桥架式起重机箱形梁及单腹板梁上翼缘板水平偏斜值（C）≤$B/200$，其中 B 为上翼缘板宽度（mm），测量位置选择在大筋板部位。

桥架式起重机桁架杆件的直线度≤$0.0015a$，其中 a 为杆件的长度（mm）。

桥架式起重机主梁和端梁焊接连接的桥架对角线差（$|S_1-S_2|$）≤5mm，测量位置选择在安装车轮的基准点。

(4) 桥架式起重机主梁腹板的尺寸公差要求　桥架式起重机主梁腹板的局部平面度，采用以 1m 平尺检测，距离上翼缘板 $H/3$ 以内区域≤0.7δ；其余区域≤1.2δ，其中 δ 为腹板厚度（mm），H 为腹板高度（mm）。

桥架式起重机箱形梁腹板的垂直偏斜值（h）≤$H/200$，单腹板梁及桁架的垂直偏斜值（h）≤$H/300$，测量位置选择在大筋板或节点部位。

(5) 桥架式起重机小车轨道的尺寸公差要求　桥架式起重机跨度较大，多采用轨道对接焊缝，将分段轨道焊接成一根整体轨道，再采用机械压紧方式固定在主梁上翼缘板上。如果小车轨道采用分段机械压紧方式时，相邻轨道头部高低差≤1mm；轨道端面间隙≤2mm；轨道头部侧向错位≤1mm。正轨箱形梁及半偏轨箱形梁，轨道接缝应设置在筋板上，允许偏差≤15mm。两端最短一段轨道长度应≤1.5m，并在端部加挡块。

偏轨箱形梁、单腹板梁及桁架梁的小车轨道中心，与承轨梁腹板中心线的偏移值（g）要求：

当 δ≥12mm 时，g≤$\delta/2$；

当 δ<12mm 时，g≤6mm。

两个主梁同一截面上，两根小车轨道的高低差（Δh）要求应符合：

K≤2m 时，Δh≤3mm；

2m<K<6.6m 时，Δh≤$0.0015K$；

K≥6m 时，Δh≤10mm。其中 K 为小车轨距。

两根小车轨道顶部形成的局部平面度（Δh_t）要求：h_t≤$0.001K$ 或 h_t≤$0.001W_c$ 中的较小值，其中 W_c 为小车基距。

小车轨道的侧向直线度偏差（b）要求应符合：每 2m 长度内，b≤1mm，且在轨道全长范围内，当 S≤10m 时，b≤6mm；当 S>10m 时，b≤$6+0.2(S-10)$，b_{max}=10mm。

8.1.3　起重机焊接生产流程

起重机主要由焊接结构件、起升和远行机构、电气控制和动力系统等组成，其中焊接结构件重量约占整机重量的40%～70%。起重机焊接结构件生产工艺流程见图8-1。

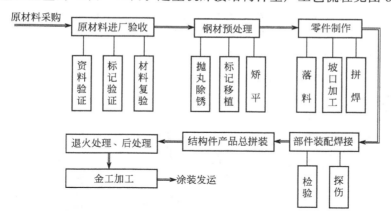

图 8-1　起重机焊接结构件生产工艺流程

8.1.3.1　原材料进厂检验

焊接生产使用的原材料应具有符合现行国家标准或设计、工艺特殊要求的材质合格证明，并根据相关要求进行原材料的理化性能复验。

8.1.3.2　钢材预处理

所有起重机产品用钢材进入生产车间落料前，必须经过抛丸预处理，抛丸预处理后的钢材表面质量为$Sa2.5$级，并根据使用要求喷涂底漆。钢板须经平板机校平，型钢经型钢校直机校直。

8.1.3.3　焊接零件的制作

（1）焊接零件的落料　焊接零件的落料通常有几种方法，如火焰切割（数控切割、半自动切割、手工切割），锯断，剪断，冲裁等，一般情况下中厚板落料采用火焰切割；薄板（板厚小于6mm）采用剪断、冲裁方法；工字钢、槽钢、角钢等型钢采用锯断的方法。

（2）焊接零件的坡口制作　焊接零件的坡口制作可以采用切削加工（刨床、铣床、车床等），或采用火焰切割方法制作。

（3）大型焊接零件的拼接　大型起重机焊接结构件的零件尺寸比较大，超出了普通钢材供货的标准尺寸，因此，大尺寸的焊接零件在进入部件装焊前必须先进行拼接工序。如起重机主梁的翼缘板、腹板及小车道轨等。通常中厚板焊缝较长时，拼接焊缝采用自动埋弧焊方法，其他拼接焊缝采用气体保护焊或者焊条电弧焊方法。

8.1.3.4　焊接部件的装配焊接

焊接部件装配依据设计图样，严格执行装配焊接工艺中的装配程序、装配方案以及有关标准进行。关键零部件及关键工序要执行专用装配焊接工艺及作业指导书，一般零部件执行通用装配焊接工艺。

8.1.3.5　焊接质量检查

焊接检查人员根据设计图样、焊接工艺以及有关标准要求进行过程和焊后检测。除设计图样、焊接工艺规定的质量要求外，一般应进行焊接结构件焊缝外观质量检查，对接焊缝符合标准JB/T5000.3BS级的规定，角焊缝符合JB/T 5000.3 BK级的规定。

8.1.4 桥式起重机主梁焊接生产实例

额定起重量150t、跨度（S）34m的吊钩式桥式起重机焊接结构件主要由两件主梁、两件端梁及行走平台、栏杆等部分组成。主梁是桥式起重机中最重要的承载主体结构，一般采用箱形结构形式，主梁焊接结构示意见图8-2，该主梁采用偏轨箱形梁结构，承轨部位由T型钢和主腹板钢板拼接制成，小车轨道安装在主腹板上方，这种结构形式具有很好的承载能力。主梁焊接结构的材质为Q345B，具有良好的焊接加工性能。

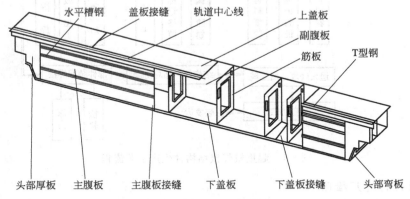

图 8-2 主梁焊接结构示意

8.1.4.1 主梁尺寸精度要求

按标准GB/T 14405《通用桥式起重机》要求计算，该主梁上拱度（f_m）为30.6～47.6mm；主腹板局部平面度≤8.4mm（$H/3$区域），≤14.4mm（其余区域）；副腹板局部平面度≤7mm（$H/3$区域），≤12mm（其余区域）；上翼缘板水平偏斜值（C）≤9.3mm；腹板垂直偏斜值（h）≤13mm。

8.1.4.2 零件的落料工序

主梁的主腹板、副腹板、上翼缘板和下翼缘板长度比较长，因此这些零件的下料采用火焰半自动气割机切割，角钢、槽钢、工字钢等型钢采用锯床下料，其余大筋板等零件采用火焰数控切割机下料。零件下料尺寸和形状公差除达到设计图样和备料工艺技术要求外，应符合JB/T 5000.3《重型机械通用技术条件　焊接件》相关要求。

8.1.4.3 零件的拼接工序

主梁焊接生产中，超长、超宽的零件应在部件装配前，进行拼接工序，达到零件需要的尺寸。

拼接零件最小宽度≥500mm，相邻的宽度方向对接焊缝（平行位置）之间要错开300mm以上，避免出现十字焊缝。上翼缘板、下翼缘板、主腹板、副腹板、T型钢拼接工序的对接焊缝，在长度方向的布置要相互错开，不允许在主梁的同一截面上，并且应该与主梁的大筋板位置错开，此项要求应在制订零件备料工艺和装配焊接工艺时，应加以关注。

所有拼接工序的对接焊缝超声波探伤应符合GB/T 11345中的Ⅰ级或者符合GB/T 3323中的Ⅱ级要求。

（1）上翼缘板、下翼缘板的拼接工艺　在专用装配平台上装配零件，上翼缘板、下翼缘板拼接工艺示意见图8-3，图中括号内尺寸为下翼缘板的零件尺寸。对接焊缝焊接坡口采用边缘刨床切削加工制作，装配、定位焊后对接焊缝的钢板错边量≤1mm，工艺余量（$\Delta L = S/1000+60$mm）为94mm。

对接焊缝的坡口形式见图 8-3，选择带钝边单面 V 形坡口，采用自动埋弧焊焊接方法，焊接材料及焊接规范参数见表 8-6，对接焊缝两端施焊前装点引弧板和收弧板，焊接顺序为先焊接宽度方向对接焊缝 (a)，焊缝经探伤检查合格后，再焊接长度方向对接焊缝 (b)。

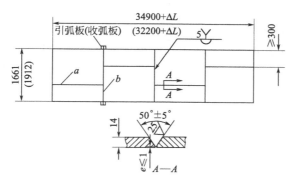

图 8-3　上翼缘板、下翼缘板拼接工艺示意

表 8-6　焊接材料及焊接规范参数

焊接方法	焊接材料	焊接规范			备注
		电流/A	电压/V	焊接速度 /(cm/min)	
自动埋弧焊	焊丝：H08MnA 焊剂：HJ431	正面：500~550 反面：550~600	30~34	30~42	上、下翼缘板拼接
自动埋弧焊	焊丝：H08MnA 焊剂：HJ431	正面：520~560 反面：580~620	32~36	30~42	主、副腹板拼接
气体保护焊	焊丝：ER50-6 气体：80%Ar+20%CO$_2$	封底：150~160 填充：260~300	20~23 26~30	—	T 型钢拼接
自动埋弧焊	焊丝：H08MnA 焊剂：HJ431	封底：480~500 填充：580~600	32~36	30~42	主梁外侧腹板与翼缘板焊缝
气体保护焊	焊丝：ER50-6 气体：80%Ar+20%CO$_2$	封底：200~250 填充：260~300	24~26 28~34	—	其余角焊缝

（2）主腹板、副腹板的拼接工艺　在专用装配平台上装配零件，主腹板、副腹板拼接工艺示意见图 8-4，图中括号内尺寸为副腹板的零件尺寸。对接焊缝焊接坡口采用边缘刨床加工制作，装配、定位焊后对接焊缝的钢板错边量≤1mm，工艺余量（$\Delta L=S/1000+70mm$）为 104mm。

对接焊缝的坡口形式见图 8-4，选择 I 型坡口，采用双面埋弧自动焊焊接方法，焊接材料及焊接规范参数见表 8-6，对接焊缝两端施焊前装点引弧板和收弧板，焊接顺序为先焊接宽度方向对接焊缝 (a)，焊缝经探伤检查合格后，再焊接长度方向对接焊缝 (b)。

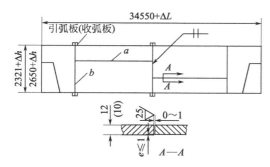

图 8-4　主腹板、副腹板拼接工艺示意图

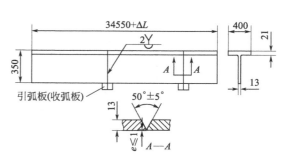

图 8-5　T 型钢对接工艺示意

（3）T型钢的拼接工艺　T型钢对接工艺示意见图8-5，对接焊缝焊接坡口选择单面V形坡口，采用火焰切割制作，并用角向磨光机打磨，去掉火焰切割的氧化层。采用富氩混合气体保护焊方法，保护气体为80%Ar+20%CO_2，焊接材料及焊接规范参数见表8-6。

8.1.4.4　主梁的装配焊接生产

在主梁的装配焊接生产前，完成了上翼缘板、下翼缘板、主腹板、副腹板、T型钢拼接工序及对接焊缝的无损探伤检测；主腹板、副腹板的上拱度预制；装配拼接等操作，大筋板组件示意见图8-6(c)。

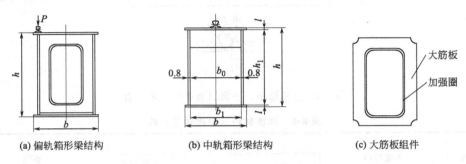

(a) 偏轨箱形梁结构　　　　(b) 中轨箱形梁结构　　　　(c) 大筋板组件

图8-6　主梁结构截面及大筋板组件示意

当主梁采用偏轨箱形梁结构时，偏轨箱形梁结构示意见图8-6(a)，主腹板与T型钢拼接组件是承载的关键部位，装配焊接质量要求较高。因此，装配是以主腹板与T型钢组件为装配基准，主梁的装配姿态与起重机主梁工作时的姿态比较，翻转90°，呈现侧卧形式，所以称这种偏轨箱形梁结构的主梁装配方法为"躺装法"。

当主梁采用中轨箱形梁结构时，中轨箱形梁结构示意见图8-6(b)，装配也采用上翼缘板为装配基准，主梁上翼缘板在下侧，而下翼缘板在上侧，主梁装配姿态与起重机主梁工作姿态比较，翻转180°，呈现倒置形式，所以也称中轨箱形梁结构主梁装配方法为"倒装法"。

（1）主梁上拱度的预制　根据主梁上拱度要求，主梁装配前，首先在主腹板、副腹板上预制上拱，依据设计图样及主梁自重等相关因素计算确定上拱度曲线，常见的上拱度曲线有二次抛物线、正弦曲线、四次函数曲线等类型，并采用大筋板位置节点法，确定每个大筋板位置的上拱值，并进行连接，以多折线代替上拱度曲线，实现主梁上拱度的预制。

实际生产中，根据焊接工艺计算的预制上拱值，在腹板上整体放样划出主梁预制上拱度曲线的下料切割线，采用半自动切割的方法进行二次火焰切割下料。该主梁上拱度曲线见图8-7，大筋板位置的上拱值计算结果见表8-7。

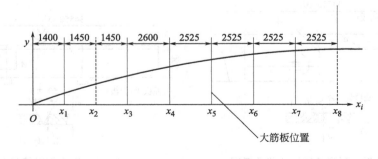

图8-7　主梁上拱度曲线

表 8-7　大筋板位置的上拱值计算结果　　　　　　　单位：mm

上拱值	y_0	y_1	y_2	y_3	y_4	y_5	y_6	y_7	y_8
主腹板	0	7.5	15	22	34.5	44	52	56	58
副腹板	0	7	14	20	31.5	40.5	51.5	51.5	53

（2）装配焊接主腹板与 T 型钢　在专用装配平台上，以主腹板上拱度曲线为装配基准，主腹板与 T 型钢长度方向中心线找正对中，装配、定位 T 型钢，并采用埋弧自动焊方法进行对接焊缝的焊接，采用无损探伤方法检测主腹板与 T 型钢焊接组件的对接焊缝质量。焊后复检上拱度。

（3）装配主筋板组件及水平槽钢　将主腹板与 T 型钢的焊接组件水平放置，并以此平面为装配基准，划线装配、定位大筋板组件；装点腹板上水平槽钢等加强筋。检测大筋板组件与装配基准的垂直度及大筋板组件之间的尺寸公差。

（4）装配上翼缘板　在上翼缘板内侧划出中心线，以 T 型钢和大筋板组件为基准，垂直吊装上翼缘板，保证上翼缘板中心线与 T 型钢焊接组件中心线对正，由中心线位置向两端进行定位焊。要求上翼缘板与 T 型钢对接焊缝的错边量不大于 2mm。

（5）装配副腹板　在副腹板内侧划出中心线及大筋板组件位置线，吊装副腹板，检测副腹板上拱度曲线及其与上翼缘板间隙、与大筋板组件间隙，由中心线位置向两端进行定位焊。此时，主梁形成三面封闭的 π 形梁。

（6）主梁内侧部分焊缝的焊接　当主梁装配形成三面封闭的 π 形梁后，进行内侧焊缝的焊接。先焊接主腹板与大筋板的内部焊缝。再翻转主梁，焊接副腹板与上翼缘板、筋板的内部焊缝。

（7）装配下翼缘板　翻转已装配的焊接主梁部件，吊装下翼缘板，下翼缘板中心线与两个腹板中心线对正，由中心线位置向两端进行定位焊。

（8）主梁其他焊缝的焊接　先焊接主梁内部上翼缘板与 T 型钢、大筋板焊缝，再翻转主梁，焊接下翼缘板与腹板焊缝，完成主梁内侧其余焊缝。主梁外侧主角焊缝采用埋弧自动焊，其余焊缝采用富氩混合气体保护焊方法，保护气体为 $80\%Ar + 20\%CO_2$，达到设计图样要求的焊缝尺寸。主梁外侧焊缝焊接顺序，先焊接上翼缘板与 T 型钢外部焊缝，再翻转主梁，焊接副腹板与下翼缘板、上翼缘板焊缝，再翻转主梁，焊接主腹板与下翼缘板焊缝。

焊接位置尽量采用平焊或平角焊位置，减少立焊、仰焊作业，尽可能采用多人对称焊接，焊缝层数、道数、焊接规范参数（见表 8-6）及焊接线能量尽量保持一致，采用富氩混合气体保护焊方法的焊接方向应保持由主梁中部向两端的移动方向。

8.1.4.5　桥式起重机主梁质量检测

在主梁的装配焊接生产完成后，进行桥式起重机主梁尺寸检测，该主梁上拱度（f_m）最大值为 45mm；主腹板局部平面度为 6～9mm（$H/3$ 区域）；副腹板局部平面度为 5～8mm（$H/3$ 区域）；上翼缘板水平偏斜值（C）为 1～6mm；腹板最大垂直偏斜值（h）为 5mm，均满足该主梁设计要求。焊缝外观质量检查和对接焊缝无损探伤检测结果符合设计要求，至此，完成了额定起重量 150t、跨度（S）34m 的吊钩式桥式起重机主梁焊接生产。

8.2　压力容器焊接生产

8.2.1　压力容器简介

压力容器是指内部或外部承受气体或液体（可能转变成气态）压力，并对安全性能有较高要求的密封容器，广泛用于石油、化工、冶金、机械、能源等行业。很多压力容器是在高温、高压、深冷或强腐蚀介质等苛刻工况下运行，存在着发生爆炸等恶性事故的危险。

根据《压力容器安全技术监察规程》（简称"容规"），国家技术监督局对压力容器的设计、制造、使用、检验、修理、改造等环节进行监督检查，对压力容器的焊接生产有较高的要求。凡同时具备下列条件的容器为压力容器，即最高工作压力（p_w）≥0.1MPa（不含液体静压力）；内直径（非圆形截面，指其最大尺寸）大于等于0.15m，且容积（V）大于等于0.025m^3；盛装介质为气体、液化气体或最高工作温度高于等于标准沸点的液体。

8.2.2 压力容器的分类

压力容器的形式种类繁多，使用要求各不相同，因此压力容器有许多不同的分类方法。

8.2.2.1 根据介质毒性和易燃程度进行分类

根据介质毒性和易燃程度，压力容器分为三类。

（1）第三类压力容器　第三类压力容器是指下列情况之一的压力容器，即高压容器；中压容器（仅对毒性程度为极度和高度危害的介质）；中压储存容器（仅限易燃或毒性程度为中度危害介质，且pV乘积大于等于10MPa·m^3）；中压反应容器（仅限易燃或毒性程度为中度危害介质，且pV乘积大于等于0.5MPa·m^3）；中压反应容器（仅限毒性程度为极度和高度危害介质，且pV乘积大于等于0.2MPa·m^3）；高压、中压管壳式余热锅炉；中压搪瓷玻璃压力容器；使用强度级别较高（指相应标准中抗拉强度规定值下限大于等于540MPa）的材料制造的压力容器；移动式压力容器，包括铁路罐车、罐式汽车、低温液体运输、永久气体运输车和罐式集装箱等；球形储罐（体积大于等于50m^3）；低温液体储存容器（体积大于等于5m^3）。

（2）第二类压力容器　第二类压力容器是指下列情况之一的压力容器，即中压容器；低压容器（仅限毒性程度为极度和高度危害介质）；低压反应容器和低压储存容器（仅限易燃介质或毒性程度为中度危害介质）；低压管壳式余热锅炉；低压搪瓷压力容器。

（3）第一类压力容器　第一类压力容器是指低压容器。

8.2.2.2 根据压力容器的压力等级进行分类

压力容器承受的工作压力是最重要的技术参数。从安全使用角度分析，压力容器的工作压力越高，发生事故时，其破坏性越大，所以根据设计压力（p）将压力容器分为低压、中压、高压、超高压四个等级，具体划分如下：低压容器（代号L），0.1MPa≤p<1.6MPa；中压容器（代号M），1.6MPa≤p<10MPa；高压容器（代号H），10MPa≤p<100MPa；超高压容器（代号U），p≥100MPa。

8.2.2.3 根据压力容器的工艺用途进行分类

根据压力容器在生产工艺过程中的作用原理，压力容器可以分为反应容器、换热容器、分离容器和储存容器四种，具体划分如下。

（1）反应容器（代号R）　反应容器的主要作用是为工作介质提供一个进行反应的密闭空间，以保证介质完成物理、化学反应。如反应器、反应釜、分解锅、分解塔、聚合釜、高压釜、超高压釜、合成塔、变换炉、蒸煮锅、煤气发生炉等。

（2）换热容器（代号E）　换热容器的主要作用是用于完成介质的热量交换。这类压力容器的种类和形式很多，常见于通过不同介质之间的隔离壁进行热量交换，如板式换热器和管式换热器等。典型的换热容器有：废热锅炉、换热器、冷却器、冷凝器、蒸发器、加热器、硫化锅、消毒锅、染色机、烘缸、磺化锅、蒸炒锅、预热锅、溶剂预热器、蒸锅、蒸脱锅、电热蒸汽发生器等。

（3）分离容器（代号 S）　分离容器的主要作用是完成介质的流体压力平衡和气体净化分离。如分离器、过滤器、集油器、缓冲器、洗涤器、吸收塔、铜洗塔、干燥塔、汽提塔、分汽缸、除氧器等。

（4）储存容器（代号 C）　储存容器的主要作用是盛装原料气体、液体、液化气体等。工作介质在压力容器内一般不发生化学或物理性质的变化。如压缩空气储罐、压缩氮气球罐、液化石油气储罐、计量槽、压力缓冲器等。

8.2.3　压力容器的结构特点与主要参数

8.2.3.1　压力容器的结构特点

压力容器一般由筒体（又称壳体）、封头（又称端盖）、法兰、密封元件、开孔与接管（人孔、手孔、视镜孔、物料进出口接管、液位计、流量计、测温管、安全阀等）和支座以及其他各种内件等组成。

① 根据压力容器的支座形式，其结构可分为卧式容器、立式容器和悬挂式容器。

② 根据压力容器的封头形状，其结构特征可分为椭圆封头、蝶形封头、锥形封头、球形封头、半球形封头和平板封头。

③ 根据压力容器的几何形状，其结构可分为圆柱形压力容器、球形容器和矩形容器。

8.2.3.2　压力容器的主要参数

① 设计压力是指在相应设计温度下用以确定容器壳壁计算壁厚及其元件尺寸压力。压力容器的设计压力不得低于最高工作压力，装有安全泄放装置的压力容器，其设计压力不得低于安全阀的开启压力或爆破片的爆破压力。

② 最高工作压力是指容器顶部在正常工作过程中可能产生的最高表压力。

③ 工作压力是指容器在满足工艺要求的条件下，所产生的表压力。

④ 试验压力是指容器在耐压试验时，容器顶部的压力。

⑤ 设计温度是指容器在正常工作情况下，设定元件的金属材料温度，标志在铭牌上的设计温度应是壳体设计温度的最高值或最低值。

⑥ 试验温度是指压力容器在耐压试验时，壳体金属的温度。

⑦ 计算厚度是指压力容器各部分元件按公式计算出的厚度。

⑧ 设计厚度是指计算厚度与腐蚀裕量之和。

⑨ 名义厚度是指设计厚度加钢材负偏差后，向上圆整至钢材标准规格的厚度。

⑩ 有效厚度是指名义厚度减去钢材负偏差和腐蚀裕量之后的厚度。

⑪ 实测厚度：是指压力容器在检验时，用测厚仪所测出的实际厚度。

⑫ 外径是指圆柱、球形压力容器的外侧直径。

⑬ 内径是指圆柱形、球形压力容器的内侧直径。

8.2.4　压力容器焊接生产的相关规定

GB 150《钢制压力容器》规定了压力容器的设计、材料、制造、检验等方面的技术要求。

8.2.4.1　对生产资质的要求

① 压力容器制造单位应具有符合国家压力容器安全监察机构有关法规要求的质量体系或质量保证体系。

② 从事压力容器焊接的焊工应持有相应类别的"锅炉压力容器焊工合格证书"。

③ 从事压力容器无损检测的人员应持有相应方法的"锅炉压力容器无损检测人员资格证"。

8.2.4.2 压力容器受压部分的焊接接头分类

压力容器受压部分的焊接接头分为 A、B、C、D 四类。压力容器受压部分的焊接接头分类示意见图 8-8。

(1) A 类焊接接头　A 类焊接接头包括圆筒部分的纵向接头、球形封头与圆筒连接的环向接头、各类凸形封头中的拼接接头以及嵌入式插管与壳体对接连接的接头。A 类焊接接头的焊接质量要求最高。

(2) B 类焊接接头　B 类焊接接头包括壳体部分的环向接头、锥形封头小端与接管连接的接头、长颈法兰与接管连接的接头。但已规定为 A、C、D 类的焊接接头除外。B 类焊接接头的焊接质量要求比较高。

(3) C 类焊接接头　C 类焊接接头包括平盖、管板与圆筒非对接连接的接头，法兰与壳体、接管连接的接头，内封头与圆筒的搭接接头以及多层包扎容器层板层纵向接头。

(4) D 类焊接接头　D 类焊接接头包括接管、人孔、凸缘、补强圈等与壳体连接的接头。但已规定为 A、B 类的焊接接头除外。

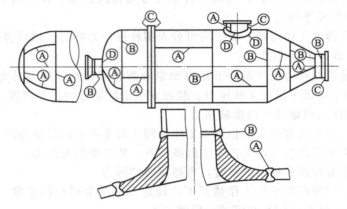

图 8-8　压力容器受压部分的焊接接头分类示意

8.2.4.3 压力容器备料工序要求

(1) 原材料标记移植　所有制造受压元件的原材料应有确认的标记，在制造过程中，如果原有确认标记被裁掉或材料分为若干块，应在材料分离前完成标记的移植。确认标记的表达方式由制造单位规定。

(2) 冷热加工成形的钢板厚度规定　由于钢板在弯曲成形过程中，弯曲部位会发生钢板厚度减少的现象，为了保证压力容器承载能力不变，因此需要进行弯曲成形的钢板坯料厚度应加大，留有一定的厚度裕量，以抵消弯曲部位发生的钢板厚度减少量，在实际生产中，应根据成形工艺参数确定加工裕量，以保证凸形封头和热卷筒节成形后的厚度不小于该部件的名义厚度减去钢板负偏差，生产顺序一般先进行封头成形，根据成形封头直径，再卷制筒节，避免两者直径差值过大，造成封头与筒节装配时，对接接头的错边量超标。冷卷筒节备料的钢板厚度（δ_s）不得小于其名义厚度减去钢板负偏差。

(3) 焊接坡口表面要求　焊接坡口表面不得有裂纹、分层、夹杂等缺陷。施焊前，应清除坡口及其母材两侧表面 20mm 范围内的氧化物、油污、熔渣及其他有害杂质。抗拉强度下限值大于 540MPa 的钢材及 Cr-Mo 低合金钢经过火焰切割的坡口表面，应进行磁粉探伤或渗透探伤。

(4) 封头拼接的规定　大型封头允许拼接制作，并应尽量减少拼接焊缝数量，尽量避免拼接焊缝的交叉。封头上不相交拼接焊缝之间中心线距离至少应为封头钢材厚度（δ_s）的 3

倍，且≥100mm。先拼接后成形的封头拼接焊缝，在成形前应修磨成与母材平齐。

8.2.4.4　压力容器圆筒和壳体的装配要求

（1）对接接头错边量要求　A、B 类对接接头的错边量（b）要求见表 8-8，采用锻焊结构的压力容器中，B 类对接接头的错边量（b）应不大于钢板厚度（δ_s）的 1/8，且≤5mm。复合钢板的错边量（b）应不大于钢板复层厚度的 5%，且≤2mm。

表 8-8　A、B 类对接接头的错边量要求　　　　　　　　　　　　单位：mm

钢板厚度 δ_s	A 类对接接头的错边量	B 类对接接头的错边量	钢板厚度 δ_s	A 类对接接头的错边量	B 类对接接头的错边量
≤12	≤$1/4\delta_s$	≤$1/4\delta_s$	40～50	≤3	≤$1/8\delta_s$
12～20	≤3	≤$1/4\delta_s$	>50	≤$1/16\delta_s$，且≤10	≤$1/8\delta_s$，且≤20
20～40	≤3	≤5			

注：球形封头与圆筒连接的环向接头以及嵌入式接管与圆筒或封头对接连接的 A 类焊接接头，执行 B 类焊接接头的错边量要求。

（2）不等厚对接接头的坡口过渡要求　B 类焊接接头以及圆筒与球形封头相连的 A 类焊接接头，当对接接头两侧钢板厚度不等时，如果薄板厚度≤10mm，两侧板厚差超过 3mm；如果薄板厚度大于 10mm，两侧板厚差大于薄板厚度的 30%，或超过 5mm 时，均应对厚板边缘区域进行削薄处理，可根据压力容器承载方向，进行厚板单面或双面削薄处理，形成斜面过渡坡口形式，厚板斜面过渡区域应不小于两侧板厚差的 3 倍尺寸。

（3）纵向对接接头的棱角要求　压力容器圆筒和壳体采用卷制成形，纵向对接接头焊后会形成一定的棱角，影响圆筒和壳体的圆度。棱角的检测采用弦长等于内径（D_i）的 1/6，且≥300mm 的内侧样板或外侧样板进行检测，棱角值（E）≤2mm+δ_s/10，且≤5mm。

（4）壳体直线度要求　压力容器装配后，应进行壳体直线度检测，壳体直线度检测应借助于通过中心线的水平面和垂直面，沿圆周四等分位置，即圆周 0°、90°、180°、270°四个部位进行测量。除设计图样另有规定外，要求壳体直线度≤壳体长度的 1‰。

（5）筒节装配中相邻焊缝的尺寸要求　每个筒节的最小长度≥300mm。装配过程中，相邻筒节之间的 A 类焊接接头焊缝中心线距离、封头 A 类焊接接头焊缝中心线与相邻筒节 A 类焊接接头焊缝中心线之间的距离，以外圆弧长计算，均应大于钢板厚度（δ_s）的 3 倍，且≥100mm。

此外，容器内件与壳体之间的焊缝位置应尽量避开筒节之间的对接焊缝位置及圆筒与封头之间的对接焊缝位置，避免焊缝重叠或距离太近。

（6）压力容器的圆度检测　承受内压的壳体同一断面最大内径（D_{max}）与最小内径（D_{min}）之差值（$e=D_{max}-D_{min}$），应不大于该断面内径（D_i）的 1%（对锻焊结构的压力容器为 1‰），且≤25mm。

当被检断面位于开孔中心一倍开孔内径范围内时，则该断面最大内径与最小内径之差值（e），应不大于该断面内径（D_i）的 1%（对锻焊结构的压力容器为 1‰）与开孔内径的 2%之和，且≤25mm。

8.2.4.5　压力容器的焊接要求

（1）压力容器的焊接工艺文件要求　压力容器焊接前，应根据 JB 4708《钢制压力容器焊接工艺评定》进行焊接工艺评定。编制的焊接工艺评定报告（PQR）、焊接工艺规程（WPS）、施焊记录及焊工的识别标记等工艺文件，保存期不少于 7 年。

（2）压力容器的焊接返修　当焊缝需要进行返修时，应根据焊接返修工艺评定，执行焊接返修焊接工艺进行返修焊接，并进行返修焊接记录。焊缝同一部位的返修次数不能超过三次，否则应于报废处理。

（3）焊后热处理　为了消除压力容器焊接残余应力，需要进行焊后热处理。焊件整体焊后热处理的工艺参数有升温速度、冷却速度、保温时间、温度梯度、进炉和出炉温度等。一般焊件进炉时炉内温度≤400℃；升温速度 50～200℃/h，升温过程中，加热区内任意 5000mm 长度内的温差≤120℃；保温过程中，加热区内温差≤65℃；焊件出炉时，炉温≤400℃，出炉后应在静止空气中继续冷却。焊后热处理记录曲线保存期不少于7年。

（4）产品焊接试板　对于有一定要求的 A 类圆筒纵向焊接接头，应按每台压力容器制备产品焊接试板。产品焊接试板应与产品具有相同的工艺流程和工艺参数。根据要求进行焊接接头拉伸试验、V 形缺口冲击试验、弯曲试验等试验，当试样评定结果不能满足要求时，允许进行双倍试样复验，如果仍不合格，则该产品焊接试板被判不合格。产品焊接试板被判不合格，则产品不能出厂。

8.2.4.6　压力容器的质量检测

（1）焊缝表面质量检测　焊缝表面质量检测主要检查焊缝表面的形状尺寸和外观质量，对 A、B 类焊接接头进行焊缝余高的测量。A、B 类焊接接头的焊缝余高要求见表 8-9。

表 8-9　A、B 类焊接接头的焊缝余高要求　　　　　　　　　　单位：mm

坡口形式　钢材类型	单面坡口		双面坡口	
	正面焊缝余高	背面焊缝余高	正面焊缝余高	背面焊缝余高
抗拉强度下限值大于 540MPa 的钢材及 Cr-Mo 低合金钢	≤10%δ_s，且≤3	≤1.5	≤10%δ_1，且≤3	≤10%δ_2，且≤3
其他钢材	≤15%δ_s，且≤4	≤1.5	≤15%δ_1，且≤4	≤15%δ_2，且≤4

注：δ_s—钢板厚度，mm；δ_1—正面坡口深度，mm；δ_2—背面坡口深度，mm。

（2）压力容器的无损探伤　压力容器的无损探伤执行 JB 4730《压力容器无损检测》，无损检测方法有射线、超声波、磁粉、渗透和涡流检测方法。

A 类和 B 类焊接接头进行 100%射线探伤或超声波探伤的压力容器，射线探伤合格级别为Ⅱ级，超声波探伤合格级别为Ⅰ级。

A 类和 B 类焊接接头进行局部射线探伤或超声波探伤的压力容器，检测长度不得少于焊接接头长度的 20%，且≥250mm。重点检测焊缝交叉部位和凸形封头上的拼接焊接接头。射线探伤合格级别为Ⅲ级，超声波探伤合格级别为Ⅱ级。

压力容器的其他质量检测要求应根据设计图样技术要求进行。

8.2.5　高压蓄势水罐焊接生产实例

8.2.5.1　高压蓄势水罐的技术条件

高压蓄势水罐是高压气瓶生产线中 25000kN 压机机组的重要设备，高压蓄势水罐属于三类高压容器，其主要技术参数：设计压力 34MPa，工作压力 31.5MPa，工作温度 0～80℃，工作介质是清水、乳化液、空气，焊接接头系数设计为 1，腐蚀裕度 1mm。

高压蓄势水罐结构示意见图 8-9。国内自行设计的高压蓄势水罐由两件平底锻造封头、一件锻造筒体、四件进出水和测量仪表插管组成，各部件经过锻造、热处理、切削加工

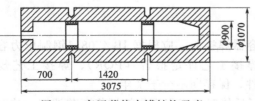

图 8-9　高压蓄势水罐结构示意

的生产流程制成，通过焊接方法，形成整体结构，重量 9t，几何尺寸为 $\phi 1070mm/\phi 900mm$，$L = 3075mm$，公称容积 $1.5m^3$。

8.2.5.2　高压蓄势水罐结构形式的选择

高压蓄势水罐的焊接生产可以采用两种结构形式，即钢板卷制焊接结构和锻造焊接结构。

（1）钢板卷制焊接结构的特点　钢板卷制焊接结构采用厚钢板压制封头，大型卷板机卷制筒节，焊接筒节纵缝，超声波探伤合格后，切削加工环缝焊接坡口，进行封头与筒节装配，在转胎上进行环缝焊接，再经过超声波探伤合格后，进行焊后热处理。进口的高压蓄势水罐材料为 BHW35，BHW35 为高强度压力容器用钢板，经过调质处理，焊前要求采取预热措施。钢板卷制焊接结构重量较轻，焊接生产过程较短，但进口钢板价格高、供货周期长，生产成本较高。

（2）锻造焊接结构的特点　锻造焊接结构采用 31500kN 水压机锻造封头、筒节毛坯，采用立车进行毛坯粗加工，进行超声波探伤，再进行调质处理，再采用立车加工焊接坡口，进行封头与筒节装配，在转胎上进行环缝焊接，经过超声波探伤合格后，进行焊后热处理。根据 JB 755《压力容器锻件技术条件》，设计人员选用 20MnMoNb 钢锻件作为高压容器的主要材料，压力容器壁厚达 85mm。锻造焊接结构重量较大，生产工序作业时间较长，但国内重型机械企业可以完成全部生产工序，便于生产过程的有效控制。

8.2.5.3　20MnMoNb 钢的性能试验

（1）20MnMoNb 钢的化学成分检测　根据 JB755《压力容器锻件技术条件》要求，20MnMoNb 钢的化学成分见表 8-10。

表 8-10　20MnMoNb 钢的化学成分　　　　　　　　单位：（质量分数）%

试验项目	C	Mn	Si	S	P	Mo	Nb
保证值	0.17~0.23	1.30~1.60	0.17~0.37	≤0.035	≤0.035	0.40~0.65	0.025~0.050
测试值	0.21	1.39	0.29	0.019	0.028	0.48	0.027

（2）20MnMoNb 钢的力学性能检测　20MnMoNb 是一种细晶粒低合金高强钢，经过调质处理，即先进行 870℃ 淬火，再进行 640℃ 高温回火。调质处理后 HB163～241。20MnMoNb 钢的力学性能见表 8-11。

表 8-11　20MnMoNb 钢的力学性能

试验项目	R_m/MPa	R_{eL}/MPa	$A/\%$	A_{kv}/J
保证值	≥620	≥470	≥16	≥55
测试值	677	559	24	61

（3）20MnMoNb 钢的焊接性试验　根据日本工业标准（JIS）碳当量计算，20MnMoNb 钢的碳当量 0.573%，结合试板厚度、焊接材料熔敷金属扩散氢含量，经过理论计算，冷裂纹敏感系数（P_c）为 0.349。说明 20MnMoNb 具有较大的淬硬倾向和一定的冷裂倾向。

焊接性试验选用 GB 4675.1《焊接性试验　斜 Y 形坡口焊接裂纹试验方法》，试验用焊条为 E7015 $\phi 4mm$，焊前烘干 350℃，保温时间 2h，焊接电源直流反接。试板尺寸：200mm×150mm×30mm，20MnMoNb 焊接性试验结果见表 8-12。当预热温度≤110℃，裂纹率 100%，全部为根部裂纹，而且沿着热影响区进行扩展，属于冷裂纹。而预热温度≥150℃时，试样无裂纹。因此要求 20MnMoNb 焊前必须进行预热，而且预热温度≥150℃。

表 8-12　20MnMoNb 焊接性试验结果

试板预热温度/℃	30	70	110	150	200	250
表面裂纹率/%	100	100	100	0	0	0
断面裂纹率/%	100	100	100	0	0	0

8.2.5.4　焊接工艺的选择

由于高压蓄势水罐属于高压容器，对焊接质量有很高的要求，同时焊件厚度达 85mm，焊接工作量大，因此必须选择一种高效率、高质量的焊接方法作为主要手段进行焊接。

（1）双丝窄间隙埋弧焊工艺及设备简介　我国哈尔滨焊接研究所发明的双丝窄间隙埋弧焊工艺及设备，综合了多丝焊、窄间隙焊和普通埋弧焊工艺的优点，在单丝窄间隙埋弧焊基础上发展起来的一种新技术。双丝窄间隙埋弧焊设备它由交流弧焊电源、直流弧焊电源、双丝焊接机头、送丝系统、焊剂回收系统、自动跟踪系统、焊接滚轮架、焊接操作架等设备组成，形成双丝窄间隙埋弧焊自动焊接系统。1988 年，该系统首次在太重成功焊接壁厚 215mm 的水压机工作缸后，随即应用于高压蓄势水罐的焊接，实现了双丝窄间隙埋弧焊工艺在高压容器领域的应用，取得良好的效果。

（2）双丝窄间隙埋弧焊工艺的特点

① 实现横向双侧跟踪、高度跟踪的多维跟踪方式，自动化程度高。

② 采用双丝纵向排列形式，前部弯丝使用直流电源，直流反接，保证与侧壁母材熔合，易于引弧操作和保持电弧稳定；后侧直丝使用方波交流电源，改善焊道成形，增加熔敷速度。

③ 由于使用较细直径的焊丝，焊接线能量小，焊接热影响区窄小。

④ 可以灵活选用单丝焊或双丝焊，实现多种焊接电弧组合形式。

⑤ 由于焊道扁平，可以利用后续焊道对前层焊道的热处理作用，改善金属组织晶粒度，提高焊接接头力学性能。

⑥ 采用窄间隙坡口形式，减少了填充金属量，降低了焊工劳动强度，提高劳动生产率。

实践证明，双丝窄间隙埋弧焊工艺不但在焊接时间和焊接材料方面比普通埋弧焊节省 1/3～1/2，而且焊接接头力学性能良好，焊接生产效率高。

（3）高压蓄势水罐焊接工艺的确定　考虑双丝窄间隙埋弧焊在厚板焊接中的诸多优点，采用双丝窄间隙埋弧焊工艺为主要手段，配合以焊条电弧焊是焊接高压蓄势水罐的合理选择。

8.2.5.5　焊接工艺评定

（1）焊接工艺评定准备　制备两块 20MnMoNb 钢锻件试板，采用切削加工方法加工试板表面及坡口，试板尺寸 820mm×170mm×85mm，装配试板形成窄间隙坡口，坡口底部采用铜衬垫，并焊接 "π" 形拘束钢板，控制焊接变形。窄间隙坡口形式示意见图 8-10。

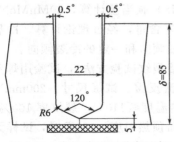

图 8-10　窄间隙坡口形式示意

（2）焊接材料的选择　针对 20MnMoNb 的冷裂纹倾向，必须减少焊缝及热影响区含氢量，焊接高压蓄势水罐应选择低氢型焊接材料，根据 20MnMoNb 钢锻件力学性能要求，焊条电弧焊选用 E7015 ϕ4mm 焊条，双丝窄间隙埋弧焊选用焊丝 H08Mn2MoA ϕ3mm 和烧结焊剂 SJ101。焊条、焊剂进行 350℃、2h 的烘干。

（3）焊前预热　焊前预热采用履带式电加热器进行加热，要求预热温度 $T \geqslant 150$℃。

（4）焊接过程　焊接过程分为窄间隙埋弧焊和焊条电弧焊两个阶段。在正面深坡口内，采用窄间隙埋弧焊焊接，打底焊采用单焊丝进行单道焊，从第二层起一层两道进行焊接，盖面层采用单丝焊并排焊接三道，然后反面去除"π"形拘束钢板和铜垫板，用角向磨光机修磨光滑，进行焊条电弧焊。焊接规范参数见表 8-13。

表 8-13　焊接规范参数

焊层类型	焊接方法	焊接材料	弯丝（直流）		直丝（交流）		焊接速度 /(m/h)
			电流/A	电压/V	电流/A	电压/V	
打底层	单丝焊	H08Mn2MoA	550	35	—	—	25
填充层	双丝焊	φ3mm	500	35	300	42	34
盖面层	单丝焊	+SJ101	550	35	—	—	25
反面封底	焊条电弧焊	E7015　φ4mm	170	22	—	—	9

（5）焊接温度控制

① 层间温度控制在 150～280℃之间。

② 焊后立即进行后热处理，后热温度 250～300℃，保温时间 10h。

③ 焊后热处理的保温温度 620～630℃，保温时间 4h，炉冷到 200℃出炉。

（6）无损探伤检测　焊缝外观质量检测，正面焊缝余高 3mm，焊缝宽度 31mm；背面焊缝余高 2mm，焊缝宽度 13mm，未发现表面缺陷。焊接工艺评定试板执行 GB 3323《钢焊缝射线照相及底片等级分类法》进行 100% 射线探伤检测，焊缝质量评为 Ⅱ 级。

（7）焊接接头力学性能检测　将焊接工艺评定试板解剖，并进行焊接接头力学性能试验。在焊接接头拉伸试验中，在厚度上制取四层试样，焊接接头拉伸试验结果见表 8-14。焊接接头 V 形缺口冲击试验结果见表 8-15，试验在常温下进行，并分五层取样。对焊接接头的面弯、背弯、侧弯等试样进行冷弯试验，当试验条件 $d=3S$ $\alpha=100°$，每个项目均试验两件，结果全部合格。

表 8-14　焊接接头拉伸试验结果

取样位置	R_m/MPa	R_{eL}/MPa	A/%	断裂特征
表层	660,659	567,533	18.5,19.5	断于焊缝
第二层	670,659	520,519	18.0,20.0	断于母材、焊缝
第三层	657,663	513,520	20.0,19.0	断于母材、焊缝
第四层	683,687	554,557	17.0,18.0	断于母材

表 8-15　焊接接头 V 形缺口冲击试验结果　　　　　　　　　单位：J

取样位置	焊缝	热影响区	取样位置	焊缝	热影响区
上表层	110,60,109	71,70,77	第四层	126,126,114	60,50,63
第二层	120,120,106	69,74,76	第五层	87,92,56	65,70,58
第三层	124,135,124	54,56,64			

（8）焊接接头金相组织检测　宏观金相检查结果，试样断面未发现裂纹、夹渣、未焊透、未熔合等焊接缺陷。高倍金相检测结果，焊缝金属金相组织为回火索氏体＋少量铁素体，热影响区金相组织为为回火索氏体，晶粒大小基本相同。

(9) 焊接工艺评定结论

依据焊接工艺评定试验结果，均能满足高压蓄势水罐技术要求，焊接工艺可以用于产品的焊接。

8.2.5.6 高压蓄势水罐焊接生产

(1) 锻造封头和筒节的质量检测 根据 JB 755《压力容器锻件技术条件》和设计图样要求，检测 20MnMoNb 钢锻件的化学成分、力学性能，对封头和筒节进行超声波探伤检测，复检封头、筒节及"π"形拘束钢板尺寸，"π"形拘束钢板尺寸 300mm×125mm×16mm，采用样板检查坡口加工形状及尺寸。

(2) 装配

① 在封头内侧沿圆周方向六等分部位进行划线，确定"π"形拘束钢板位置，进行封头局部预热 150℃，并进行"π"形拘束钢板与封头的定位焊，焊接方法采用焊条电弧焊，焊条型号 E7015φ4mm，焊脚高度 5mm，每个封头内圆周焊接六块"π"形拘束钢板。

② 将两件平底锻造封头及一件锻造筒体进行立式装配，环缝错边量≤0.5mm。

③ 环缝背面安装、压紧铜衬垫。

④ 检测高压蓄势水罐外侧直线度≤1mm。

(3) 调试焊接设备 调试交流弧焊电源、直流弧焊电源、自动跟踪系统、焊接滚轮架、焊接操作架等设备，确定焊接规范参数、焊接滚轮架转速、焊丝位置等工作参数。

(4) 预热 采用履带式电加热器进行高压蓄势水罐外侧加热，检测预热温度。

(5) 焊接 根据焊接工艺规程，采用表 8-13 中的焊接规范参数进行焊接。焊接过程中，检查焊剂覆盖情况、焊道成形、脱渣、焊接规范参数、测量层间温度。随着焊缝厚度增加，焊接圆周增长，焊接滚轮架转动角速度不变，则焊接线速度增大，应适当降低焊接滚轮架转动角速度，保证焊接线速度的稳定。

(6) 后热处理 每焊完一条环缝，应采用履带式电加热器立即进行后热处理，后热温度 250～300℃，保温时间 10h。

(7) 封底焊接 采用火焰切割方法，去除"π"形拘束钢板，铲除铜衬垫，并进行表面清磨，注意不要损伤高压蓄势水罐内壁。用角向磨光机磨削反面焊缝根部，露出金属光泽，进行封底焊操作，焊接方法采用焊条电弧焊，焊条型号 E7015φ4mm。

(8) 焊后热处理 当完成两条环缝焊接，并完成插管、工艺吊耳焊接后，立即装炉进行焊后热处理，焊后热处理保温温度 620～630℃，保温时间 4h，炉冷到 200℃出炉。

8.2.5.7 高压蓄势水罐的焊接质量检测

(1) 无损探伤检测 高压蓄势水罐环缝进行 100％超声波探伤及 20％射线复探，焊缝质量等级要求超声波探伤达到Ⅰ级、射线探伤达到Ⅱ级。环缝内外表面进行 100％磁粉探伤，插管角焊缝表面进行 100％磁粉探伤。

(2) 耐压试验 根据设计规定进行高压蓄势水罐水压试验，试验压力 42.5MPa，未发现任何泄漏现象，水压试验合格。

8.3 挖掘机焊接生产

挖掘机是矿石采掘、土方工程的主要施工机械，普通土方工程使用的挖掘机多以柴油发动机为动力，斗容量为 0.5～4m³。大型矿用挖掘机多采用电力驱动，单斗正铲机械式挖掘机斗容量在 4～55m³ 之间。

8.3.1　挖掘机的分类

8.3.1.1　根据挖掘过程的连续性分类

根据挖掘过程的连续性，分为单斗挖掘机、斗轮挖掘机。单斗挖掘机采用挖掘、转移物料交替进行的形式，挖掘过程呈现间断、逐次进行状态。斗轮挖掘机采用滚切式挖掘，前侧铲斗挖掘动作与后侧铲斗卸料动作同时进行，挖掘过程基本保持连续状态。

8.3.1.2　根据挖掘过程的运动方向分类

根据挖掘过程的运动方向，分为正铲挖掘机、反铲挖掘机。正铲挖掘机挖掘过程的运动方向自下而上，铲斗位置由近至远。反铲挖掘机挖掘过程的运动方向自上而下，铲斗位置由远至近。

8.3.1.3　根据行走方式分类

根据挖掘机行走方式，分为履带式挖掘机、轮胎式挖掘机、步行式挖掘机。大型挖掘机多采用履带式，承载能力较强。

8.3.1.4　根据使用动力分类

根据挖掘机使用动力，分为柴油发动机型挖掘机、高压电力型挖掘机。采用高压电力作为驱动动力的矿用挖掘机，也称为电铲。

8.3.1.5　根据采掘动作执行机构的传动原理分类

根据挖掘机采掘动作执行机构的传动原理，分为机械式挖掘机、液压式挖掘机。

8.3.2　典型矿用挖掘机的机械结构

8.3.2.1　矿用挖掘机简介

在诸多挖掘机品种中，以矿用单斗正铲式挖掘机（以下简称矿用挖掘机）最具有代表性，矿用挖掘机具有采掘能力强、设备自重和体积较大、机械结构和生产制造技术复杂、使用条件恶劣、生产成本高等特点。

矿用挖掘机一般包括机械传动、电力供应、液压润滑、自动控制等工作系统，其中机械传动系统在产品重量、生产过程、资金成本方面占有较大的比例。矿用挖掘机的机械结构大量采用焊接结构形式，大型矿用挖掘机焊接结构重量约占整机重量的60%～70%，焊接质量有较高的要求，应在焊接结构设计、原材料选择、焊接工艺研究、焊接生产装备等方面予以保证。

矿用挖掘机机械结构示意见图8-11，矿用挖掘机的主要机械结构包括履带架、底架、回转平台、起重臂、斗杆、铲斗等部件。矿用挖掘机施工过程的动作步骤分为挖掘装料、回转移动、卸载物料、回转复位，该过程反复进行。为了实现矿石物料的挖掘、搬移，矿用挖掘机必须具备提升、推压、回转和行走等功能。

8.3.2.2　履带架

履带架位于矿用挖掘机下部左右两侧位置，履带架上安装行走主动轮、拉紧轮、支承轮和履带链，可以实现矿用挖掘机行走运动，侧面与底架相连，承受底架以上的设备自重及物料载荷。履带架的结构形式分为铸造结构形式、焊接结构形式。

铸造结构履带架必须结合铸造工艺特点，进行结构设计。由于履带架结构比较复杂，铸造生产工序较多，质量不易保证，而且铸造组织均匀性较差，也会影响铸造结构履带架的使用寿命。

焊接结构履带架必须结合焊接工艺特点，进行结构设计，一般采用抗拉强度≥490MPa的厚钢板，经过火焰切割成形，作为基础零件，根据使用要求，装配焊接其他零件，改变局部结构形式。焊接结构设计时，一般采用搭接接头形式和大尺寸角焊缝，保证零件的连接强度，结构轻巧，材料组合也比较灵活。

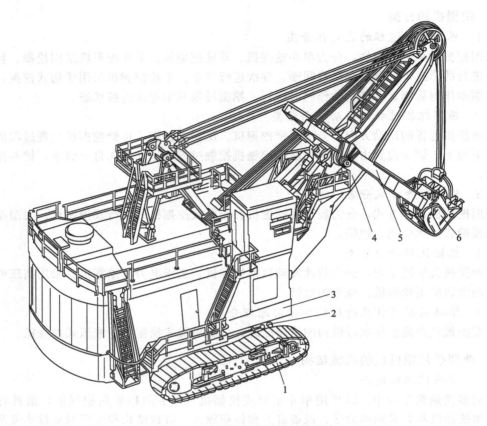

图 8-11　矿用挖掘机机械结构示意

1—履带架；2—底架；3—回转平台；4—起重臂；5—斗杆；6—铲斗

8.3.2.3　底架

底架位于矿用挖掘机下部中间位置，左右两侧分别与两个履带架机械连接，上部与回转平台通过辊盘相连，承受回转平台以上的设备自重及物料载荷。

底架采用厚壁箱形焊接结构，外形尺寸较大，底架焊接结构示意见图 8-12。底架箱形焊接结构由上盖板、下盖板、侧面腹板及内部不同形式的筋板组成，形成刚度较好的整体结构。

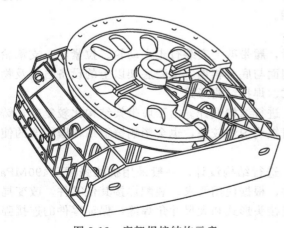

图 8-12　底架焊接结构示意

根据底架受力状况，底架的左右两侧与履带架连接方向的内部筋板为不间断的整体钢板，主要承受横向弯矩，其他内部筋板与之垂直布置，呈十字形排列，主要提高底架的整体刚性。底架中部与辊盘环轨连接部位的内部筋板，呈辐射状和圆周状布置，承受、传导来自上部的载荷。由于底架内部的筋板布置比较密集，大部分焊缝属于联系焊缝，因此焊接接头设计采用不开坡口的角接接头，需要在钢板双侧焊接一定尺寸焊脚的角焊缝。因此，筋板之间应有一定尺寸的作业空间，并制备人孔，便于焊工进入施工。

8.3.2.4 回转平台

回转平台位于矿用挖掘机中部区域、底架上方的位置，回转平台前端两侧与起重臂机械连接，对起重臂形成支撑作用，中部通过中央枢轴和辊盘与底架连接。回转平台通过回转齿轮和底架上的回转齿圈啮合，实现矿用挖掘机的回转运动，回转平台上还安装了回转减速机、提升减速机、提升卷筒、A 型架、电动机、电器柜、机棚、司机室、配重及走台等部件。主要承受挖掘机构（起重臂、斗杆、铲斗）和平台以上部件的自重、挖掘过程产生的反作用力、前后方向的弯矩。

回转平台采用厚壁箱形焊接结构，外形尺寸较大，回转平台焊接结构示意见图 8-13。回转平台箱形焊接结构是由上盖板、下盖板、侧面腹板及内部不同形式的筋板组成，形成刚度较好的整体结构。

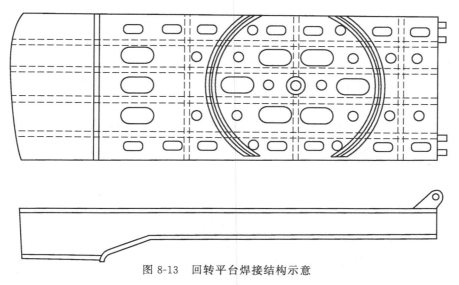

图 8-13   回转平台焊接结构示意

根据回转平台的受力状况，回转平台结构设计采用前后方向的多块整体筋板结构，承受前后方向的弯矩，横向筋板与之垂直布置，中部环形筋板位置与底架环形筋板具有投影关系，由环形筋板承受上部结构的全部载荷，通过辊盘传递到底架结构。回转平台内侧大部分焊缝属于联系焊缝，焊接接头设计采用不开坡口的角接接头。下盖板上有许多圆孔或长圆孔，既可以减轻回转平台重量，也便于内部焊缝的焊接操作。

8.3.2.5 起重臂

起重臂位于矿用挖掘机前端，起重臂根部支撑在回转平台上，中部推压机构与斗杆机械连接，顶部滑轮由 A 型架钢缆拉紧固定。起重臂采用变截面的箱形梁焊接结构。长度尺寸较大，起重臂焊接结构示意见图 8-14。起重臂焊接结构是由上盖板、下盖板、侧面腹板及筋板组成。

起重臂主要承受挖掘过程中产生的弯矩和偏载挖掘时形成的扭矩。由于载荷情况不同，起重臂前部、中部、后部的横截面设计并不相同。根部截面的宽度大，以加强根部与回转平台连接处的抗扭刚度，抵御偏载挖掘时产生的附加扭矩；中部主要承受起重臂长度方向的弯矩，所以截面的高度大于宽度；前部主要承受压力，截面的宽度与高度相当。

起重臂中部安装推压机构，通过推压齿轮与斗杆齿条的啮合，实现斗杆的推压与提升动作。为了加强推压机构的局部刚度，在起重臂中部采用四块腹板，并且与推压减速箱体设计综合考虑。由于推压减速箱体内有润滑油，推压减速箱体焊缝要求进行致密性检查。

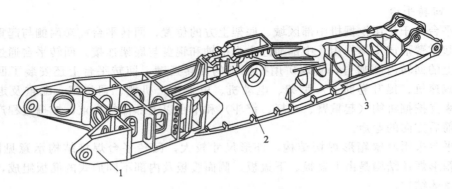

图 8-14　起重臂焊接结构示意

1—根脚；2—推压减速箱体；3—保护梁

8.3.2.6　斗杆

斗杆是矿用挖掘机的重要部件，斗杆齿条与起重臂推压齿轮啮合，实现推压运动，带动铲斗进行挖掘作业。斗杆焊接结构示意见图 8-15，斗杆由两根单斗杆、连接筒、齿条等部分组成。单斗杆属于箱形梁截面的杆件结构，两根单斗杆通过连接筒连接形成双斗杆。斗杆在挖掘过程中主要承受弯曲应力，偏载挖掘时也承受扭矩。单斗杆类型及结构特点见表 8-16。

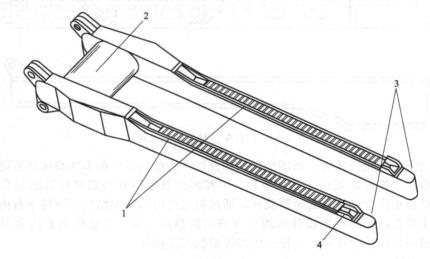

图 8-15　斗杆焊接结构示意

1—齿条；2—连接筒；3—单斗杆；4—后挡板

等板厚单斗杆在全长度范围内，盖板和腹板的钢板厚度不变，在斗杆前部通过盖板和腹板的弯曲成形，加大横截面面积，提高斗杆前部的刚性。但在变截面过渡区域，由于外形尺寸的变化会产生应力集中，此外，钢板弯曲成形会产生冷作硬化现象，塑性降低，易导致斗杆开裂、破坏。因此等板厚单斗杆一般只用于 $10m^3$ 以下的矿用挖掘机。

不等板厚单斗杆在不同受力部位采用不同板厚的钢板。受力较大的前部，盖板和腹板选用的钢板厚度较大，提高斗杆前部的强度和刚性。受力较小的后部，盖板和腹板选用的钢板较薄，厚板与薄板采用对接接头进行焊接，厚板与薄板对接部位加工坡口，厚板坡口应有削薄过渡区，对接接头质量采用超声波探伤检查。不等板厚单斗杆横截面外轮廓尺寸在全长度范围内没有变化，避免了钢板弯曲变形产生的塑性降低，减小了截面变化引起的应力集中，结构设计较为合理，因此不等板厚单斗杆多用于 $10m^3$ 以上的矿用挖掘机。

表 8-16 单斗杆类型及结构特点

名称	单斗杆简图	结构特点
等板厚单斗杆		全长度范围内盖板、腹板的厚度一致；单斗杆前部横截面大，中部和后部横截面小，全长度范围内单斗杆横截面外形尺寸有变化；下盖板、外腹板通过弯曲成形实现横截面的变化
不等板厚单斗杆		全长度范围内单斗杆横截面外轮廓尺寸无变化；根据载荷分布情况，在长度方向选用不同厚度的盖板、腹板，增加局部区域的强度；不同板厚的对接接头要求无损探伤检查

两根单斗杆与连接筒焊接形成双斗杆结构，具有重量轻、强度高、刚性好等特点，但连接方式属于不可拆连接，在使用过程中某一单斗杆发生损坏，需要更换单斗杆时，维修工作量和作业难度比较大，因此更应严格控制单斗杆的焊接质量。

8.3.2.7 铲斗

铲斗是矿用挖掘机的前沿部件，直接与矿石物料接触，具有挖掘、装载矿石物料作用。铲斗固定在斗杆的前端，通过钢丝绳与提升机构机械连接，并通过提升机构和推压机构实现矿用挖掘机的挖掘动作。铲斗容量标志矿用挖掘机的采掘能力，是矿用挖掘机主要技术参数。

铲斗结构包括斗前、斗后、斗底板和提梁等部分，斗前是指铲斗下部∪形部分，通过斗唇固定斗齿，斗后是指铲斗上部∩形部分，斗底板（也称斗门）是铲斗后侧的可以封闭、开启的活动挡板。斗前与矿石物料接触，磨损严重，应有较好的耐磨性，斗后承受物料和铲斗重量，应具有一定的强度和刚性。铲斗结构分为铸焊结构、焊接结构等类型。铲斗结构类型及特点见表 8-17。

表 8-17 铲斗结构类型及特点

铲斗结构类型	简 图	特 点
铸焊结构		斗前为高锰钢铸件，斗后为中碳钢铸件，通过轴销塞焊及搭接接头角焊缝连接，结构简单、易于制造，多用于制造小容量铲斗，斗前磨损部分无法局部维修，只能更换整个斗前
焊接结构		结构形式比铸焊结构铲斗复杂，除斗唇及斗栓插座采用高锰钢铸件外，其余零部件均采用钢板制造，备料、装配、焊接工作量大，焊工技能要求较高，容易磨损部位采用耐磨衬板，通过更换耐磨衬板，可提高铲斗本体的使用寿命，多用于制造大容量的铲斗

铸焊结构铲斗的斗前、斗后和斗底板各自铸造成形，采用搭接接头和轴销定位方法，将斗前、斗后装配焊接成整体，通过轴销塞焊和搭接接头角焊缝实现连接，结构比较简单，斗底板采用机械连接方式与斗体组装。铸焊结构铲斗由于受铸造工艺条件的限制，铲斗部件尺寸不能太大，一般只用于 $10m^3$ 以下的矿用挖掘机。

焊接结构铲斗采用低合金高强钢板，经过火焰切割、弯曲成形、装配、焊接制成，铲斗前端的斗唇和后侧的斗栓插座采用高锰钢铸件，与斗体焊接结构件焊接形成铲斗整体结构。铲斗内侧易磨损部位焊接固定高硬度耐磨钢板，保护铲斗本体结构。焊接结构铲斗多用于 $10m^3$ 以上的矿用挖掘机。

8.3.3　矿用挖掘机焊接生产使用的钢材

8.3.3.1　钢材性能的基本要求

矿用挖掘机的工况条件十分恶劣，在矿山生产的土石剥离和矿石采掘过程中，矿用挖掘机主要部件要承受复杂的工作载荷作用，工作载荷性质为交变载荷、冲击载荷，以及物料对金属结构的磨损。矿用挖掘机在室外露天环境作业，即使在严寒地区冬季 $-40℃$ 的环境中，也要进行施工作业。因此，针对矿用挖掘机主要部件的工作条件，对使用钢材的性能就有一定的要求，主要包括强度性能、冲击性能、耐磨性能及其焊接性能等。

8.3.3.2　低温环境用低合金钢

矿用挖掘机某些焊接结构件的早期失效是由于设计过程中没有充分考虑承受载荷性质造成的，低应力脆断和疲劳破坏是焊接结构件破坏的主要形式。在寒冷地区服役的矿用挖掘机焊接结构件工况条件非常恶劣，受力复杂，由于结构设计、焊接、热处理等方面存在的质量隐患，使焊接结构件存在着微裂纹、金相组织薄弱区等缺陷。在交变载荷作用下，裂纹逐渐扩展，当实际裂纹尺寸达到或大于临界裂纹尺寸时，焊接结构件在载荷作用下瞬间就会发生断裂。所以仅仅采用一般的强度设计，难以满足焊接结构件安全运行的要求，应综合考虑载荷性质、强度、冲击性能、疲劳性能等因素，提高焊接结构件的使用寿命。

随着国内冶炼、轧制技术的发展，A633D、HG50、WCF60 等低温环境用低合金钢在矿用挖掘机焊接制造中得到广泛应用。低温环境用低合金钢的化学成分见表 8-18，钢中添加了微量的铬、钼、铌、镍、钒等元素，并严格控制了碳、硫、磷等元素。低温环境用低合金钢的力学性能见表 8-19，钢材抗拉强度最小值在 $480\sim610MPa$。无塑性转变温度试验结果见表 8-20，无塑性转变温度是钢材脆性断裂和韧性断裂的温度界线，钢材在无塑性转变温度以上的温度条件下使用，不会发生脆性断裂，可见 A633D、HG50、WCF60 都能满足 $-40℃$ 的低温环境要求。焊接预热温度见表 8-21，进行有效的焊前预热，可以避免产生焊接冷裂纹，有利于提高焊接结构件的使用寿命。低温环境用低合金钢主要用于矿用挖掘机起重臂和斗杆的生产。

表 8-18　低温环境用低合金钢的化学成分　　　　单位：(质量分数)%

钢材牌号	C	Mn	Si	Cr	Ni	S	P	备注
HG50	0.07～0.16	≤1.70	0.15～0.40	—	—	≤0.025	≤0.030	V：0.03～0.08
WCF60	≤0.16	0.90～1.50	0.15～0.55	≤0.30	≤0.60	≤0.10	≤0.030	—
A633D	≤0.20	0.70～1.35	0.15～0.50	≤0.25	≤0.25	≤0.035	≤0.035	Mo≤0.08

表 8-19　低温环境用低合金钢的力学性能

钢材牌号	R_m/MPa	R_{eL}/MPa	$A/\%$	$A_{kv}(20℃)/J$
HG50	≥480	≥360	≥20	≥27
WCF60	610～740	≥490	≥17	≥47
A633D	485～590	≥345	≥21	≥47

表 8-20　无塑性转变温度试验结果

钢 材 牌 号	钢板厚度/mm	试件取样方向	无塑性转变温度/℃	冲击能量/J
HG50	20	纵向	−40	350
		横向	−40	
WCF60	24	纵向	−50	400
		横向	−45	
A633D	24	纵向	−45	350
		横向	−40	

表 8-21　焊接预热温度

钢 材 牌 号	钢板厚度/mm	预热温度/℃
HG50	40	≥50
WCF60	40	≥100
A633D	40	≥50

8.3.3.3　低合金高强度钢

　　自 20 世纪 80 年代以来，抗拉强度为 800MPa 级低合金高强度钢在大型矿用挖掘机焊接生产中逐步应用，主要用于矿用挖掘机铲斗焊接结构、履带架易磨损部位及其他受力较大的部位。常见的 800MPa 级低合金高强度钢具有较高的强度、较好的低温冲击性能和焊接性能等，供货状态均为调质处理，金相组织为索氏体。常用低合金高强度钢的化学成分见表 8-22，常用低合金高强度钢的力学性能见表 8-23。

表 8-22　常用低合金高强度钢的化学成分　　　　　单位：（质量分数）%

钢材牌号	C	Si	Mn	S	P	Cr	Ni	Mo	Cep
T-1	0.12～0.21	0.20～0.35	0.95～1.30	≤0.040	≤0.035	0.40～0.65	0.30～0.70	0.20～0.30	0.509
Wel-ten80C	≤0.16	0.15～0.30	0.60～1.20	≤0.030	≤0.030	0.60～1.20	—	0.30～0.60	0.498
NK-HITEN780	≤0.18	≤0.35	≤1.00	≤0.020	≤0.020	≤0.80	≤1.00	≤0.60	0.530
StE690	≤0.20	0.50～0.90	0.70～1.10	≤0.030	≤0.030	0.60～1.00		0.20～0.60	0.542

表 8-23　常用低合金高强度钢的力学性能

钢材牌号	R_m/MPa	R_{eL}/MPa	A/%	A_{kv}/J	
				−20℃	−40℃
T-1	800～950	≥700	≥17.0	≥36	41
Wel-ten80C	800～950	≥700	≥16.0	≥36	44
NK-HITEN780	780～930	≥685	≥16.0	≥35	—
StE690	790～940	≥690	≥16.0	≥35	71

　　注：表中−40℃冲击吸收功数值为实际检测结果。

　　低合金高强度钢的碳当量约为 0.5% 左右，有一定的冷裂纹倾向，根据 GB/T 4675.1《斜 Y 形坡口焊接裂纹试验方法》，采用板厚 40mm 的国产 Q690 钢（化学成分、力学性能符合 StE690 技术要求）进行焊接性试验，Q690 钢预热温度 100℃时，表面裂纹率、断面裂纹率检测结果均为 0%，预热温度 70℃时，表面裂纹率、断面裂纹率均为 100%。所以 Q690 钢的焊前预热温度 $T \geqslant 100℃$，就可以防止焊接冷裂纹的产生。根据 GB/T 4675.5《焊接热影响区最高硬度试验方法》，Q690 钢不预热焊接热影响区最高硬度 HV_{max} 为 455，淬硬倾向较大，焊前应进行预热。

8.3.3.4　高锰钢

高锰钢是指含锰量在 13% 左右的高碳高合金钢，高锰钢的化学成分见表 8-24，高锰钢中含有较高的碳、锰元素。高锰钢一般采用铸造工艺实现零件成形，并且经过 1050～1100℃ 的水韧处理，获得均匀的奥氏体组织。高锰钢水韧处理后的力学性能见表 8-25，高锰钢在水韧处理后硬度并不高，但在冲击载荷的作用下，表面层将发生加工硬化，硬度可达到 HBW500～550，从而具有较好的耐磨性，多用于矿用挖掘机铲斗的斗唇、斗齿及其他易磨损部位。高锰钢经水韧处理后，碳全部固溶于奥氏体中，室温下呈单相奥氏体组织。当进行焊接、碳弧气刨等作业时，高锰钢再次加热，导致碳化物沿晶界析出，使其热影响区失去韧性而变脆，在 900～400℃ 之间的冷却过程中停留时间越长，碳化物析出越多，因此必须控制高温停留时间，焊接时，采取小线能量、短焊道、跳焊、强制冷却等工艺措施。

表 8-24　高锰钢的化学成分　　　　　　单位：（质量分数）%

钢材牌号	C	Mn	Si	S	P	Cr
ZGMn13-2	1.00～1.40	11.0～14.0	0.30～1.00	≤0.050	≤0.090	—
ZGMn13-3	0.90～1.30	11.0～14.0	0.30～0.80	≤0.050	≤0.080	—
ZGMn13Cr	0.70～1.30	11.5～14.0	≤1.00	≤0.050	≤0.070	0.30～0.75

表 8-25　高锰钢水韧处理后的力学性能

钢材牌号	R_m/MPa	A/%	A_{kv}/J	HBS
ZGMn13-2	≥637	≥20	≥147	≤229
ZGMn13-3	≥686	≥25	≥147	≤229
ZGMn13Cr	≥686	≥30	—	—

8.3.3.5　高硬度耐磨钢板

采用高硬度耐磨钢板是解决焊接结构件磨损问题的主要手段之一，主要用于矿用挖掘机铲斗易磨损部位。高硬度耐磨钢板的化学成分见表 8-26，高硬度耐磨钢板的力学性能见表 8-27。

根据 GB/T 4675.5《焊接热影响区最高硬度试验方法》，国产 NM360 钢不预热焊接时，焊接热影响区最高硬度 HV_{max} 为 983，硬度平均值 HV636，具有很高的硬度。在高硬度耐磨钢板时，应进行焊前预热。

表 8-26　高硬度耐磨钢板的化学成分　　　　　　单位：（质量分数）%

钢材牌号	C	Mn	Si	S	P	Cr	Mo	B
Hardox400	≤0.20	≤1.70	≤0.70	≤0.030	≤0.030	≤0.80	≤0.80	≤0.005
NK-EH-360	≤0.20	≤1.60	≤0.55	≤0.030	≤0.030	≤0.40	—	≤0.004
NM360	0.19	1.82	1.62	0.003	0.013	0.71	0.38	—

表 8-27　高硬度耐磨钢板的力学性能

钢材牌号	R_m/MPa	R_{eL}/MPa	A/%	A_{kv}/J	HBS
Hardox400	≥1250	≥1000	≥10	−40℃时，≥20	380～440
NK-EH-360	≥1150	≥930	≥16.5	0℃时，≥43	≥360
NM360	1160	926	14.5	—	—

8.3.4　矿用挖掘机生产使用的焊接材料

矿用挖掘机焊接生产的主要焊接方法采用熔化极气体保护焊，熔化极气体保护焊的焊接材料主要包括气体保护焊焊丝和保护气体，对综合力学性能有较高要求的焊接结构件，应选择气体保护焊药芯焊丝。

8.3.4.1　气体保护焊实芯焊丝

气体保护焊实芯焊丝的检验执行 GB/T 8110《气体保护电弧焊用碳钢、低合金钢焊丝》，其中 ER50-6 在焊接生产中广泛应用，但由于 ER50-6 熔敷金属力学性能只保证 $-29℃$ 时，$A_{kv} \geqslant 27J$，焊接矿用挖掘机低温环境用低合金钢时，仍然存在性能指标的差异，所以一般应在生产企业检验合格后，才能使用。三种实芯焊丝的熔敷金属化学成分试验结果见表8-28，三种实芯焊丝的熔敷金属力学性能试验结果见表8-29。气体保护焊实芯焊丝主要用于底架、回转平台、起重臂等部件内部结构焊接生产。

表 8-28　三种实芯焊丝的熔敷金属化学成分试验结果　单位：（质量分数）%

焊丝牌号	焊丝直径/mm	保护气体	C	Mn	Si	S	P
KC50	$\phi 1.2$	CO_2	0.08	1.09	0.45	0.008	0.011
JM-56	$\phi 1.2$	CO_2	0.07	0.96	0.50	0.017	0.011
ER50-6	$\phi 1.2$	CO_2	0.07	0.84	0.38	0.013	0.017

表 8-29　三种实芯焊丝的熔敷金属力学性能试验结果

焊丝牌号	焊丝直径/mm	保护气体	R_m/MPa	R_{eL}/MPa	A/%	$A_{kv}(-40℃)$/J
KC50	$\phi 1.2$	CO_2	590	510	25.5	99
JM-56	$\phi 1.2$	CO_2	543	435	30.0	85
ER50-6	$\phi 1.2$	CO_2	568	468	23.5	45

8.3.4.2　气体保护焊药芯焊丝

国产气体保护焊碱性药芯焊丝 PK-YJ 507$\phi 1.6mm$，相当于 AWS A5.20《药芯焊丝弧焊用碳钢焊丝技术条件》规定的 E70T-5。两种药芯焊丝的熔敷金属化学成分试验结果见表8-30，两种药芯焊丝的熔敷金属力学性能试验结果见表8-31。执行 GB 3965《电焊条熔敷金属中扩散氢测定方法》，采用甘油法测量熔敷金属扩散氢，药芯焊丝 PK-YJ 507$\phi 1.6mm$ 的熔敷金属扩散氢含量为 2.13mL/100g。气体保护焊药芯焊丝主要用于低温环境用低合金钢的焊接。

表 8-30　两种药芯焊丝的熔敷金属化学成分试验结果　单位：（质量分数）%

焊丝牌号	焊丝直径/mm	保护气体	C	Mn	Si	S	P
PK-YJ507	$\phi 1.6$	CO_2	0.07	1.23	0.37	0.013	0.016
PK-YJ507Ni	$\phi 1.6$	CO_2	0.07	1.41	0.29	0.010	0.021

表 8-31　两种药芯焊丝的熔敷金属力学性能试验结果

焊丝牌号	焊丝直径/mm	保护气体	R_m/MPa	R_{eL}/MPa	A/%	$A_{kv}(-40℃)$/J
PK-YJ507	$\phi 1.6$	CO_2	581	487	22.0	30
PK-YJ507Ni	$\phi 1.6$	CO_2	514	397	29.0	60

8.3.5　矿用挖掘机起重臂焊接修复生产实例

8.3.5.1　起重臂焊接修复的基本情况

起重臂是矿用挖掘机中受力复杂的焊接结构件之一。10m³ 矿用挖掘机起重臂因长期过载工作，而且早期使用的 15MnV 钢及其焊接接头在低温工作环境中 V 形缺口冲击性能安全裕度不足，造成起重臂后半段出现贯穿性裂纹，裂纹总长度达到 4m，裂纹主要分布在起重臂后半段的上盖板、下盖板、右侧腹板，严重影响起重臂的正常工作，为使起重臂恢复使用，需要进行焊接修复。

10m³ 矿用挖掘机起重臂外形尺寸为 13570mm×3300mm×1650mm，重量 21310kg，早期生产的起重臂上盖板、下盖板及侧面腹板使用 15MnV 钢板，筋板使用 16Mn 钢板。

8.3.5.2　焊接修复方案

由于裂纹集中在起重臂后半段，仅仅进行裂纹的补焊，难以保证起重臂修理后的尺寸精度和使用效果，而且焊接整修、探伤检测的工作量很大，修理成本高。将矿用挖掘机起重臂按其工作位置，沿长度方向分为前、后两段，根据开裂部位的实际损坏情况，决定仍采用原起重臂前半段，截取、废弃原起重臂后半段。重新制造起重臂后半段，并与前半段装配、焊接，形成一个完整的起重臂焊接结构，完成挖掘机起重臂的焊接修复。

起重臂前、后部分截取分割前，采用超声波探伤和磁粉探伤检查裂纹位置，并进行标记。确定起重臂分割位置，划线标明，应结合以后装配过程中对接焊缝的位置关系，使上盖板、下盖板和两侧腹板对接焊缝之间的距离≥250mm，并保持平行。手工切割时，应在长度方向留有 50mm 左右的工艺余量，以便采用半自动火焰切割制备对接焊缝的坡口。

重新制作的起重臂后半段焊接结构，采用国产低碳调质钢 WCF60 钢，碳当量 0.40%，具有良好的力学性能。焊接方法选择为药芯焊丝 CO_2 气体保护焊，气体保护焊焊丝为碱性药芯焊丝 PK-YJ507ϕ1.6mm，并符合 AWSA5.20 中 E70T-5 技术要求。

8.3.5.3　焊接工艺试验

起重臂修复的焊接工艺试验，主要采用 WCF60 钢和 15MnV 钢的对接接头试板，对比不同工艺条件下，WCF60 钢、15MnV 钢焊接后的力学性能变化。根据产品坡口形式及焊接修复的特点，采用双面 V 形坡口和单面 V 形坡口两种坡口形式，并对比焊后热处理前、后的力学性能变化，焊接规范参数见表 8-32。

表 8-32　焊接规范参数

焊丝牌号	焊丝直径/mm	保护气体	焊接电流/A	焊接电压/V	焊接速度/(cm/min)	焊接线能量/(kJ/cm)
PK-YJ507	ϕ1.6	CO_2	244～264	24.4～25.2	31.0	12.0
PK-YJ507Ni	ϕ1.6	CO_2	245～265	25.0～26.0	31.2	12.0

焊接接头拉伸试验结果见表 8-33，断裂位置多处于 15MnV 钢母材，说明焊接接头的抗拉强度薄弱区在 15MnV 钢母材一侧，断裂于焊缝的抗拉强度与断裂于 15MnV 钢母材的抗拉强度数值接近，说明药芯焊丝 PK-YJ507ϕ1.6mm 的焊缝金属与 15MnV 钢母材属于等强度匹配。通过拉伸性能数值对比，坡口形式及焊后热处理等不同工艺因素，对焊接接头的抗拉强度影响不大。

表 8-33　焊接接头拉伸试验结果

工艺因素	R_m/MPa	R_{eL}/MPa	断裂位置
双面 V 形坡口,无热处理	528	393	断于 15MnV 钢母材
单面 V 形坡口,无热处理	525	367	断于 15MnV 钢母材
双面 V 形坡口,有热处理	527	382	断于 15MnV 钢母材
单面 V 形坡口,有热处理	521	384	断于焊缝

　　−40℃试验条件下，焊接接头 V 形缺口冲击试验结果见表 8-34，表中数据为多试样试验结果平均值。焊接接头 WCF60 钢一侧的熔合线、热影响区冲击性能均优于焊缝。焊缝也具有较高的冲击吸收功，而 15MnV 钢一侧熔合线、热影响区为焊接接头冲击性能的薄弱区，其冲击吸收功数值多为 18～20J。通过冲击性能数值对比，坡口形式及焊后热处理等不同工艺因素，对焊接接头低温冲击性能薄弱区影响不大。

表 8-34　焊接接头 V 形缺口冲击试验结果　　　　　单位：J

工艺因素	WCF60 钢热影响区	WCF60 钢熔合线	焊缝	15MnV 钢熔合线	15MnV 钢热影响区
双面 V 形坡口,无热处理	87	104	41	28	18
单面 V 形坡口,无热处理	82	90	85	20	21
双面 V 形坡口,有热处理	100	83	81	55	19
单面 V 形坡口,有热处理	106	82	75	20	20

8.3.5.4　起重臂焊接修复过程

　　① 采用数控火焰切割机进行 WCF60 零件下料，零件边缘打磨、清渣，涉及总装对接焊缝部位的零件长度方向留有 40mm 的工艺余量，用于加工对接坡口、调整总装尺寸。

　　② 装配前检查装配平台不平度，凸凹不平度≤3mm。

　　③ 在装配平台及起重臂下盖板上划出起重臂中心线。

　　④ 以起重臂下盖板为装配基准，装配横向筋板、左右腹板，并检查零件位置尺寸，横向筋板、左右腹板与下盖板垂直度≤3mm，左右腹板与起重臂中心线平行度≤8mm，焊接内侧角焊缝、外侧焊缝。焊接主腹板、主筋板时，采用多人对称施焊，先焊接筋板与下盖板角焊缝，再焊接腹板与下盖板角焊缝，翻转部件，焊接筋板与腹板角焊缝。

　　⑤ 装配左右铸钢支脚、上盖板，检查零件位置尺寸，铸钢支脚中心线与起重臂中心线垂直度≤3mm，铸钢支脚中心线与头部绳轮定位孔中心线平行度≤8mm。焊接内侧角焊缝、外侧焊缝，注意焊接腹板与盖板之间的焊缝时，将与原起重臂前半段对接接口处留下300mm 左右先不焊，以便于对接时调整接口处钢板的错边量。

　　⑥ 焊接材料选择用 PK-YJ507φ1.6mm 药芯焊丝，CO_2 气体纯度大于 99.5%。

　　⑦ 装配过程中，定位焊缝长度 60～80mm，间隔尺寸 200mm。

　　⑧ 焊接位置采用平焊和平角焊位置，角焊缝打底焊规范参数：$I=220～230A$；$U=22～26V$；$V=27～30cm/min$，采用分段退焊。盖面焊规范参数：$I=260～300A$；$U=30～36V$；$V=17～30cm/min$。

　　⑨ $K≥8mm$ 的角焊缝和开坡口焊缝，要求采用多层多道焊，焊道宽度≤13mm。

　　⑩ 起重臂后半段焊接完成后，进行后半段整体热处理，保温温度 560℃，保温时间 10h。

　　⑪ 测量起重臂后半段尺寸长度，记录总装对接部位的宽度、高度，根据起重臂部件设计图样及前半段尺寸，火焰切割后半段对接部位工艺余量，制备对接坡口。

　　⑫ 起重臂后半段与前半段装配时，利用装配平台划线和前半段对接部位进行定位，测量起重臂前半段中心线与后半段中心线偏差≤2mm。修整总装对接坡口，错边量≤1mm。上、下盖板对接焊缝位置应与腹板对接焊缝相互错开 250mm 以上。

　　⑬ 总装对接焊缝焊接前，WCF60 钢不进行预热，15MnV 钢焊前局部预热温度 100℃，预热范围为坡口与距离坡口边缘 100mm 以内区域。

　　⑭ 采用多层多道焊方式，焊接总装对接焊缝，焊接层间温度控制在 100～150℃。

⑮ 除打底层和盖面层，其余焊道焊后用风枪锤击，采用分段退焊法，降低焊接残余应力。

⑯ 上、下盖板对接焊时，应加引弧板、收弧板。

⑰ 焊缝外观质量应达到 JB/T 5000.3《重型机械通用技术条件 焊接件》中规定的 BS 级。

⑱ 进行对接焊缝超声波探伤，质量等级应达到 Ⅱ 级要求。

⑲ 采用电脑控制电加热器进行总装对接焊缝局部焊后热处理，保温温度 500℃，保温时间 4 小时。

⑳ 测量起重臂长度尺寸，并进行质量检测记录。

通过以上焊接修复过程修复了 10m³ 矿用挖掘机起重臂，经焊缝质量检验及起重臂几何尺寸检查，焊接修复质量达到产品设计要求，该起重臂正常使用三年，未发现开裂现象。

思 考 题

1. 起重机按用途分类有哪些？
2. 压力容器按压力等级分类有哪些？
3. 简述典型矿用挖掘机的机械结构的组成部分？

参 考 文 献

[1] 上海市焊接协会编. 现代焊接生产手册. 上海科学技术出版社, 2007.

[2] 史耀武主编. 中国材料工程大典. 化学工业出版社, 2005.

[3] 上海交通大学周浩森主编. 焊接结构生产及装备. 北京: 机械工业出版社, 1996.

[4] 王成文主编. 焊接材料手册及工程应用案例. 山西科学技术出版社, 2004.

[5] 中国机械工程学会焊接分会编. 焊接词典. 北京: 机械工业出版社, 2008.

[6] 张建勋. 现代焊接生产与管理. 北京: 机械工业出版社, 2006.

[7] 刘云龙. 焊接工程师手册. 北京: 机械工业出版社, 1998.

[8] 陈裕川. 现代焊接生产实用手册. 北京: 机械工业出版社, 2005.

[9] 中国机械工程学会焊接学会. 焊接手册 III 卷. 2 版. 北京: 机械工业出版社, 2001.

[10] 成都电焊机研究所. 焊接设备选用手册. 北京: 机械工业出版社, 2006.

[11] 陈祝年. 焊接工程师手册. 北京: 机械工业出版社, 2010.